ABITUR-TRAINING MATHEMATIK

Gundolf March

Stochastik

Pflicht- und Wahlteil · Baden-Württemberg

STARK

ISBN 978-3-86668-515-4

Inhalt

Vorwort

Hinweise zur Benutzung des GTR **1**

Zufallsexperimente **17**

1 Einstufige Zufallsexperimente 18

2 Mehrstufige Zufallsexperimente 21
2.1 Ziehen mit und ohne Zurücklegen 21
2.2 Baumdiagramme 23

3 Ereignisse 24
3.1 Teilmengen von Ergebnismengen 24
3.2 Verknüpfen von Ereignissen 25
3.3 Ereignisalgebra und Mengendiagramme 30

Häufigkeits- und Wahrscheinlichkeitsverteilungen **33**

1 Relative Häufigkeit von Ereignissen 34

2 Eigenschaften von Häufigkeitsverteilungen 35

3 Relative Häufigkeit und Wahrscheinlichkeit 38

4 Klassische Wahrscheinlichkeit 44

5 Pfadregeln 47

6 Eigenschaften von Wahrscheinlichkeitsverteilungen; Vierfeldertafeln 49

Kombinatorik und Laplace-Wahrscheinlichkeit **53**

1 Auswahlprozesse 54
1.1 Das allgemeine Zählprinzip 54
1.2 Permutationen 55
1.3 k-Permutationen 57
1.4 k-Teilmengen in einer n-Menge 58

2 Urnenmodelle 64
2.1 Ziehen ohne Zurücklegen 64
2.2 Ziehen mit Zurücklegen – die Bernoulli-Formel 66

Stochastische Beziehungen zwischen Ereignissen **69**
1 Bedingte Wahrscheinlichkeit 70
2 Stochastische Abhängigkeit und Unabhängigkeit 73
3 Unabhängigkeit und Unvereinbarkeit 75
4 Wahrscheinlichkeit verknüpfter Ereignisse 77
5 Der Satz von Bayes 79

Bernoulli-Kette und Binomialverteilung **83**
1 Bernoulli-Experimente und Bernoulli-Kette 84
2 Binomialverteilung 88
2.1 Galton-Brett und Binomialverteilung 88
2.2 Histogramme und Wahrscheinlichkeitsverteilungen 90
2.3 Kumulative Binomialverteilung 92
3 Erwartungswert, Varianz und Standardabweichung 96

Testen von Hypothesen **101**
1 Schätzen und Testen 102
2 Hypothesentests 103
2.1 Der Alternativtest 103
2.2 Der Signifikanztest 107

Normalverteilung **113**
1 Standardisieren von Zufallsvariablen 114
2 Näherungsformeln von Moivre/Laplace 115
3 Gauß-Funktion und Normalverteilung 121

Aufgaben zur Abiturvorbereitung **125**
Pflichtteil 126
Wahlteil 128

Lösungen **137**

Stichwortverzeichnis **197**

Autor: Gundolf March

Vorwort

Liebe Schülerin, lieber Schüler,

nach langer Zeit wird in Baden-Württemberg im Jahr 2013 Stochastik erstmalig wieder Gegenstand der Abiturprüfung sein.

Dieses Buch hilft Ihnen dabei, in Ergänzung zum Unterricht wichtige **Zusammenhänge, Konzepte** und **Sätze der Stochastik** zu wiederholen und im Umgang mit dem Aufgabenmaterial einzuüben. Insbesondere werden alle für die **G8-Abiturprüfung** relevanten Themen ausführlich behandelt.

Die Stochastikaufgaben in der **Abiturprüfung 2013** beschränken sich auf die Themen Baumdiagramme und Pfadregeln, Binomialverteilung, Erwartungswert, Testen von Hypothesen (nur einseitig, **nicht:** Fehler 2. Art). Einige im Buch behandelte Themen wie der Satz von Bayes oder die Normalverteilung werden im Abitur 2013 also nicht abgeprüft. Sie werden im Buch zum Zwecke einer vollständigeren Darstellung und zur Förderung eines vertieften Verständnisses dennoch behandelt – zudem ist das Thema „stetige Verteilung" Gegenstand des Unterrichts.

Im ersten Kapitel ist die **Bedienung des GTR** beschrieben, soweit es für den Bereich Stochastik und insbesondere für den Wahlteil Stochastik relevant ist.
Das letzte Kapitel besteht aus **Wiederholungsaufgaben**, die den Aufgaben aus der Abiturprüfung im Bereich Stochastik ähneln. Hier wird unterschieden zwischen **Pflichtteil-** und **Wahlteil-Aufgaben**, also insbesondere auch zwischen Aufgaben ohne GTR-Einsatz und Aufgaben mit GTR-Einsatz.
Im Gegensatz dazu wird in den vorangehenden Kapiteln bei den Beispielen und den Aufgaben inklusive der zugehörigen Lösungen nicht explizit zwischen Pflicht- und Wahlteil unterschieden, da diese Kapitel das grundlegende Verständnis sichern und zur Wiederholung auch während eines Schuljahres dienen sollen. Zudem sind die **Prüfungsthemen** in der Abiturprüfung Stochastik 2013 bei Pflicht- und Wahlteil identisch; die Aufgaben unterscheiden sich nur in ihrem Umfang und Schwierigkeitsgrad.

Der Schwierigkeitsgrad der **Aufgaben** in diesem Buch steigt in der Regel innerhalb eines Kapitels an – schwierige oder weiterführende Aufgaben sind mit einem Stern **(✱)** gekennzeichnet. Die **Lösungswege aller Aufgaben** sind im Lösungsteil ausführlich dargestellt, um eine gewissenhafte Kontrolle zu ermöglichen und somit den Lernerfolg zu unterstützen. Dabei werden immer wiederkehrende Berechnungen mit dem GTR nicht explizit angegeben, da diese im ersten Kapitel und an den betreffenden Stellen innerhalb der jeweiligen Kapitel ausführlich erklärt werden.

Viel Spaß bei der Vorbereitung und viel Erfolg in der Abiturprüfung!

Gundolf March

Gundolf March

Hinweise zur Benutzung des GTR

Mit dem grafikfähigen Taschenrechner (GTR) steht ein Instrument zur Verfügung, dessen Funktionalität die eines normalen Taschenrechners umfasst und übersteigt. So können u. a. Schaubilder von Funktionen dargestellt sowie auf Nullstellen und Maxima untersucht werden. Außer den eigentlichen Grafikfunktionen bietet der GTR auch die Möglichkeit, lineare Gleichungssysteme und Gleichungen höheren Grades numerisch zu lösen und vieles mehr. Die Funktionalität kann durch Erstellen eigener Programme sogar noch erweitert werden.
Im Bereich Stochastik kommt der GTR vor allem zum Einsatz, wenn Häufigkeits- oder Wahrscheinlichkeitsverteilungen visualisiert werden sollen. Außerdem lassen sich mit dem GTR sehr schnell Werte von Verteilungen berechnen, die man sonst mit deutlich mehr Aufwand mit einem normalen Taschenrechner ausrechnen oder in Tabellen nachschlagen müsste.
In diesem Kapitel sollen die für die Stochastik wesentlichen Funktionen des GTR beschrieben werden. Die Beispiele beziehen sich auf den TI-84 Plus, können aber in der Regel ohne große Probleme auf andere GTR-Modelle übertragen werden. Bei den folgenden Beispielaufgaben wird der Schwerpunkt auf die Berechnung mit dem GTR gelegt – die inhaltlichen Erklärungen finden sich in den folgenden Kapiteln. Dort wird der Einsatz des GTR an den entsprechenden Stellen auch beschrieben, allerdings deutlich knapper. Im Bedarfsfall lässt sich die genauere Beschreibung hier am Anfang des Buches nachlesen.

Erläuterungen zur Schreibweise

- Unmittelbar anwählbare Tastenbelegungen werden (mit Ausnahme von Zahlen und Funktionsvariablen) durch **umrahmte Wörter oder Zeichen** dargestellt. Beispiele: `ENTER`, `MATH`, `Y=`, `WINDOW`, `GRAPH`
- Tastenbelegungen, die man nach Drücken der `2nd`-Taste anwählen kann, werden durch die entsprechenden Ausdrücke in **eckigen Klammern** dargestellt. Beispiele: [STAT PLOT], [ENTRY], [L1], [LIST], [CALC]
- Einzelne Unterpunkte der verschiedenen Menüs werden durch die entsprechenden Ausdrücke in **spitzen Klammern** dargestellt; der Ausdruck für das jeweilige Menü wird dabei stets vorangestellt. Die Auswahl eines Unterpunktes erfolgt mit den Pfeiltasten `▼` und `▲` und wird mit der `ENTER`-Taste bestätigt. Beispiele: [CALC] <zero>, [STAT PLOT] <Plot1...Off>
- Verfügt ein Menü noch über Untermenüs, so wird die Auswahl eines Unterpunktes aus einem Untermenü durch einen mit Bindestrich voneinander getrennten **Doppelausdruck in spitzen Klammern** dargestellt; auch hier wird der Ausdruck für das jeweilige Menü stets vorangestellt.

Ein solcher Ausdruck ist also wie folgt zu lesen: Der erste Teil gibt das (über eine GTR-Taste) anzuwählende Menü an, der erste Ausdruck in spitzen Klammern das in diesem Menü (durch Drücken der Pfeiltasten [▶] und [◀]) anzuwählende Untermenü und der zweite Ausdruck in spitzen Klammern den in diesem Untermenü (durch Drücken der Pfeiltasten [▼] und [▲]) anzuwählenden Unterpunkt. Die Auswahl darf erst **nach** Anwählen des gewünschten Unterpunktes durch Drücken der [ENTER]-Taste bestätigt werden.
Beispiele: [STAT] <CALC – QuadReg>, [MATH] <MATH – nDeriv(>

- Anzeigen, Anzeigenwerte, Zahlen (-eingaben) sowie die über die grünen Tastenbelegungen (nach Drücken der [ALPHA]-Taste) wählbaren **Speichervariablen** werden durch **nicht umrahmte Ausdrücke** dargestellt.
  Beispiele:[WINDOW] Xmin = [(-)] 10 [ENTER], [(] 2 [+] 4 [)] [÷] 5 [ENTER], A
- Die **Variable** X steht immer für die über die Taste [X,T,Θ,n] erreichbare Funktionsvariable.
  Beispiel: X

Zurücksetzen des GTR

Die in diesem Buch angegebenen Tastenfolgen führen unter Umständen nur nach vorangehendem Zurücksetzen des GTR zur gewünschten Lösung. Das Zurücksetzen des GTR, also das Löschen aller Variableninhalte, Funktionsdefinitionen, Listeninhalte und Programme wird über die Eingabe der folgenden Tastenfolge erreicht:
[MEM] <Reset> [ENTER] <RAM – All RAM> <Reset> [ENTER]

Die Tasten [ALPHA], [CATALOG], [ANS], [ENTRY] und [STO▶]

- Nach Drücken der [ALPHA]-Taste sind die dritten Tastenbelegungen (die in grün über der jeweiligen Taste stehen) anwählbar. Damit ist die [ALPHA]-Taste insbesondere für das Anwählen der Speichervariablen A bis Z wichtig.
- Mit der [CATALOG]-Taste kann man ein alphabetisches Verzeichnis aller GTR-Befehle aufrufen. Gibt man anschließend einen Buchstaben ein (hier muss die [ALPHA]-Taste nicht gedrückt werden), so wechselt der GTR direkt zum ersten Befehl, der mit diesem Buchstaben anfängt. Dies macht ein langes Blättern überflüssig.
- Das letzte Rechenergebnis wird vom GTR automatisch in der Variablen Ans gespeichert. Aufrufen kann man diese Variable durch die Taste [ANS]; wie alle Variablen kann man auch diese für weitere Rechnungen oder Eingaben verwenden.
- Die letzte Eingabe kann man mithilfe der Taste [ENTRY] wieder aufrufen und so – nach eventueller Abwandlung – wieder verwenden.
- Eine Eingabe oder ein Rechenergebnis speichert man in einer der Speichervariablen, indem man mit der Taste [STO▶] den Speicher anwählt, anschließend eine Speichervariable auswählt und die Auswahl dann mit der [ENTER]-Taste bestätigt.

Die Tasten [(-)] und [−]

Bei der Eingabe ist zu beachten, dass der GTR das **Rechenzeichen** [−] vom **Vorzeichen** (bzw. **Vorzeichenwechsel**) [(-)] unterscheidet. Dies ist insbesondere dann wichtig, wenn die Eingabe mit einer negativen Zahl bzw. dem Vorzeichenwechsel einer Variablen beginnt, denn gibt man hier das **Rechenzeichen** [−] statt dem **Vorzeichen** [(-)] ein, so subtrahiert der GTR die eingegebene Zahl bzw. Variable vom letzten Rechenergebnis (was auch durch das automatische Voranstellen der Variablen Ans angezeigt wird). Die folgende Gegenüberstellung von Tastenfolgen und zugehörigen Screenshots macht den Unterschied deutlich.

[(-)] 5 [+] 9 [+] 6 [−] 7 [ENTER]
[−] 9 [+] 10 [ENTER]
[(-)] 9 [+] 10 [ENTER]

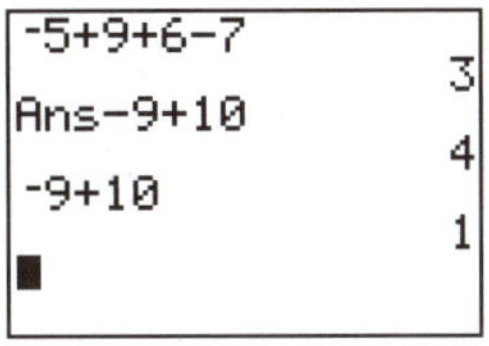

[(-)] 3 [STO▸] A [ENTER]
[(-)] A [ENTER]
[−] A [ENTER]

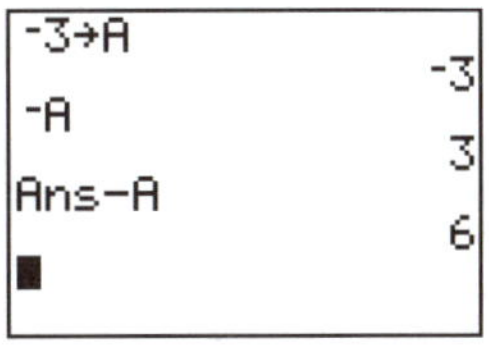

Beispiel 1

Kombinatorik (Permutationen, Variationen, Kombinationen)

1. Bestimmen Sie die Zahl der möglichen Sitzordnungen in einem Kurs mit 13 Schülern.

Lösung:

Die Frage zielt auf die Anzahl der **Permutationen** von 13 Sitzplätzen ab, also muss man die **Fakultät** von 13 bestimmen. Dazu gibt man zuerst die Zahl 13 ein und wählt dann im [MATH]-Menü das Untermenü PRB und dort den Unterpunkt ! aus:

13 [MATH] <PRB – !>

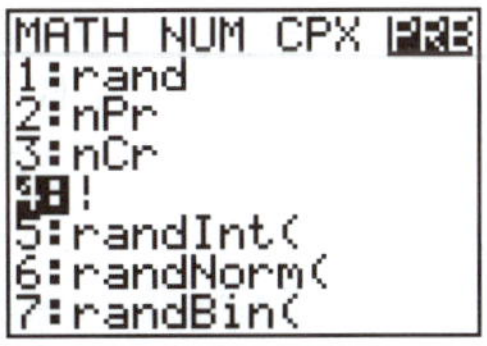

Nach Drücken der [ENTER]-Taste gibt der GTR das Ergebnis aus.

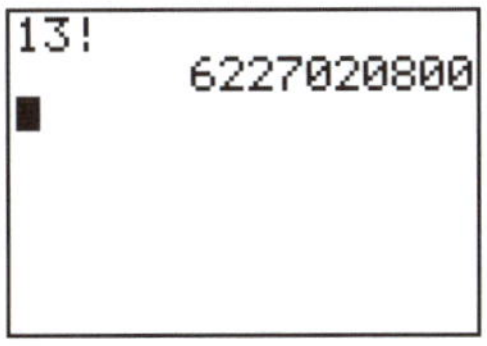

2. Aus 15 Filmen sollen drei auf die ersten Plätze eines Wettbewerbs gewählt werden. Berechnen Sie die Zahl der möglichen Ausgänge der Wahl.

   Lösung:

   Aus 15 Filmen werden unter Berücksichtigung der **Reihenfolge** drei Filme ausgewählt, also ist die Zahl der 3-Permutationen von 15 gesucht (**Variationen**). Diese bestimmt man mit dem GTR, indem man zuerst die Zahl 15 eingibt, dann im MATH-Menü das Untermenü PRB und dort den Unterpunkt nPr auswählt, die Auswahl mit ENTER bestätigt und anschließend noch die Zahl 3 eingibt:

   15 MATH <PRB – nPr> 3 ENTER

   Man kann alternativ auch mit der Fakultät rechnen.

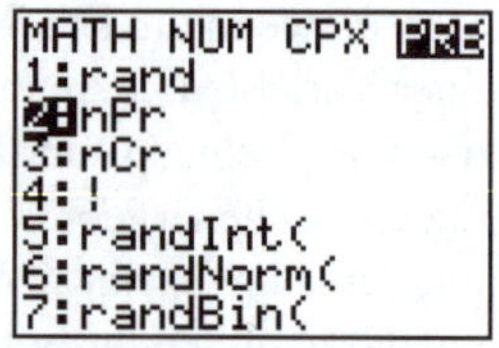

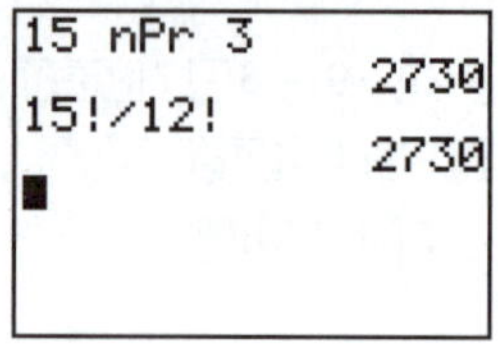

3. Berechnen Sie, wie viele Möglichkeiten es gibt, drei Melonen aus einer Menge von elf Melonen auszuwählen.

   Lösung:

   Aus 11 Melonen werden ohne Berücksichtigung der Reihenfolge drei ausgewählt, die Zahl der möglichen **Kombinationen** ist $\binom{11}{3}$ („drei aus elf").

   Mit dem GTR bestimmt man diese Zahl, indem man zuerst die Zahl 11 eingibt, dann im MATH-Menü das Untermenü PRB und dort den Unterpunkt nCr auswählt, die Auswahl mit ENTER bestätigt und anschließend noch die Zahl 3 eingibt:

   11 MATH <PRB – nCr> 3 ENTER

   Das gleiche Ergebnis liefert die Rechnung $\frac{11!}{3! \cdot 8!}$.

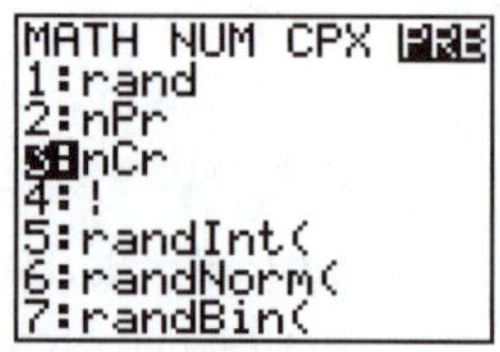

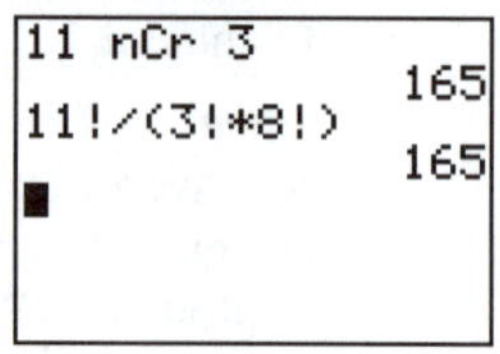

Beispiel 2

Zufallssimulationen: Erzeugen von Zufallszahlen

Beschreiben Sie ein Verfahren, mit dem man mithilfe des GTR fünf Schüler aus einer Klasse mit 25 Schülern losen kann.

Lösung:

Im Untermenü PRB des MATH-Menüs findet sich die Funktion rand, mit der eine (Pseudo-) Zufallszahl erzeugt wird. Unter Zufallszahl ist in diesem Zusammenhang eine Dezimalzahl zwischen 0 und 1 zu verstehen, die vom GTR „berechnet" wird und die man nicht vorhersagen kann.

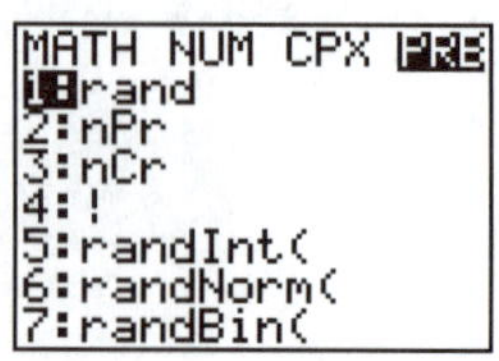

Um zu verhindern, dass sich eine Folge von Zufallszahlen wiederholt, kann man den Zufallsgenerator initialisieren, indem man eine beliebig gewählte Startzahl Z an den Zufallsgenerator übergibt (Tastenfolge: Z [STO▸] [MATH] <PRB – rand> [ENTER]; hier ist Z = 1). Die voreingestellte Startzahl ist 0.
Man führt den rand-Befehl nun aus. Durch erneutes Drücken der [ENTER]-Taste wird der Befehl erneut ausgeführt. Auf diese Weise kann man sich mehrere Zufallszahlen hintereinander erzeugen lassen. Die ersten zwei Nachkommastellen geben den Platz des jeweils ausgelosten Schülers im Alphabet an, wobei Wiederholungen und Ergebnisse über 0,26 ignoriert werden.
Man kann auch größere Zahlen „nach Zufall" erzeugen lassen, indem man die rand-Funktion mit der oberen Grenze des gewünschten Zahlenbereichs eingibt, hier im Beispiel 26. In diesem Fall muss man nur die Nachkommastellen sowie Ergebnisse zwischen 0 und 1 ignorieren.
Um ganze Zufallszahlen zwischen 1 und 25 zu erzeugen, verwendet man den Befehl randInt (Tastenfolge: [MATH] <PRB – randInt(> 1 [,] 25 [)] [ENTER]).
Man kann auch die Anzahl der Wiederholungen in den randInt-Befehl einschließen, indem man die gewünschte Anzahl als zusätzlichen (mit Komma abgetrennten) Parameter an die randInt-Funktion übergibt. Falls nicht zufällig Wiederholungen auftreten, sind damit alle fünf Schüler gleichzeitig ausgelost.

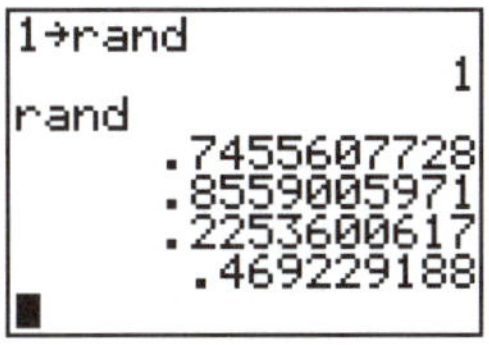

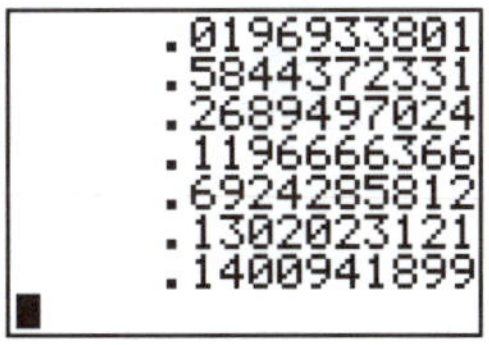

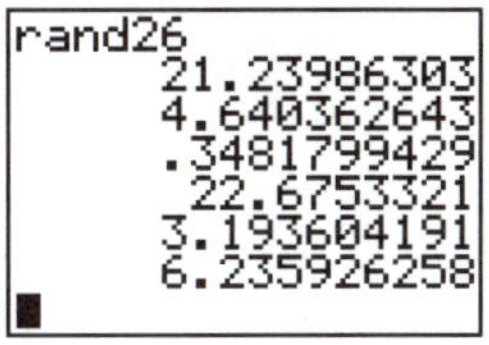

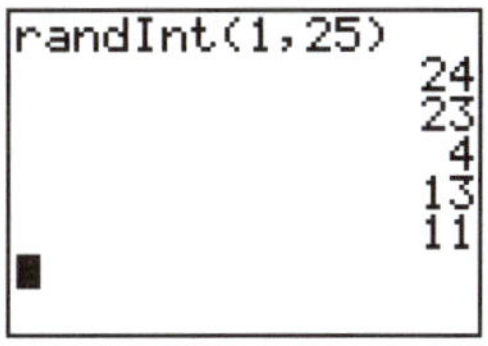

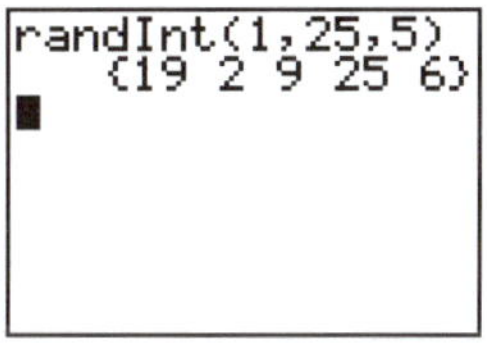

Beispiel 3

Zufallssimulationen: Gleichverteilung, Binomialverteilung, Normalverteilung

1. Simulieren Sie das zehnmalige Werfen eines **Würfels** mit dem GTR.

   Lösung:

   Das Simulieren einer Gleichverteilung, bei der die **Zufallsvariable** nur ganze Zahlen annimmt, kann mithilfe der randInt-Funktion erfolgen.
   Durch Eingabe von [MATH] <PRB – randInt(> 1 [,] 6 [)] [ENTER] erhält man eine ganze Zufallszahl zwischen 1 und 6.
   Diese gibt gerade die Anzahl der Augen des Würfels nach dem ersten Wurf an.

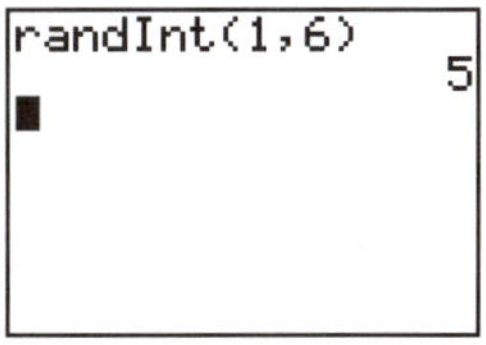

Durch anschließendes neunmaliges Drücken der [ENTER]-Taste erhält man auch die Augenzahlen des Würfels bei den folgenden neun Würfen. Der GTR liefert sofort die 10 gesuchten Zahlen, wenn man die Zahl 10 als zusätzlichen Parameter an die randInt-Funktion übergibt. Um alle ausgelosten Zahlen zu sehen, scrollt man mit der Pfeiltaste [▸] nach rechts.

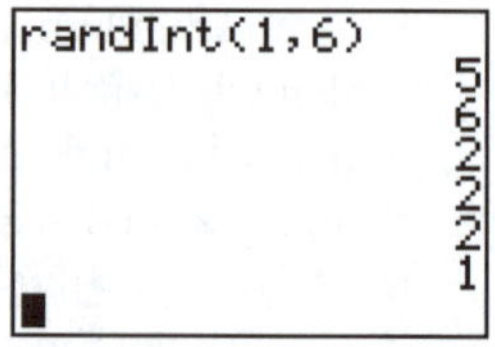

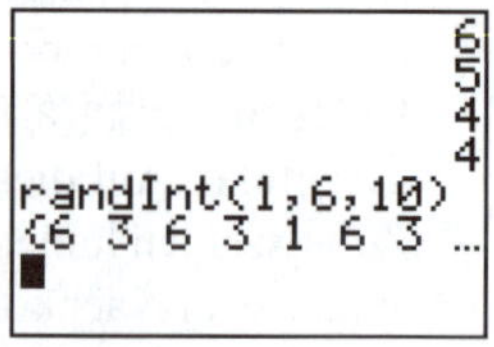

2. Simulieren Sie mit dem GTR die zehnmalige Hintereinanderausführung des 15-fachen **Münzwurfs**.

   Lösung:
   Hier muss die **Binomialverteilung** mit $n = 15$ und $p = 0{,}5$ simuliert werden. Die Eingabe der Tastenfolge [MATH] <PRB – randBin(> 15 [,] 0 [.] 5 [)] [ENTER] liefert als Ergebnis die Anzahl etwa der Wappen beim 15-fachen Münzwurf. Durch Eingabe von [MATH] <PRB – randBin(> 15 [,] 0 [.] 5 [,] 10 [)] [ENTER] erhält man als Ergebnis diese Anzahl bei zehn aufeinanderfolgenden 15-fachen Münzwürfen.

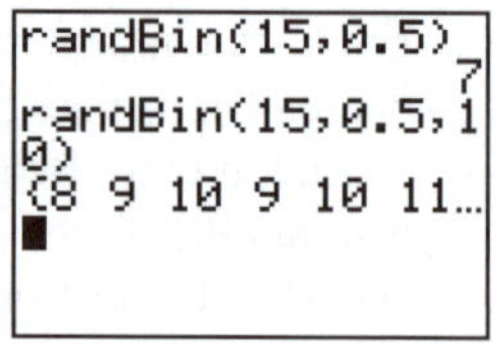

3. Das Gewicht der Früchte einer Apfelsorte ist **normalverteilt** mit dem **Mittelwert** 150 g und der **Standardabweichung** 20 g.
   Simulieren Sie mit dem GTR das zehnmalige Abwiegen eines Apfels dieser Sorte.

   Lösung:
   Hier muss die **Normalverteilung** mit $\mu = 150$ und $\sigma = 20$ simuliert werden. Dies kann man über die randNorm-Funktion realisieren. Dazu gibt man [MATH] <PRB – randNorm(> 150 [,] 20 [)] [ENTER] ein und erhält so das Gewicht beim einmaligen Abwiegen. Auch hier kann man die zehnfache Wiederholung direkt als weiteren Parameter an die Funktion übergeben.

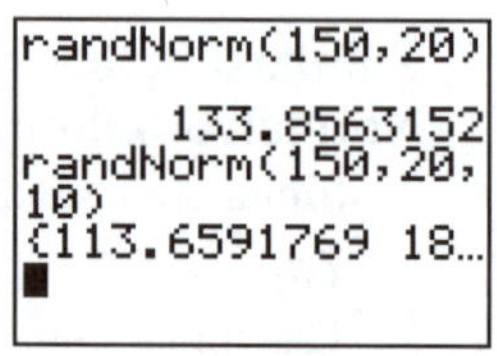

Beispiel 4

Berechnung von Werten einer Binomialverteilung

1. Berechnen Sie die **Wahrscheinlichkeit**, bei zwölf Versuchen drei Treffer zu erzielen, wenn man bei einem Versuch mit 30 %iger Wahrscheinlichkeit trifft.

Lösung:

Nach der **Bernoulli-Formel** berechnet sich die gesuchte Wahrscheinlichkeit zu $\binom{12}{3}\cdot 0{,}3^3\cdot 0{,}7^9$.

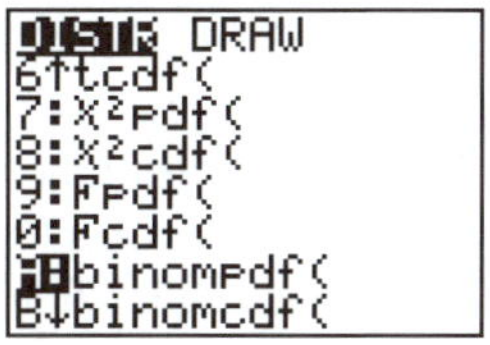

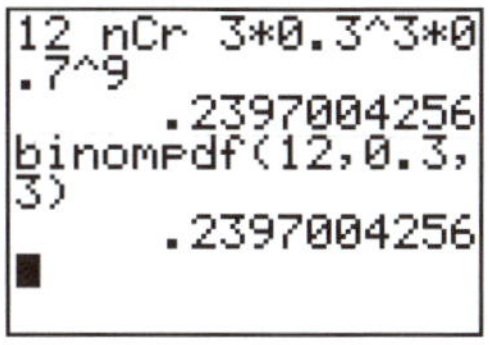

Diesen Ausdruck kann man mithilfe der Funktion nCr berechnen (vgl. Teilaufgabe 3 von Beispiel 1). Da der Ausdruck aber gerade dem Funktionswert der Binomialverteilung mit n = 12 und p = 0,3 an der Stelle k = 3 entspricht, lässt er sich auch schneller und einfacher mithilfe der Binomialverteilung ausrechnen. Diese erreicht man im GTR über den Befehl binompdf, im hier betrachteten Beispiel über die Tastenfolge [DISTR] <DISTR – binompdf(> 12 [,] 0 [.] 3 [,] 3 [)] [ENTER].

2. Gegeben sei die **Trefferwahrscheinlichkeit** 0,55. Berechnen Sie die Wahrscheinlichkeit, bei einer **Bernoulli-Kette** der Länge 18 weniger als sieben Treffer zu erzielen. Berechnen Sie auch die Wahrscheinlichkeit, zwischen acht und 14 Treffer zu erzielen.

Lösung:

Die **kumulative Binomialverteilung** wird mit der Funktion binomcdf ausgewertet. Neben den Parametern n und p ist die Summationsgrenze als dritter Parameter an die Funktion binomcdf zu übergeben, d. h., binomcdf(n,p,k) entspricht der Funktion $F_p^n(k)$.

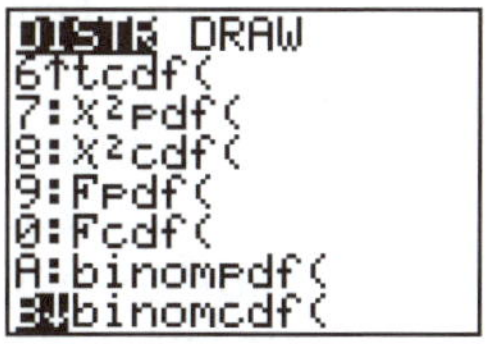

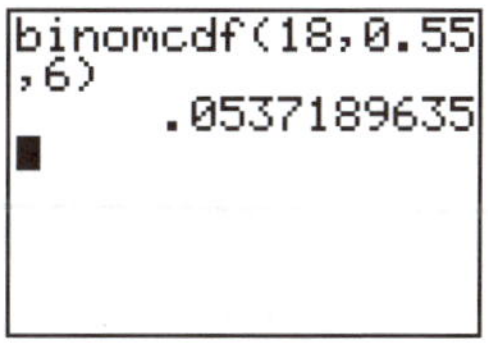

Die erste gesuchte Wahrscheinlichkeit erhält man durch Eingabe der folgenden Tastenfolge:
[DISTR] <DISTR – binomcdf(> 18 [,] 0 [.] 55 [,] 6 [)] [ENTER]

Für die Berechnung einer **Bereichswahrscheinlichkeit** muss man ggf. zwei Wahrscheinlichkeiten subtrahieren. So auch bei der Berechnung der zweiten gesuchten Wahrscheinlichkeit. Diese erhält man nach Eingabe der folgenden Tastenfolge:
[DISTR] <DISTR – binomcdf(> 18 [,] 0 [.] 55 [,] 14 [)] [−] [DISTR] <DISTR – binomcdf(> 18 [,] 0 [.] 55 [,] 7 [)] [ENTER]

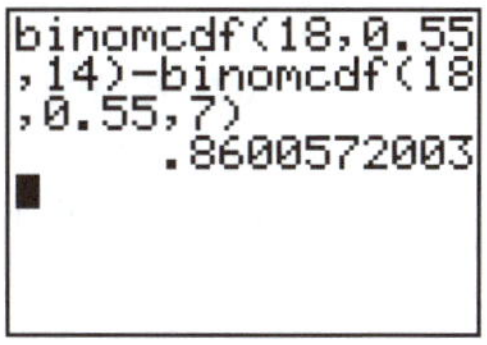

Beispiel 5

Berechnen von Werten einer Normalverteilung

Ein landwirtschaftlicher Betrieb liefert Gurken, deren Länge den Mittelwert 35 cm bei einer Standardabweichung von 5 cm haben.

1. Eine Gurke wird der Produktion entnommen.
   Berechnen Sie die Wahrscheinlichkeit, dass sie länger als 38 cm ist.

   Lösung:
   Man bestimmt mit dem Befehl normalcdf (anwählbar über [DISTR] <DISTR – normalcdf(>) die Wahrscheinlichkeit, dass die Gurke kürzer als 38 cm ist, und berechnet dann davon die **Gegenwahrscheinlichkeit**. An die Funktion normalcdf muss man dazu neben dem Mittelwert (hier $\mu = 35$) und der Standardabweichung (hier $\sigma = 5$) auch die untere und die obere Grenze übergeben. Die untere Grenze ist eigentlich $-\infty$. Ob man aber -10^{99} oder nur -100 eingibt, macht für das Ergebnis so gut wie keinen Unterschied. Die Parameter müssen in der Reihenfolge untere Grenze, obere Grenze, Mittelwert, Standardabweichung angegeben werden.

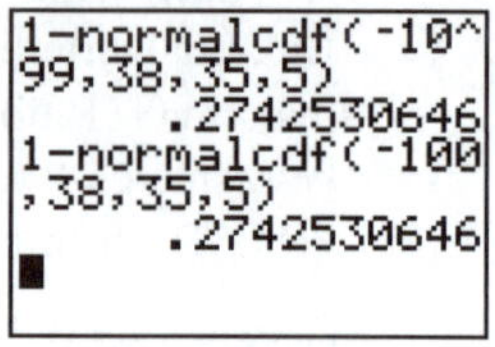

2. Berechnen Sie, wie viele von 10 000 Gurken voraussichtlich eine Länge zwischen 32 cm und 42 cm haben.

   Lösung:
   Mit dem Wert der **Bereichswahrscheinlichkeit** (untere Grenze = 32, obere Grenze = 42) wird die **relative Häufigkeit** geschätzt, die dann nur noch mit 10 000 zu multiplizieren ist.

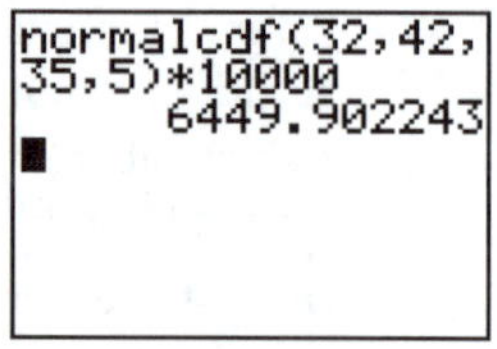

3. Berechnen Sie die Länge, die von zehn Prozent der Gurken mindestens erreicht wird.

   Lösung:
   Hier ist eine Wahrscheinlichkeit gegeben und ein „**Schrankenwert**“ gesucht. Daher benötigt man die inverse Normalverteilung, die man im GTR als Funktion invNorm findet (anwählbar über die Tastenfolge [DISTR] <DISTR – invNorm(>). Mit dieser Funktion berechnet man nun die Länge, die eine Gurke mit 90 %iger Wahrscheinlichkeit unterschreitet. Dazu übergibt man der invNorm-Funktion als Parameter die vorgegebene Wahrscheinlichkeit 0,9, den Mittelwert $\mu = 35$ und die Standardabweichung $\sigma = 5$ (in dieser Reihenfolge).

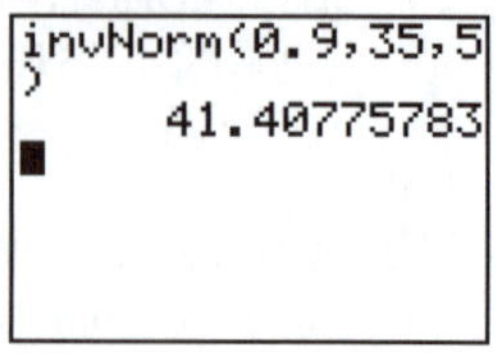

Das Ergebnis ist gerade die gesuchte Länge, denn wenn eine Gurke mit 90 %iger Wahrscheinlichkeit kleiner ist, so ist sie mit 10 %iger Wahrscheinlichkeit mindestens so groß.

Beispiel 6

Darstellen einer Häufigkeitsverteilung

Gegeben ist die folgende Zensuren-Häufigkeitsverteilung:

Zensur	1	2	3	4	5	6
Häufigkeit	3	6	8	4	1	0

1. Erstellen Sie eine Liste der relativen Häufigkeiten.

   Lösung:
   Die Summe der **absoluten Häufigkeiten** ist 22 (Gesamtanzahl der Zensuren). Mit [STAT] <EDIT – Edit> öffnet man den Listeneditor und gibt die Zensuren und ihre absoluten Häufigkeiten in Liste L1 bzw. L2 ein. Dann bewegt man den Cursor mithilfe der Pfeiltasten auf den Listenkopf von L3 und erzeugt die Liste der relativen Häufigkeiten durch Eingabe des Befehls [ENTER] [L2] [÷] 22 [ENTER]. Die gesamte Tastenfolge lautet: [STAT] <EDIT – Edit> 1 [ENTER] 2 [ENTER] 3 [ENTER] 4 [ENTER] 5 [ENTER] 6 [ENTER] [▶] 3 [ENTER] 6 [ENTER] 8 [ENTER] 4 [ENTER] 1 [ENTER] 0 [ENTER] [▶] [▲] [ENTER] [L2] [÷] 22 [ENTER]

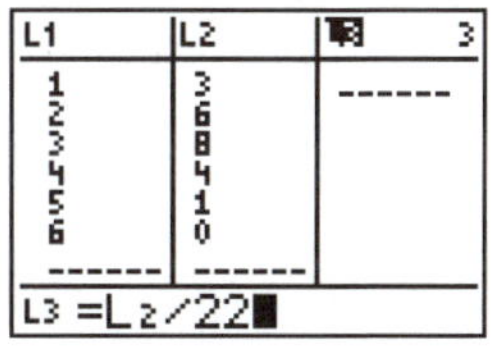

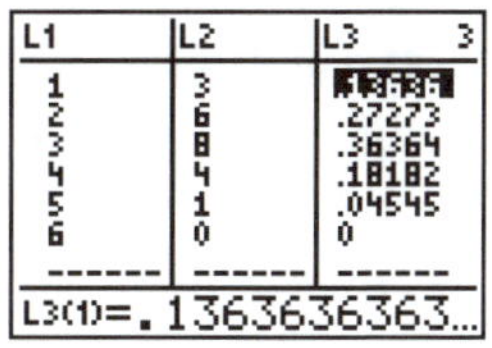

2. Stellen Sie die relativen Häufigkeiten in einem Histogramm dar.

   Lösung:
   Durch Drücken der [STAT PLOT]-Taste ruft man das Menü STAT PLOTS für statistische Plots auf, wählt dort 1: (durch Drücken der [ENTER]-Taste) und aktiviert im dann erscheinenden Fenster Plot1, indem man den Cursor auf ON bewegt und mit [ENTER] betätigt. Dann wählt man die Darstellungsform Histogramm (in der Zeile Type die Option ganz rechts oben). Als Datenquellen für das Diagramm werden die Listen L1 und L3 genommen, diese werden bei Xlist bzw. Freq eingegeben.
   Über die [WINDOW]-Taste erreicht man die Eingabemaske, in der man die Abmessungen des Zeichenfensters festlegen kann.

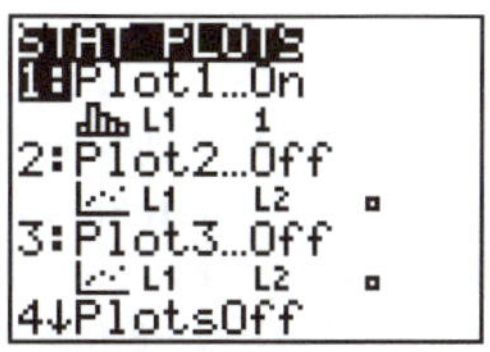

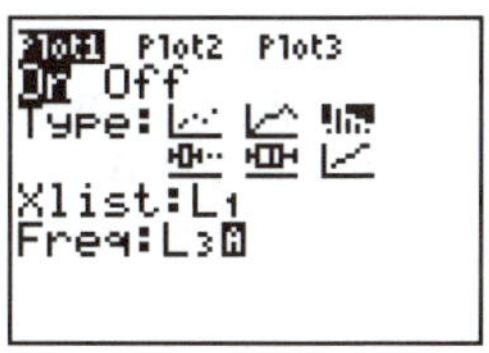

Man gibt Xmin = 0 [ENTER], Xmax = 7 [ENTER] und Xscl = 1 [ENTER] dort ein. Das bewirkt, dass der GTR beim Plotten die x-Achse von 0 bis 7 zeichnet und bei jedem in der Xlist (also in diesem Fall in der Liste L1) stehenden Eintrag ein Rechteck der Breite 1 zeichnet, dessen Höhe dem zugehörigen Eintrag der (Freq-) Liste L3 entspricht.

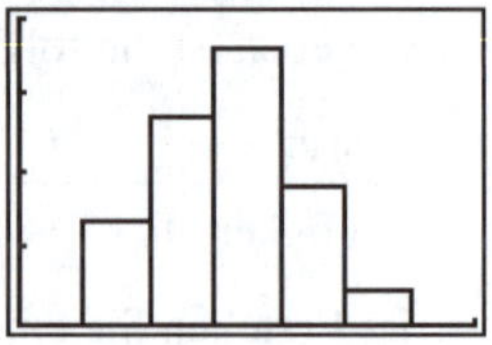

Die Werte für Ymin und Ymax legen die Länge der gezeichneten y-Achse fest; entsprechend der hier vorliegenden Werte (in der Liste L3) gibt man also Ymin = 0 [ENTER] und Ymax = 0 [.] 4 [ENTER] ein.
Der Wert für Yscl legt den Abstand der Achsenmarkierungen an der y-Achse fest, hier gibt man z. B. Yscl = 0 [.] 1 [ENTER] ein.
Nach Drücken der Taste [GRAPH] wird nun das Histogramm gezeichnet.

Beispiel 7

Darstellen einer Wahrscheinlichkeitsverteilung

Eine Münze wird zwölfmal geworfen. Erstellen Sie ein Histogramm der Wahrscheinlichkeitsverteilung.

Lösung:
Zunächst werden die Zahlen von 0 bis 12 in die Liste L1 geschrieben. Dies kann man schnell mit der Funktion seq erreichen (anwählbar über [LIST] <OPS – seq(>). Als Parameter muss man dabei das allgemeine Folgenglied (hier $a_K = k$), den Namen der Laufvariablen (hier: k), den Startwert (hier: 0) und den Endwert (hier: 12) der Laufvariablen sowie die Schrittweite (hier: 1) übergeben. Die so erzeugte Folge kann man mit der Taste [STO▸] in der Liste L1 abspeichern:
[LIST] <OPS – seq(> K [,] K [,] 0 [,] 12 [,] 1 [)] [STO▸] [L1] [ENTER]

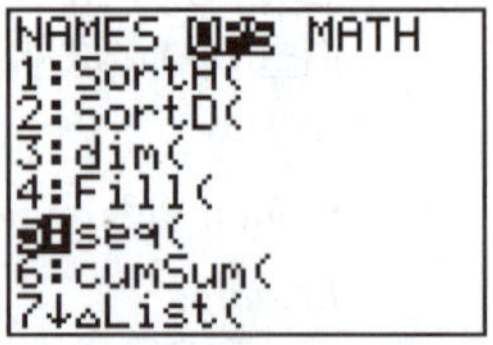

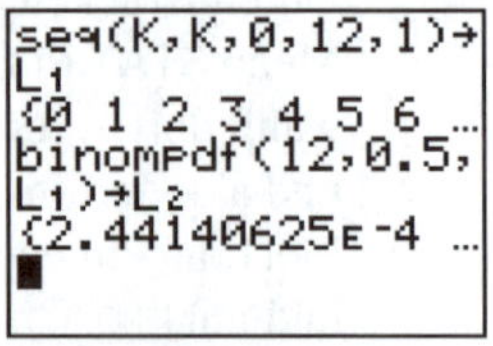

In die Liste L2 werden die Funktionswerte der Listeneinträge von L1 der Binomialverteilung mit den Parametern n = 12 und p = 0,5 geschrieben. Dies kann entweder (analog zur Beschreibung in Teilaufgabe 1 von Beispiel 6) über den Listeneditor oder direkt im Rechenfenster geschehen.

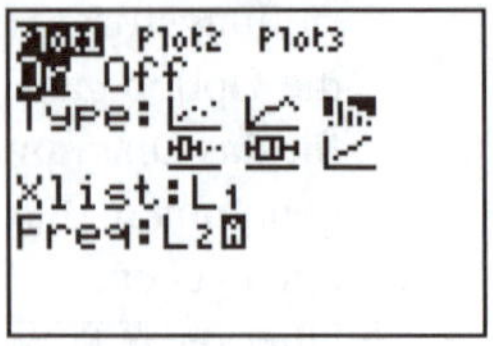

Wie Funktionswerte einer Binomialverteilung berechnet werden, wurde bereits in Teilaufgabe 1 von Beispiel 4 beschrieben. Im Rechenfenster benutzt man wie bei der Erstellung der Liste L1 die [STO▸]-Taste:

[DISTR] <DISTR – binompdf(> 12 [,] 0 [.] 5 [,] [L1] [)] [STO▸] [L2] [ENTER]

Exakt wie in Teilaufgabe 2 von Beispiel 6 beschrieben, aktiviert man nun das Plotten der beiden Listen L1 und L2 als Histogramm. Nach Anpassung des Zeichenfensters über das [WINDOW]-Menü kann man sich durch Drücken der [GRAPH]-Taste das Histogramm zeichnen lassen.

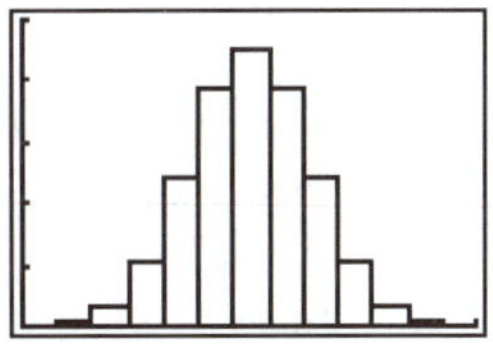

Beispiel 8

Erstellen der Tabelle einer Binomialverteilung

Eine Münze wird zehnmal geworfen.

1. Bestimmen Sie, wie groß die Wahrscheinlichkeit dafür ist, weniger als fünfmal Wappen zu erhalten.

   Lösung:
   Gesucht ist der Funktionswert der kumulativen Binomialverteilung mit den Parametern n = 10 und p = 0,5 an der Stelle k = 4. Wie man diesen berechnet, wurde bereits in Teilaufgabe 2 von Beispiel 4 beschrieben.

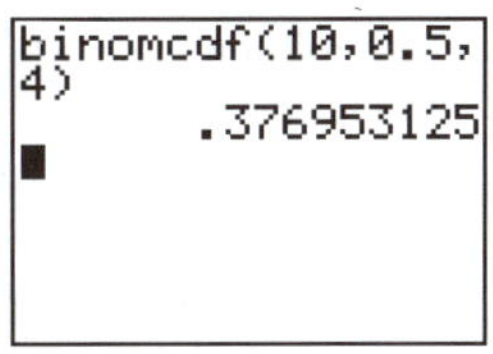

2. Ermitteln Sie, für welche k die Wahrscheinlichkeit, weniger als k mal Wappen zu erhalten, kleiner als 80 % ist.

   Lösung:
   Man erzeugt eine Tabelle der kumulativen Binomialverteilung, indem man in die Liste L1 die Zahlen von 0 bis 10 und in die Liste L2 die entsprechenden Funktionswerte der kumulativen Binomialverteilung mit den Parametern n = 10 und p = 0,5 schreibt (vgl. dazu auch Teilaufgabe 2 von Beispiel 4 und Beispiel 7). Die Tabelle ruft man dann via [STAT] <EDIT – Edit> auf. Gemäß Liste L2 wird die Wahrscheinlichkeit 80 % für alle k mit k < 6 unterschritten.

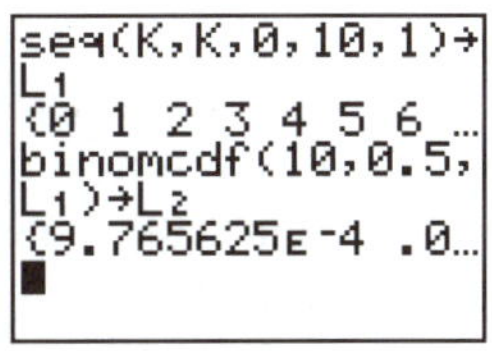

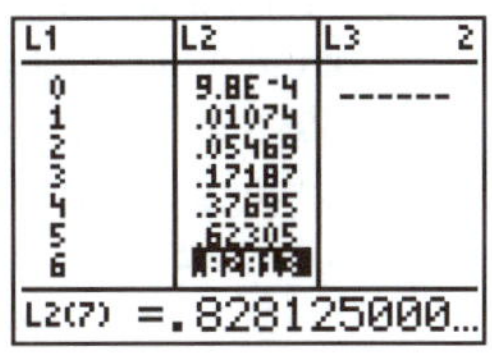

Beispiel 9

Darstellen und Untersuchen der Gauß'schen Glockenkurve

1. Stellen Sie die Standardnormalverteilung grafisch dar.

   Lösung:

   Im Funktionen-Editor [Y=] gibt man die Standardnormalverteilung als Funktion Y1 ein. Dies erfolgt durch die Eingabe folgender Tastenfolge:
   [Y=] [DISTR] <DISTR – normalpdf(> [X,T,Θ,n] [)] [ENTER]
   Nun passt man im [WINDOW]-Menü das Zeichenfenster an. Eine geeignete Eingabe ist z. B.:
   Xmin = [(-)] 4 [ENTER] Xmax = 4 [ENTER]
   Xscl = 1 [ENTER]
   Ymin = 0 [ENTER] Ymax = 0 [.] 4 [ENTER]
   Yscl = 0 [.] 1 [ENTER]
   Durch Drücken der [GRAPH]-Taste kann man sich die Standardnormalverteilung nun zeichnen lassen.

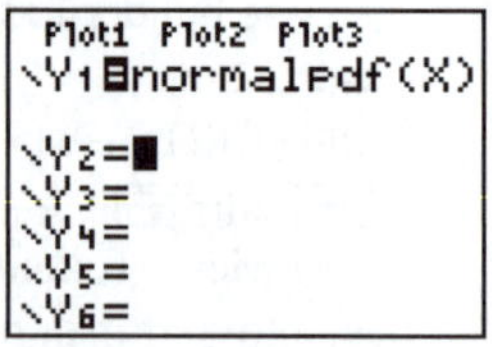

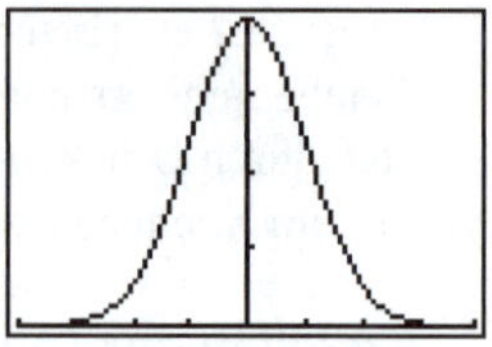

2. Bestimmen Sie die Wendepunkte der Standardnormalverteilung.

   Lösung:

   Wendestellen sind Extremstellen der ersten Ableitung.
   Die erste Ableitung der als Funktion Y1 gespeicherten Standardnormalverteilung speichert man als Funktion Y2, indem man Y1 numerisch differenzieren lässt. Dazu verwendet man den Befehl nDeriv, anwählbar über [MATH] <MATH – nDeriv(>).
   Der Funktion nDeriv muss man als Parameter den Ausdruck, der differenziert werden soll (hier: Y1; anwählbar über [VARS] <Y-VARS – Function> <Y1>), die Variable, nach der differenziert werden soll (hier: X), und die Stelle, an der die Ableitung gebildet werden soll (hier: X, da man die **Ableitungsfunktion** haben möchte) übergeben.
   Man passt nun das Zeichenfenster neu an und kann dann die beiden Funktionen Y1 und Y2 – die Standardnormalverteilung und ihre erste Ableitungsfunktion – durch Drücken der [GRAPH]-Taste zeichnen lassen.
   Nun muss man die Extremstellen der Funktion Y2 bestimmen. Dies geschieht im [GRAPH]-Fenster.

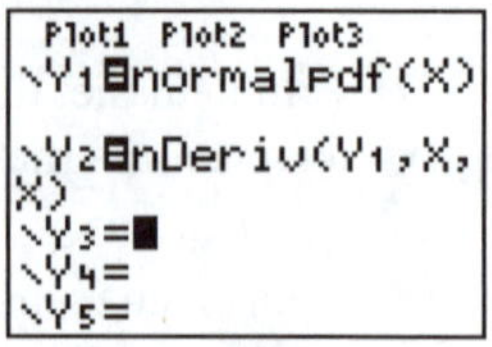

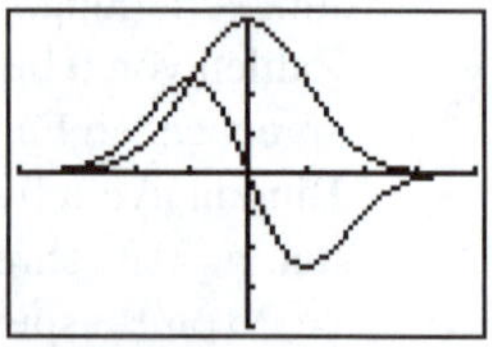

Zunächst untersucht man die Funktion auf lokale Maxima, und zwar mit dem Befehl maximum (anwählbar über [CALC] <maximum>). Da sich zwei Funktionen im [GRAPH]-Fenster befinden, muss man noch auswählen, welche der beiden Funktionen man auf lokale Maxima untersuchen möchte. Dies geschieht über die Pfeiltasten [▼] und [▲]. Die Funktionen sind dabei in der Reihenfolge sortiert, in der sie auch im Funktionen-Editor stehen, also beginnend bei Y1 über Y2 zu Y3 usw. Demnach muss man im hier betrachteten Fall einmal die Pfeiltaste [▼] drücken, um die gewünschte Funktion Y2 auszuwählen. Sofort fragt der GTR nach einer linken Grenze (Left Bound?). Diese kann man mit den Pfeiltasten [◄] und [►] auswählen (der Cursor wandert dann auf dem Funktionsgraphen nach links bzw. rechts) und mit [ENTER] bestätigen. Analog wählt man eine rechte Grenze (Right Bound?). Der GTR sucht innerhalb dieser Grenzen nach einem lokalen Maximum. Dann fragt der GTR noch nach einem Schätzwert (Guess?), den man genauso wie die linke und rechte Grenze einstellt und bestätigt. Der Schätzwert ist der Wert, bei dem der GTR die Suche nach einem lokalen Maximum beginnt. Man **muss** ihn also nicht verstellen. Nach dem man den Schätzwert bestätigt hat, gibt der GTR das lokale Maximum aus. Visualisiert wird es durch den blinkenden Cursor, angegeben sind unten am Bildschirmrand die x-Koordinate und die y-Koordinate.
Die Funktionswerte von Y1 an dieser Stelle erhält man, indem man die Pfeiltaste [▲] betätigt. Der Cursor wechselt zur Funktion Y1 und zeigt die Koordinaten des ersten Wendepunkts an:
$W_1(-1\,|\,0{,}2420)$
Auf analoge Weise bestimmt man die lokalen Minima der Funktion Y2, nur dass man hierzu den Befehl minimum (anwählbar über [CALC] <minimum>) verwendet. Man erhält hier:
$W_2(1\,|\,0{,}2420)$

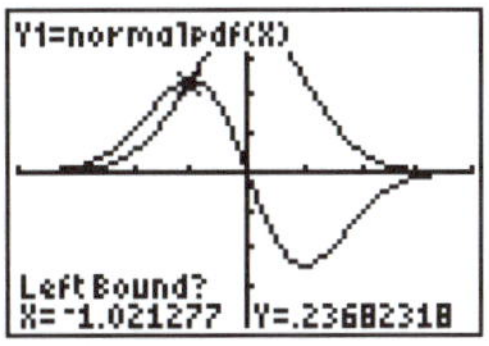

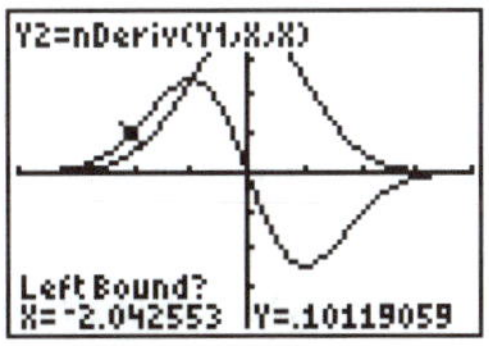

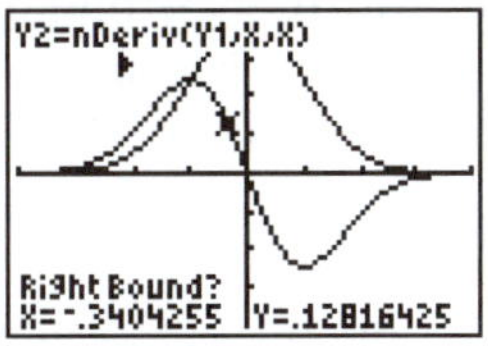

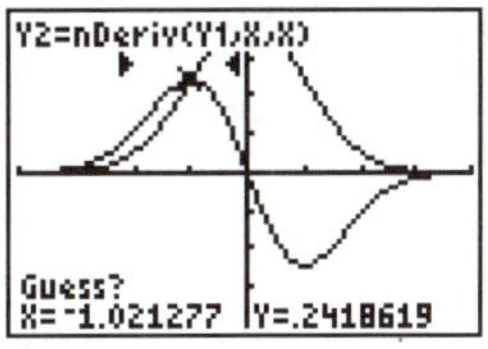

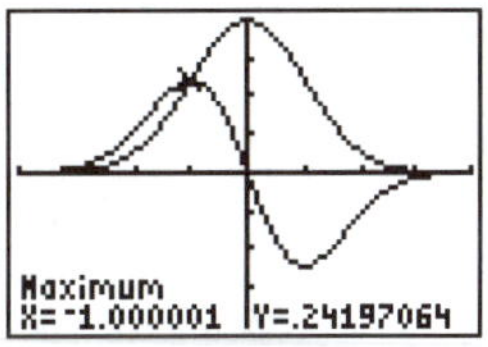

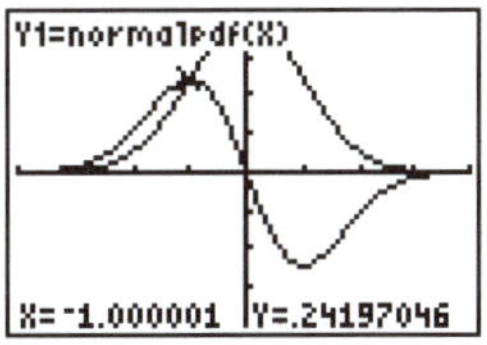

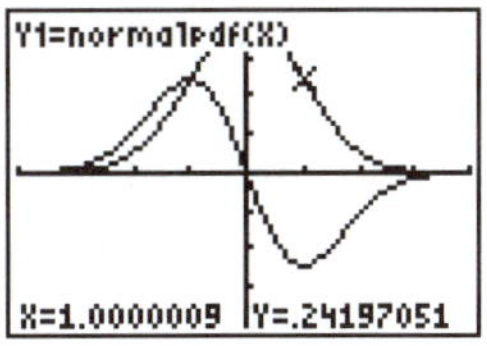

Alternativ kann man die Funktionswerte auch in der Wertetabelle ablesen. Diese ruft man über die Taste [TABLE] auf. Hier werden stets die Wertetabellen der im Funktioneneditor gespeicherten Funktionen angezeigt. Über die Taste [TBLSET] kann man auch den Startwert (Eingabezeile TblStart =) und die Schrittweite (Eingabezeile ΔTbl =) einstellen, in der dann die Funktionswerte berechnet werden.

Beispiel 10

Veranschaulichung von Bereichswahrscheinlichkeiten bei der Normalverteilung

Veranschaulichen Sie die Wahrscheinlichkeit, dass eine (mit den Parametern $\mu = 35$ und $\sigma = 5$) normalverteilte Zufallsvariable Werte im Bereich zwischen 32 und 42 annimmt (vgl. Teilaufgabe 2 von Beispiel 5).

Lösung:

Die zu veranschaulichende Wahrscheinlichkeit ist gerade die Fläche unter dem Graphen der Normalverteilung zwischen den x-Werten 32 und 42. Zusätzlich zur Darstellung von Funktionen kann der GTR Flächen unter Graphen durch Schattierung hervorheben und berechnen. Eine Möglichkeit dazu bietet die ∫f(x)dx-Funktion (anwählbar über [CALC] < ∫f(x)dx>), mit der man bestimmte Integrale ausrechnen kann.

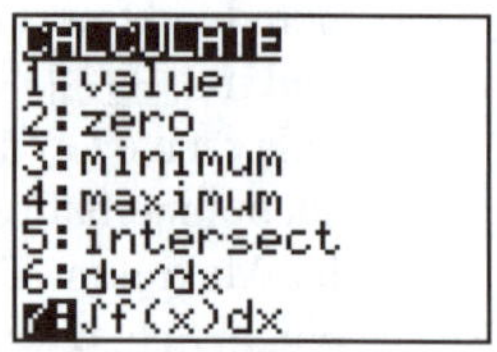

Zunächst gibt man die Normalverteilung als Funktion Y1 im Funktionen-Editor ein und passt das Zeichenfenster im [WINDOW]-Menü entsprechend an:
Xmin = 19 [ENTER] Xmax = 51 [ENTER] Xscl = 5 [ENTER]
Ymin = 0 [ENTER] Ymax = 0 [.] 08 [ENTER] Yscl = 0 [.] 01 [ENTER]

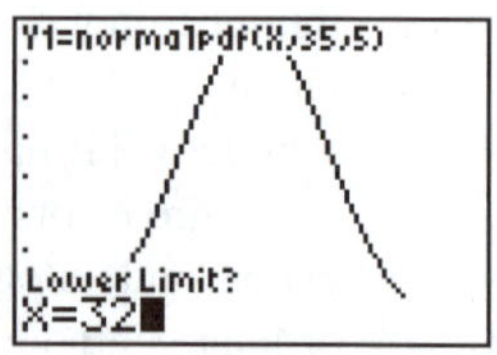

Im Zeichenfenster (oder auch in jedem anderen Fenster; der GTR wechselt dann automatisch ins Zeichenfenster) ruft man dann den Befehl ∫f(x)dx auf. Der GTR fragt nun nach der unteren Integrationsgrenze (Lower Limit?), die man entweder mithilfe der Pfeiltasten [◄] und [►] einstellt, oder aber besser direkt über die Tasten eingibt und so oder so mit [ENTER] bestätigt. Danach wird die obere Integrationsgrenze (Upper Limit?) verlangt, die man in analoger Weise einstellt bzw. eingibt.

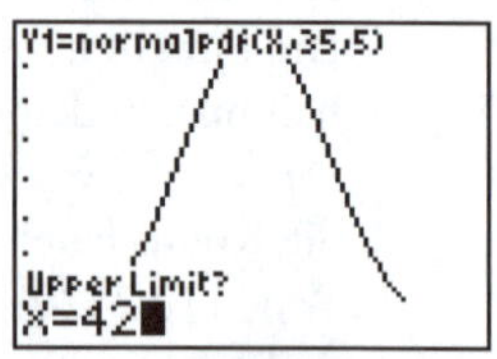

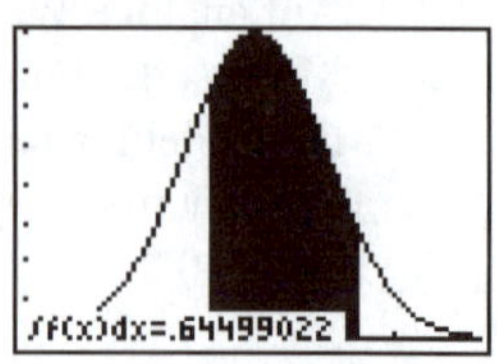

Der GTR berechnet dann das Integral, zeigt das Ergebnis am unteren Bildschirmrand an und markiert die entsprechende Fläche im Zeichenfenster.

Im Falle der Normalverteilung kann man auch mit dem Befehl ShadeNorm (anwählbar über die Tastenfolge [DISTR] <DRAW – ShadeNorm(>) arbeiten. An die Funktion ShadeNorm muss man dabei als Parameter die untere Integrationsgrenze, die obere Integrationsgrenze sowie den Mittelwert und die Standardabweichung (in dieser Reihenfolge) übergeben. In diesem Fall lautet die Eingabe also:
[DISTR] <DRAW – ShadeNorm(> 32 [,] 42 [,] 35 [,] 5 [)] [ENTER]

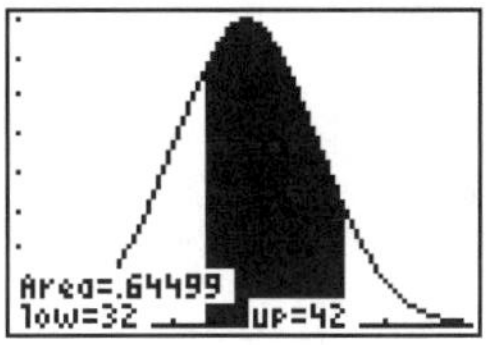

Der GTR wechselt automatisch in das Zeichenfenster und zeigt den Graphen, die getönte Fläche sowie den Wert des Integrals (Area =) und die untere (low =) bzw. obere Integrationsgrenze (up =) an.

Zufallsexperimente

Zufallsexperimente sind der Ausgangspunkt der Stochastik. Man unterscheidet zwischen einstufigen und mehrstufigen Zufallsexperimenten. Einzelne Ergebnisse werden zu Ereignissen zusammengefasst, zum Beispiel das Würfeln der Zahlen 1 bis 5 beim „Mensch ärgere Dich nicht“, da nur bei einer 6 das Haus verlassen werden darf.

1 Einstufige Zufallsexperimente

In diesem Kapitel wird der Begriff des Zufallsexperiments behandelt, zunächst werden nur einstufige Zufallsexperimente untersucht. Ebenfalls wird besprochen, was man in der Wahrscheinlichkeitsrechnung unter „Ergebnissen" versteht.

Definition

Ein Versuch mit mehreren möglichen Ausgängen heißt **Zufallsexperiment**. Man redet von Zufall, wenn man den Ausgang nicht mit Sicherheit voraussagen kann.

Bei Glücksspielen spielt der Zufall eine alles beherrschende Rolle. Man fasst aber auch Situationen als Zufallsexperimente auf, bei denen der Zufall nur beteiligt ist. So hat z. B. eine Präsidentschaftswahl mehrere mögliche Ausgänge, auch wenn es einen klaren Favoriten gibt.

Beispiel

Geben Sie für die folgenden Situationen an, ob es sich um ein Zufallsexperiment handelt.

a) Herausschrauben eines Fahrradventils

b) Würfeln

c) Fußballspiel

Lösung:

a) Das Herausschrauben des Fahrradventils hat als einzig mögliches Ergebnis einen platten Reifen: **kein Zufallsexperiment**

b) Würfeln hat als mögliche Ergebnisse die Augenzahlen 1 bis 6: **Zufallsexperiment**

c) Ein Fußballspiel hat als mögliche Ergebnisse Sieg, Niederlage und Unentschieden: **Zufallsexperiment**

Definition

Die Menge aller möglichen Ausgänge eines Zufallsexperiments heißt **Ergebnisraum** oder **Ergebnismenge** und wird mit dem Buchstaben Ω bezeichnet. Die Elemente von Ω heißen Ergebnisse: $\Omega = \{\omega_1; \omega_2; \omega_3; \ldots; \omega_n\}$.
Die Anzahl der Ergebnisse in einer Menge heißt ihre **Mächtigkeit**. Man schreibt dafür $|\Omega| = n$.

In der Regel genügt es, endliche Ergebnisräume zu betrachten. Ein Dartpfeil kann theoretisch unendlich viele Punkte auf der Zielscheibe treffen. Indem man die Dartscheibe aber in eine begrenzte Zahl von Feldern einteilt, beschränkt man die Mächtigkeit des Ergebnisraumes auf eine Zahl. Im Kapitel Normalverteilung kommen auch unendliche und nicht abzählbare Ergebnisräume vor.

In der folgenden Tabelle sind beispielhaft einige Zufallsexperimente mit den entsprechenden Ergebnisräumen aufgeführt:

Zufallsexperiment	Ergebnisraum Ω	Mächtigkeit n
Werfen eines Würfels	{1; 2; …; 6}	6
Werfen eines Ikosaeders	{1; 2; 3; …; 20}	20
Werfen einer Münze	{W; Z}	2
Geburt	{Junge; Mädchen}	2
Kauf eines Loses	{Treffer; Niete}	2
Ziehen einer Karte	{Kreuz ♣; Pik ♠; Herz ♥; Karo ♦}	4

Beispiel

Von fünf Schülern (Anna, Bernd, Christoph, Doris und Eric) werden zwei für ein gemeinsames Referat ausgesucht. Bestimmen Sie den Ergebnisraum und dessen Mächtigkeit.

Lösung:
Zur vollständigen Bestimmung des Ergebnisraums schreibt man die möglichen Teams systematisch geordnet auf. Anna kann mit jeder der vier anderen Personen ein Team bilden, Bernd mit dreien usw. Der Ergebnisraum ist also $\Omega = \{ab; ac; ad; ae; bc; bd; be; cd; ce; de\}$, seine Mächtigkeit beträgt $|\Omega| = 10$.

Hinweis: Beachten Sie, dass Anna–Bernd und Bernd–Anna dasselbe Team ist.

Bei den in der Tabelle angeführten Zufallsexperimenten war die Bestimmung des Ergebnisraums und seiner Mächtigkeit sehr einfach, da es sich jeweils um ein **einstufiges** Zufallsexperiment handelt. Beim Beispiel mit dem Referat muss man aufpassen, keine Elemente des Ergebnisraums doppelt zu zählen. Da zwei Schüler ausgewählt werden, handelt es sich hier um ein **zweistufiges** Zufallsexperiment.

Aufgaben

1. Eine Münze wird hochgeworfen.
Geben Sie an, welche möglichen Ausgänge man betrachten muss,

a) damit es sich um ein Zufallsexperiment handelt.

b) damit es sich um kein Zufallsexperiment handelt.

2. Geben Sie jeweils ein Experiment an, bei dem der Zufall

a) herrscht;

b) mit im Spiel ist;

c) keine Rolle spielt.

3. Geben Sie ein Zufallsexperiment an mit

a) $|\Omega| = 12$;

b) $|\Omega| = 6$;

c) $|\Omega| = 2$.

d) Entscheiden Sie, ob es auch Zufallsexperimente mit $|\Omega| = 1$ gibt.
Begründen Sie Ihre Antwort.

4. Isabel hat vier verschiedene Bilder (A, B, C, D) gemalt, von denen sich ihre Mutter zwei aussuchen darf.
Geben Sie den Ergebnisraum an.

5. Nicoles kleiner Bruder hat fünf Bälle. Drei davon kann er auf einmal tragen.
Geben Sie einen Ergebnisraum an.

6. Peter wählt aus sechs Spielern drei für seine vierköpfige Mannschaft aus. Andreas und Bernd spielen aber auf jeden Fall zusammen.
Geben Sie an, wie viele Möglichkeiten Peter hat, seine Mannschaft zu bilden.

2 Mehrstufige Zufallsexperimente

2.1 Ziehen mit und ohne Zurücklegen

Bei den letzten Beispielen wurde gezeigt, dass es einstufige und mehrstufige Zufallsexperimente gibt.

Definition

Ein Zufallsexperiment heißt **mehrstufig**, wenn jedes seiner Ergebnisse durch die Hintereinanderausführung mehrerer Zufallsexperimente zustande kommt.

Stets wird in der Mathematik versucht, ein Muster herauszuarbeiten, das vielen Situationen gemeinsam ist. In der Stochastik gilt:

Regel

Jedes Zufallsexperiment kann man sich auch als **Urnenexperiment** vorstellen. Eine Urne ist in der Stochastik ein Behälter mit Kugeln, die erst nach dem Ziehen identifiziert werden können.

Demnach kann man die verschiedenen Ausgänge eines Zufallsexperiments gedanklich durch das Ziehen von Kugeln aus einer Urne ersetzen. Wird aus der Urne einmal gezogen, liegt ein **einstufiges** Zufallsexperiment vor. Wird mehrmals gezogen, ist das entsprechende Zufallsexperiment **mehrstufig**.

Beispiele

1. Geben Sie ein Urnenexperiment an, das das dreimalige Werfen eines Würfels ersetzt.

   Lösung:
   In einer Urne befinden sich sechs Kugeln, die die Nummern eins bis sechs tragen. Aus dieser Urne wird dreimal gezogen, wobei jede Kugel **zurück** in die Urne **gelegt** wird.

2. Geben Sie ein Urnenexperiment an, das die Auswahl von drei aus sechs Gegenständen ersetzt.

   Lösung:
   Wieder befinden sich sechs nummerierte Kugeln in einer Urne. Nacheinander wird dreimal gezogen, **ohne** die gezogene Kugel **zurückzulegen**. Die Situation bleibt die gleiche, wenn man stattdessen die drei Kugeln gleichzeitig zieht.

Regel

Bei einem mehrstufigen **Urnenexperiment mit Zurücklegen** steht man bei jeder Stufe des Experiments vor genau der gleichen Situation. Der Urneninhalt bleibt stets der gleiche.
Beim **Urnenexperiment ohne Zurücklegen** kann eine einmal gezogene Kugel nicht auf einer späteren Stufe des Experiments wieder gezogen werden. Der Inhalt der Urne ändert sich Zug um Zug.

Beispiel

Bestimmen Sie den Ergebnisraum für das zweimalige Ziehen aus einer Urne mit einer schwarzen und einer weißen Kugel mit und ohne Zurücklegen.

Lösung:
Mit Zurücklegen: $\Omega = \{ss; sw; ws; ww\}$
Ohne Zurücklegen: $\Omega = \{sw; ws\}$

Aufgaben

7. Es wird viermal gewürfelt.
Geben Sie den Ergebnisraum an. Entscheiden Sie, um welche Art von Zufallsexperiment es sich handelt.

8. Aus einer Urne mit drei Kugeln (rot, gelb, blau) wird zweimal gezogen.
Geben Sie den Ergebnisraum an.

9. Geben Sie an, bei welcher Art von Zufallsexperiment man das Herausnehmen von je einer Kugel in drei Schritten durch das Herausnehmen von drei Kugeln mit einem Griff ersetzen kann.

10. Bei einer Meinungsumfrage wird in einem vierstufigen Zufallsexperiment zuerst eine Straße ausgesucht, dann ein Haus, dann ein Haushalt darin und dann ein Mitglied des Haushalts.
Erläutern Sie den Sinn dieses Verfahrens.

2.2 Baumdiagramme

Die Ergebnisse eines mehrstufigen Zufallsexperiments lassen sich übersichtlich mithilfe eines Baumdiagramms darstellen. Ganz allgemein gilt:

Regel

> Jedes Ergebnis des Zufallsexperiments lässt sich mit einem **Pfad im Baumdiagramm** identifizieren.

Der Pfad führt stets vom „Stamm" (Start) über genau eine Abfolge von Verzweigungen zur entsprechenden Stelle in der „Baumkrone".

Beispiele

1. Eine Münze wird dreimal geworfen.
   Geben Sie den Ergebnisraum an und zeichnen Sie ein Baumdiagramm.

   Lösung:
   Der Ergebnisraum ist $\Omega = \{WWW; WWZ; WZW; WZZ; ZWW; ZWZ; ZZW; ZZZ\}$, wobei wie üblich Z für Zahl und W für Wappen steht. Die Abbildung zeigt das zugehörige Baumdiagramm. Das grün hervorgehobene Ergebnis für eine geworfene Zahl wird nur über den Pfad ZWZ erreicht.

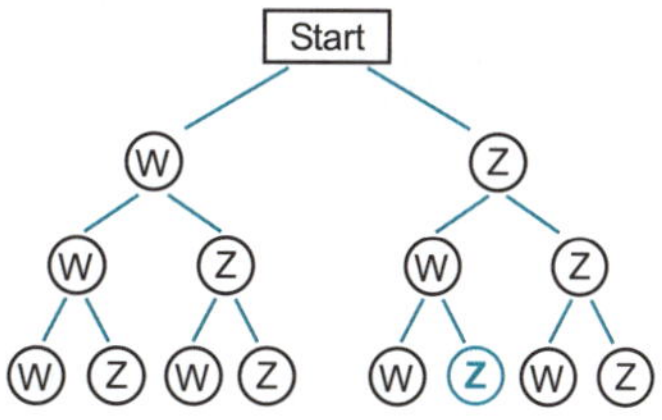

2. Eine Urne enthält vier **r**ote, zwei **w**eiße und eine **s**chwarze Kugel. Nacheinander werden zwei Kugeln ohne Zurücklegen gezogen.
   Zeichnen Sie das Baumdiagramm und geben Sie den Ergebnisraum an.

   Lösung:
   Das zugehörige Baumdiagramm hat folgende Gestalt:

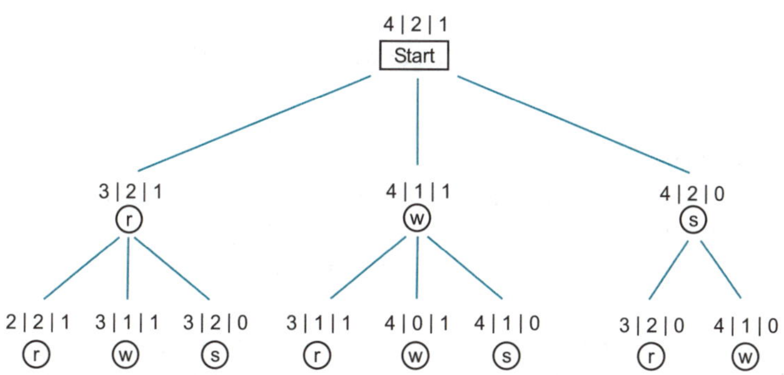

Der Pfad, der mit s beginnt, kann kein weiteres s enthalten. Der Ergebnisraum ergibt sich zu $\Omega = \{rr; rw; rs; wr; ww; ws; sr; sw\}$.

Bei Urnenexperimenten ohne Zurücklegen ist es hilfreich, den jeweiligen Urneninhalt mit anzugeben, der sich je nach Pfad auf jeder Stufe verändert. Wählt man etwa im vorigen Beispiel beim ersten Zug eine rote Kugel, ändert sich der Urneninhalt r | w | s von 4 | 2 | 1 auf 3 | 2 | 1.

Aufgaben

11. Eine Urne enthält fünf rote, eine grüne und eine weiße Kugel. Zwei Kugeln werden ohne Zurücklegen gezogen.
Zeichnen Sie das Baumdiagramm und geben Sie den Ergebnisraum an.

12. Zeichnen Sie das jeweils passende Baumdiagramm zu den Aufgaben 4 und 8.

3 Ereignisse

3.1 Teilmengen von Ergebnismengen

Teilmengen werden festgelegt, indem man Elemente aus der Ergebnismenge Ω herausgreift, die eine Eigenschaft gemeinsam haben.

Definition

Teilmengen der Ergebnismenge Ω heißen **Ereignisse**.
Die Menge aller Teilmengen von Ω heißt **Ereignisraum**.

Ereignisse sind also Zusammenfassungen von einzelnen Ergebnissen.

Beispiele

1. Bei der Eröffnung eines „Mensch ärgere Dich nicht“-Spiels darf man mehrfach würfeln.
   Erläutern Sie, bei welchen der folgenden Ergebnisse sich etwas Besonderes ereignet.
   4-1-5, 3-3-1, 4-1-3, 2-5-5, 2-1-6-3, 6-4, 3-6-2, 5-4-6-2

   Lösung:
   Bei den letzten vier Ergebnissen darf der Spieler seinen Stein ins Feld setzen, da er eine Sechs gewürfelt hat. Diese Ergebnisse gehören zum Ereignis: „Der Spieler darf sein Haus verlassen.“

2. Beim Würfeln ist $\Omega = \{1; 2; 3; 4; 5; 6\}$.
   Beschreiben Sie folgende Ereignisse in Worten:
   $A = \{3; 4; 5; 6\}$, $B = \{1; 3; 5\}$, $C = \{2; 4; 6\}$

   Lösung:
   Eine mögliche verbale Beschreibung lautet:
   A ist das Ereignis: „Die geworfene Zahl ist größer als 2."
   B ist das Ereignis: „Die geworfene Zahl ist ungerade."
   C ist das Ereignis: „Die geworfene Zahl ist gerade."

Ist A ein Ereignis eines Zufallsexperiments und liegt ein Ergebnis in A, dann sagt man: „Das Ereignis A ist eingetreten."

Aufgaben

13. Aus einer Urne mit einer schwarzen Kugel und einer weißen Kugel wird zweimal mit Zurücklegen gezogen.
Nennen Sie ein Zufallsexperiment, das zu diesem Urnenexperiment äquivalent ist.
Geben Sie folgende Ereignisse in Mengenschreibweise an:
A: „Zweimal wird die gleiche Kugel gezogen."
B: „Mindestens einmal wird die weiße Kugel gezogen."
Entscheiden Sie, welches der beiden Ereignisse die größere Mächtigkeit hat.

14. Aus einer Urne mit drei Kugeln 1, 2, 3 wird zweimal ohne Zurücklegen gezogen.
Zeichnen Sie ein Baumdiagramm.
Geben Sie den Ergebnisraum und das Ereignis A an, wobei für A gilt:
„Die Kugel mit der Nummer 2 wird nicht als zweite gezogen."

3.2 Verknüpfen von Ereignissen

Wenn sich zwei Teilmengen von Ω überschneiden, gibt es Elemente, die beiden Teilmengen angehören.

Definition

Die Menge aller Ergebnisse, bei denen die Ereignisse A **und** B eintreten, nennt man **Schnittmenge** von A und B (geschrieben $A \cap B$, gesprochen „A geschnitten mit B").

Die Schnittmenge ist wieder ein Ereignis, da es sich um eine Teilmenge von Ω handelt. Statt mit „und“ kann man zwei Ereignisse auch mit „oder“ verknüpfen.

Definition

Die Menge aller Ergebnisse, bei denen die Ereignisse A **oder** B (oder beide!) eintreten, nennt man **Vereinigungsmenge** von A und B (geschrieben $A \cup B$, gesprochen „A vereinigt mit B“).

Die hier eingeführte „oder“-Verknüpfung wird auch **„inklusives Oder“** genannt, da $A \cup B$ auch $A \cap B$ einschließt.

Beispiel

Beim Würfeln gelte $A = \{3; 4; 5; 6\}$, $B = \{1; 3; 5\}$ und $C = \{2; 4; 6\}$.
Geben Sie folgende Ereignisse in Mengenschreibweise und in verbaler Beschreibung an: $A \cap B$, $A \cup B$, $A \cap C$, $A \cup C$, $B \cap C$, $B \cup C$

Lösung:

$A \cap B = \{3; 5\}$: „Die geworfene Zahl ist größer als 2 **und** ungerade.“

$A \cup B = \{1; 3; 4; 5; 6\}$: „Die geworfene Zahl ist größer als zwei **oder** ungerade.“

$A \cap C = \{4; 6\}$: „Die geworfene Zahl ist größer als 2 **und** gerade.“

$A \cup C = \{2; 3; 4; 5; 6\}$: „Die geworfene Zahl ist größer als zwei **oder** gerade.“

$B \cap C = \emptyset$: „Die geworfene Zahl ist ungerade **und** gerade.“

$B \cup C = \{1; 2; 3; 4; 5; 6\}$: „Die geworfene Zahl ist ungerade **oder** gerade.“

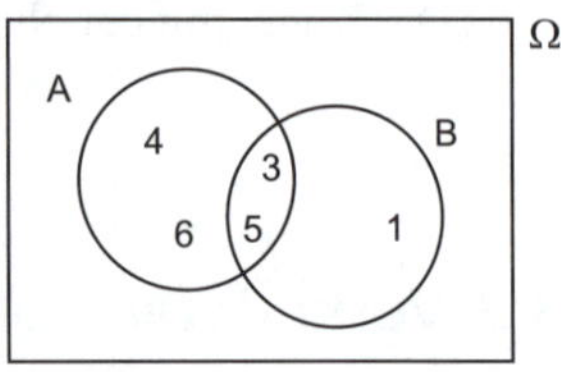

Eine gute Veranschaulichung für die Verknüpfung von Ereignissen liefern **Mengenbilder**. Die Abbildung zeigt das Mengenbild für das obige Beispiel (vgl. auch Abschnitt 3.3).
Die beiden letzten Ereignisse $B \cap C$ und $B \cup C$ haben die Eigenschaft, niemals bzw. immer einzutreten. Dies liegt offenbar daran, dass B und C keine gemeinsamen Elemente haben, zusammen aber die ganze Menge Ω ausschöpfen: $B \cap C = \emptyset$ und $B \cup C = \Omega$. Dies führt auf folgende Vereinbarung:

Definition

Die leere Menge als Teilmenge von Ω ist **das unmögliche Ereignis**, die Menge Ω ist **das sichere Ereignis**.
Zwei Mengen, deren Schnittmenge die leere Menge ist, heißen **elementefremd** oder **disjunkt**. Disjunkte Ereignisse heißen auch **unvereinbar**.

Im letzten Beispiel ist der Ergebnisraum in ungerade und gerade Zahlen disjunkt zerlegt. Offenbar liegt das daran, dass das Ereignis B genau dann eintritt, wenn das Ereignis C nicht eintritt. Man sagt: „B ist das Gegenereignis von C." Das Gegenereignis von A ist offensichtlich $\{1; 2\}$, es umfasst alle Elemente des Ergebnisraums, die nicht zu A gehören.

Definition

Die Menge $\Omega \setminus A$ (lies: „Ω ohne A") heißt die **Komplementmenge von A in Ω**. Für ein Ereignis A heißt seine Komplementmenge in Ω **Gegenereignis von A**. Statt $\Omega \setminus A$ schreibt man für das Gegenereignis von A auch $\overline{A}$ (lies: „A quer" oder „Nicht-A").

Beispiel

Geben Sie zu allen Ereignissen aus dem Beispiel auf der vorangehenden Seite die Gegenereignisse an.

Lösung:

$\overline{A \cap B} = \{1; 2; 4; 6\}$

$\overline{A \cup B} = \{2\}$

$\overline{A \cap C} = \{1; 2; 3; 5\}$

$\overline{A \cup C} = \{1\}$

$\overline{B \cap C} = \{1; 2; 3; 4; 5; 6\}$

$\overline{B \cup C} = \varnothing$

Die letzten beiden Mengen zeigen, dass das unmögliche Ereignis und das sichere Ereignis Gegenereignisse voneinander sind. Die Mengen $\overline{A \cup B} = \{2\}$ und $\overline{A \cup C} = \{1\}$ sind Ereignisse, die jeweils nur ein einziges Ergebnis aus Ω umfassen.

Definition

Ereignisse mit der Mächtigkeit 1 heißen **Elementarereignisse**.

Beispiele

1. Eine Münze wird zweimal geworfen.
   Geben Sie das Gegenereignis zu $A = \{ww\}$ an.

   Lösung:
   Es gilt $\overline{A} = \{wz; zw; zz\}$. Die Antwort $\{zz\}$ wäre falsch, denn das Gegenereignis zu A umfasst alle Ereignisse aus Ω, die nicht zu A gehören.

2. Das Zufallsexperiment „Fußballspiel" hat die Ergebnismenge $\Omega = \{$Sieg; Unentschieden; Niederlage$\}$. Es gelte $A = \{$Sieg$\}$.
   Überprüfen Sie, ob A und $\overline{A}$ Elementarereignisse sind.

Lösung:
A ist ein Elementarereignis, da A nur ein Element enthält. $\overline{A}$ ist kein Elementarereignis, da $\overline{A}$ = {Unentschieden; Niederlage} zwei Elemente enthält. A und $\overline{A}$ bilden wie jedes Paar von Gegenereignissen eine disjunkte Zerlegung von Ω, da $A \cap \overline{A} = \emptyset$ und $A \cup \overline{A} = \Omega$.

3. Ein Skat-Anfänger zählt die Trümpfe beim Herz-Spiel: „Es gibt 32 Karten, 8 davon sind Herz, also Trümpfe. Die 4 Buben sind immer Trümpfe, also sind es zusammen 12 Trümpfe!"
Erklären Sie, wo der Fehler steckt.

Lösung:
Der Anfänger hat den Herzbuben doppelt gezählt.

4. Aus einer Urne, in der sich eine rote, eine schwarze und eine weiße Kugel befinden, wird zweimal mit Zurücklegen gezogen. Folgende Ereignisse seien definiert:
A: „Mindestens eine rote Kugel wird gezogen."
B: „Zwei gleichfarbige Kugeln werden gezogen."

Stellen Sie A und B als Vereinigung von Elementarereignissen dar und überprüfen Sie A und B auf Vereinbarkeit.

Lösung:
Es gilt
$A = \{rr; rs; sr; rw; wr\} = \{rr\} \cup \{rs\} \cup \{sr\} \cup \{rw\} \cup \{wr\}$
sowie
$B = \{rr; ss; ww\} = \{rr\} \cup \{ss\} \cup \{ww\}$.

$A \cap B = \{rr\}$ ist ein Elementarereignis. Wegen $A \cap B \neq \emptyset$ ist A mit B vereinbar.

Aufgaben **15.** Aus der französischen Partnerstadt ist eine Volleyballmannschaft gekommen, um drei Freundschaftsspiele auszutragen. Die deutsche Trainerin möchte, dass ihre Mannschaft einen guten Eindruck macht, und hofft auf das Ereignis A: „Alle Spiele werden von der deutschen Mannschaft gewonnen." Der französische Trainer wünscht sich bescheidenerweise das Ereignis B: „Mindestens zwei Spiele werden von der französischen Mannschaft gewonnen." Dem deutschen Bürgermeister wäre aus Gründen der Harmonie das Ereignis C am liebsten: „Jede Mannschaft gewinnt wenigstens ein Spiel."

a) Schreiben Sie die Ereignisse A, B und C in Mengenschreibweise. Erklären Sie, welche Art von Ereignis A ist.
b) Schreiben Sie B und C als Vereinigung von Elementarereignissen.
c) Untersuchen Sie A, B und C paarweise auf Vereinbarkeit.
d) Geben Sie an, ob die drei Ereignisse A, B und C miteinander vereinbar sind.

16. Aus einer Urne mit einer schwarzen und einer weißen Kugel wird dreimal mit Zurücklegen gezogen.
Geben Sie zu den folgenden Ereignissen jeweils die Gegenereignisse in Worten und in Mengenschreibweise an.
A: „Alle gezogenen Kugeln haben die gleiche Farbe."
B: „Mindestens zwei weiße Kugeln werden gezogen."
C: „Die zweite und die dritte Kugel sind weiß."
D: „Höchstens zwei Kugeln sind weiß."

17. Vier Mannschaften A, B C und D sind im Halbfinale der Hockey-Weltmeisterschaft.
Geben Sie jeweils das Gegenereignis $\overline{E}$ in Worten und in Mengenschreibweise an.

a) E: „Mannschaft A wird Weltmeister."

b) E: „Die Mannschaften A und B bestreiten das Finale."

c) E: „Mannschaft A oder Mannschaft C scheidet im Halbfinale aus."

18. Beim Werfen eines Tetraeders wird festgestellt, auf welcher Seite er liegen bleibt: $\Omega = \{1; 2; 3; 4\}$. Es gelte $A = \{1; 2\}$ und $B = \{1; 4\}$.

a) Finden Sie eine verbale Beschreibung für die Ereignisse A und B.

b) Geben Sie die Ereignisse $A \cap B$ und $A \cup B$ an.

c) Geben Sie die Gegenereignisse zu den Ereignissen aus Aufgabenteil b an.

d) Geben Sie die Ereignisse $\overline{A} \cap B$ und $\overline{A} \cap \overline{B}$ an.

e) Geben Sie zwei beliebige Ereignisse an, die unvereinbar sind.

19. In einem Internetcafé stehen fünf Computer. Folgende Ereignisse seien definiert:
A_i: „Der i-te Computer funktioniert."
B: „Alle Computer funktionieren."
C: „Mindestens ein Computer funktioniert."
D: „Kein Computer funktioniert."
Beschreiben Sie die Ereignisse B, C und D mithilfe der Ereignisse A_i.

20. Für ein Zufallsexperiment gelte $\Omega = \{a; b; c\}$.
Geben Sie den Ereignisraum an und bestimmen Sie seine Mächtigkeit.

* **21.** Der Ergebnisraum eines Zufallsexperiments hat die Mächtigkeit n.
Bestimmen Sie die Mächtigkeit des zugehörigen Ereignisraums.

* **22.** Geben Sie ein Zufallsexperiment an, dessen Ergebnisraum Ω die Mächtigkeit 5 hat. Geben Sie an, wie viele Möglichkeiten es gibt, Ω disjunkt zu zerlegen.

3.3 Ereignisalgebra und Mengendiagramme

Durch die Mengenoperationen Schnitt und Vereinigung wird aus zwei Ereignissen ein „neues“ Ereignis gebildet. Ebenso entsteht durch Bilden der Komplementmenge ein Ereignis. Da alle so erzeugbaren Ereignisse wieder Teilmengen von Ω sind und daher im Ereignisraum liegen, bezeichnet man den Ereignisraum als **abgeschlossen**.

Regel

> Jeder Ereignisraum ist bezüglich der Mengenoperationen Schnitt, Vereinigung und Komplementbildung abgeschlossen. Statt Ereignisraum wird auch der Begriff **Ereignisalgebra** verwendet.

Man redet von Ereignisalgebra, weil man durch Anwenden der Mengenoperationen mit Ereignissen ähnlich wie mit Zahlen „rechnen“ kann.

Beispiel

Geben Sie an, bezüglich welcher Grundrechenoperationen
a) die Menge der natürlichen Zahlen abgeschlossen ist.
b) die Menge der ganzen Zahlen abgeschlossen ist.

Lösung:
a) Die Menge $\mathbb{N}$ der natürlichen Zahlen ist bezüglich der Addition und der Multiplikation abgeschlossen, nicht dagegen bzgl. der Subtraktion: Z. B. liegt das Ergebnis von $3-8$ nicht in $\mathbb{N}$.
b) Die Menge $\mathbb{Z}$ der ganzen Zahlen ist bezüglich der Addition, der Multiplikation und der Subtraktion abgeschlossen, nicht hingegen bzgl. der Division: Quotienten ganzer Zahlen sind im Allgemeinen keine ganzen Zahlen.

Besonders bei mehrfachen Verknüpfungen von Ereignissen leisten Mengenbilder gute Dienste, da die reine Mengensymbolik dann leicht unübersichtlich wird. In den folgenden Beispielen ist das jeweilige Ereignis grün getönt dargestellt.

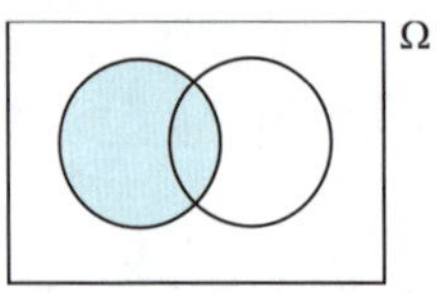

A

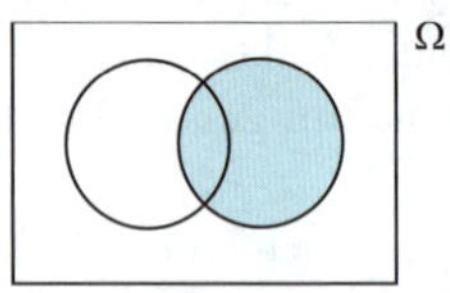

B

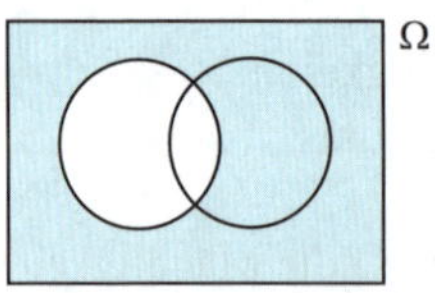

$\overline{A}$

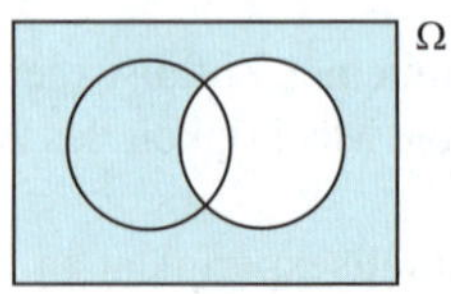

$\overline{B}$

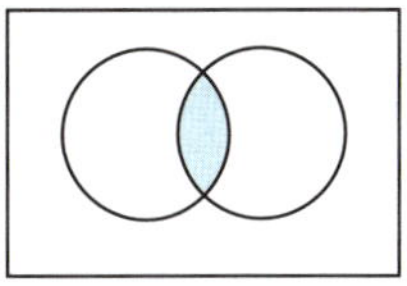

$A \cap B$

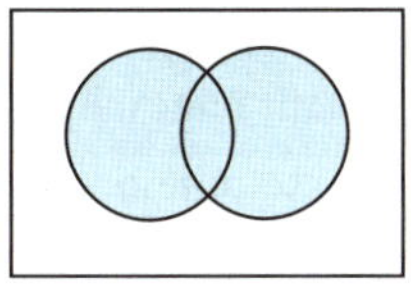

$A \cup B$

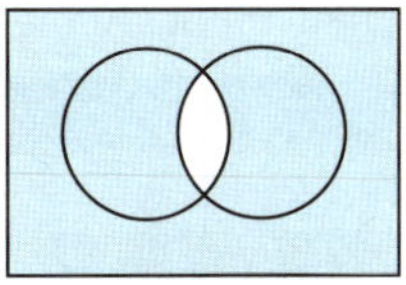

$\overline{A \cap B}$

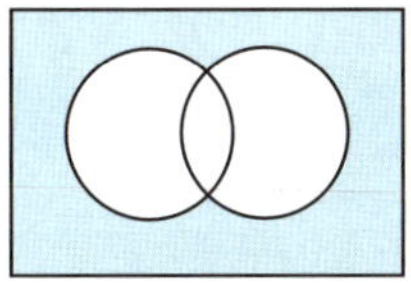

$\overline{A \cup B}$

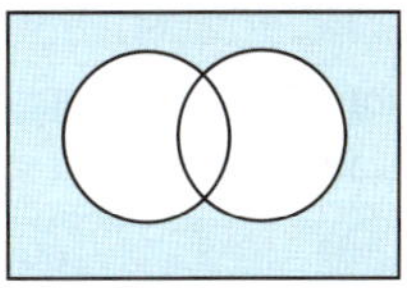

$\overline{A} \cap \overline{B}$

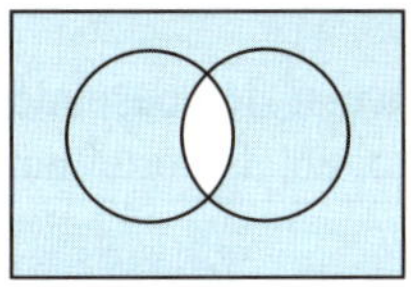

$\overline{A} \cup \overline{B}$

Die vier unteren Bilder zeigen, dass verschiedene Mengenverknüpfungen auf dasselbe Ereignis führen können, denn wie man sieht, führt die Verknüpfung $\overline{A \cap B}$ auf dasselbe Ereignis wie die Verknüpfung $\overline{A} \cup \overline{B}$ und die Verknüpfung $\overline{A \cup B}$ auf dasselbe Ereignis wie die Verknüpfung $\overline{A} \cap \overline{B}$.
Allgemein gelten für das Rechnen mit Ereignissen die folgenden Regeln:

Regel

1. **Kommutativgesetze**
   $A \cap B = B \cap A$; $A \cup B = B \cup A$
2. **Doppelte Negation**
   $\overline{\overline{A}} = A$
3. **De Morgan'sche Gesetze**
   $\overline{A \cap B} = \overline{A} \cup \overline{B}$; $\overline{A \cup B} = \overline{A} \cap \overline{B}$

Beispiel

Veranschaulichen Sie die doppelte Negation am Beispiel Würfeln mit $A = \{5; 6\}$.

Lösung:

Das Ereignis $A = \{5; 6\}$ kann verbal beschrieben werden durch „Zahl größer als 4“.

Das Gegenereignis zu A ist $\overline{A}$: „Zahl ≤ 4“, also $\overline{A} = \{1; 2; 3; 4\}$.

Das Gegenereignis zu $\overline{A}$ ist $\overline{\overline{A}}$: „Zahl ist nicht ≤ 4“, also $\overline{\overline{A}} = \{5; 6\} = A$.

Die doppelte Negation findet sich auch in der Alltagssprache in Ausdrücken wie: „Er macht seine Sache nicht ungeschickt.“ = „Er macht seine Sache geschickt.“

Werden nur zwei Ereignisse miteinander verknüpft, ist eine häufig verwendete alternative Veranschaulichung die sogenannte **Vierfeldertafel**. Die Abbildung zeigt als Beispiel Schnitt und Vereinigung zweier Ereignisse A und B:

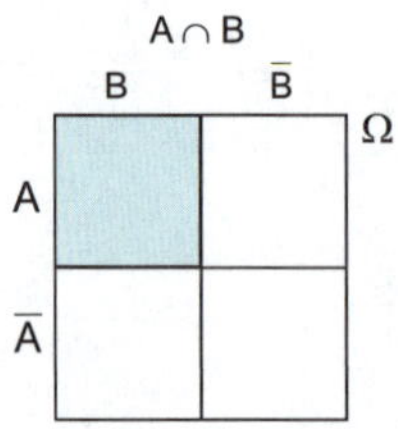

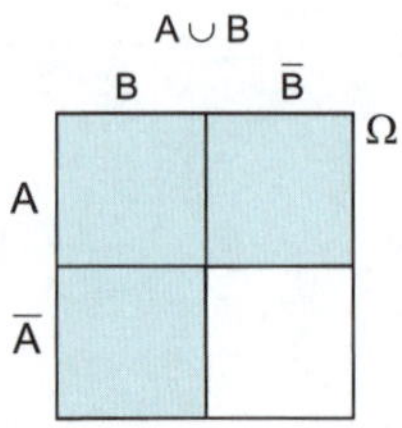

Die Vierfeldertafel erweist sich besonders für die Berechnung von Häufigkeiten oder Wahrscheinlichkeiten als vorteilhaft (siehe Abschnitt 6 des anschließenden Kapitels).

Aufgabe 23. Beim Würfeln ($\Omega = \{1; 2; 3; 4; 5; 6\}$) gelte $A = \{1; 2; 3\}$ und $B = \{1; 2; 6\}$. Stellen Sie Verknüpfungen von A und B so zusammen, dass die Gültigkeit der De Morgan'schen Gesetze exemplarisch deutlich wird.

24. Stellen Sie die Ereignisse aus Aufgabe 23 dar

a) in einem Mengendiagramm,

b) in einer Vierfeldertafel.

25. Geben Sie eine Zahlenmenge an, die bezüglich der genannten Operationen abgeschlossen ist, und eine, die es nicht ist.

a) Quadrieren

b) Ziehen der Quadratwurzel

Häufigkeits- und Wahrscheinlichkeitsverteilungen

Die Begriffe Häufigkeit und Wahrscheinlichkeit stehen in einem engen Zusammenhang, nicht nur bei Glücksspielen. Dieser Zusammenhang soll nun untersucht werden. Weiter wird gezeigt, wie Baumdiagramme und Ereignisalgebra beim konkreten Bestimmen von Wahrscheinlichkeiten genutzt werden können.

1 Relative Häufigkeit von Ereignissen

Was „häufig“ bedeutet, hängt von der Situation ab, in der das Wort benutzt wird. In der Mathematik müssen die Begriffe durch Definitionen klar festgelegt werden.

Definition

Wenn bei einem n-mal durchgeführten Zufallsexperiment k-mal ein bestimmtes Ereignis A eintritt, so nennt man den Quotienten $h_n(A) = \frac{k}{n}$ die **relative Häufigkeit** des Ereignisses in dieser Versuchsfolge.
Die Zahl k heißt auch **absolute Häufigkeit** des Ereignisses.

Beispiele

1. a) Geben Sie an, welche Buchstaben jeweils wie oft in diesem Satz vorkommen.
   b) Bestimmen Sie die relative Häufigkeit der Vokale und der Konsonanten im Satz aus Aufgabenteil a.

   Lösung:

   a) Durch Auszählen ergibt sich folgende Tabelle:

Buchstabe	A	B	C	D	E	F	G	H	I	J	K	L	M	N	O	R	S	T	U	V	W	Z
Anzahl	3	3	2	1	12	1	1	2	5	1	1	2	3	5	3	1	5	3	1	1	3	1
h_{60} in %	5	5	3	2	20	2	2	3	8	2	2	3	5	8	5	2	8	5	2	2	5	2

   b) Die Gesamtzahl der Buchstaben beträgt $n = 60$. Die Anzahl der Vokale A, E, I, O und U ist
   $3 + 12 + 5 + 3 + 1 = 24$,
   somit beträgt die relative Häufigkeit $\frac{24}{60} = 40\,\%$.
   Alle Buchstaben, die keine Vokale sind, sind Konsonanten. Man braucht sie also nicht zu zählen, um zu wissen, dass die relative Häufigkeit der Konsonanten $\frac{36}{60}$ bzw. 60 % beträgt.

2. Eine Münze wird 25-mal geworfen, dabei zeigt sie 11-mal Wappen und 14-mal Zahl. Geben Sie alle Ereignisse und ihre relativen Häufigkeiten an.

   Lösung:

   Die Ergebnismenge ist $\Omega = \{W; Z\}$, der Ereignisraum $\{\varnothing; \{W\}; \{Z\}; \Omega\}$.
   Die relativen Häufigkeiten der vier Ereignisse sind in der folgenden Tabelle aufgeführt:

Ereignis	$\varnothing$	$\{W\}$	$\{Z\}$	Ω
relative Häufigkeit	0	0,44	0,56	1

Aufgaben

26. Daniel und Alex streiten sich, wer der treffsicherere Basketballspieler ist.
Daniel: „In der letzten Saison habe ich 12 Freiwürfe versenkt und du nur 10, also bin ich besser!“
Alex: „Aber du hast 25 Freiwürfe bekommen und ich nur 20. Ich bin besser!“
Entscheiden Sie, wer recht hat.

27. Bei einer Parlamentswahl ergibt sich folgende Sitzverteilung:

Partei	A	B	C	D	E
Sitze	3	5	7	6	4

Berechnen Sie die relativen Häufigkeiten.

2 Eigenschaften von Häufigkeitsverteilungen

Man kann sich vorstellen, dass die gesamte relative Häufigkeit von 100 % auf die einzelnen Elementarereignisse verteilt wird. Deshalb redet man bei einer solchen Zuordnung von einer Häufigkeitsverteilung.

Definition

Gegeben sei ein n-mal durchgeführtes Zufallsexperiment. Eine Funktion, die jedem Ereignis A seine relative Häufigkeit $h_n(A)$ zuweist, heißt **Häufigkeitsverteilung** des Zufallsexperiments in der entsprechenden Versuchsfolge.

Zur Angabe einer Häufigkeitsverteilung genügt es, die Häufigkeiten aller Elementarereignisse anzugeben. Die Häufigkeiten aller anderen Ereignisse lassen sich daraus bestimmen.

Beispiele

1. Aus einer Urne mit fünf durchnummerierten Kugeln wird viermal mit Zurücklegen gezogen.
   a) Geben Sie an, welche Werte in der Häufigkeitstabelle auftreten können.
   b) Geben Sie an, welche Werte mit Sicherheit auftreten, wenn die erste Kugel zweimal gezogen wird.

   Lösung:
   a) Die möglichen Werte sind 0, 0,25, 0,5, 0,75 und 1, da jede Kugel keinmal, einmal, zweimal, dreimal oder viermal gezogen werden kann.
   b) Die relative Häufigkeit der ersten Kugel ist 0,5, dieser Wert tritt also mit Sicherheit einmal auf. Wird noch eine andere Kugel zweimal gezogen, tritt 0,5 ein zweites Mal auf, dreimal kommt der Wert 0 vor. Werden außer der ersten noch zwei verschiedene Kugeln gezogen, tritt 0,25 zweimal auf, ebenso tritt 0 zweimal auf.
   Also treten die Werte 0 und 0,5 mit Sicherheit auf.

2. Aus einem Kartenstapel mit den acht Karten Kreuzkönig, Pikkönig, Herzkönig, Karokönig, Kreuzsieben, Piksieben, Herzsieben und Karosieben wird 20-mal mit Zurücklegen gezogen. Es ergeben sich die folgenden absoluten Häufigkeiten:

♣K	♠K	♥K	♦K	♣7	♠7	♥7	♦7
1	0	2	4	3	4	1	5

   a) Bestimmen Sie die relativen Häufigkeiten der folgenden Ereignisse in Prozent:
   A: „Die gezogene Karte ist rot."
   B: „Die gezogene Karte ist ein König."
   C: „Die gezogene Karte ist ein roter König."
   D: „Die gezogene Karte ist rot oder König."
   E: „Die gezogene Karte ist schwarz."
   b) Drücken Sie die Ereignisse C, D und E mithilfe von A und B aus.

   Lösung:
   a) $h_{20}(A) = \frac{2+4+1+5}{20} = \frac{12}{20} = 60\,\%$

   $h_{20}(B) = \frac{1+0+2+4}{20} = \frac{7}{20} = 35\,\%$

   $h_{20}(C) = \frac{2+4}{20} = \frac{6}{20} = 30\,\%$

   $h_{20}(D) = \frac{1+0+2+4+1+5}{20} = \frac{13}{20} = 65\,\%$

   $h_{20}(E) = \frac{1+0+3+4}{20} = \frac{8}{20} = 40\,\%$

   b) Es gilt $C = A \cap B$, $D = A \cup B$ und $E = \overline{A}$.

Zur Berechnung von relativen Häufigkeiten ist die folgende Rechenregel nützlich.

Regel

> Für relative Häufigkeiten gilt der **Additionssatz**:
> $h_n(A \cup B) = h_n(A) + h_n(B) - h_n(A \cap B)$

Für unvereinbare Ereignisse ($A \cap B = \varnothing$) ist der letzte Term gleich null. In diesem Fall vereinfacht sich der Additionssatz, weil der subtraktive Term wegfällt. Man spricht dann von der Additivität der Ereignisse A und B.
Neben der Additivität hat jede Häufigkeitsverteilung zwei weitere Eigenschaften:

Regel

> 1. **Nichtnegativität**
>   Für alle Ereignisse A gilt: $h_n(A) \geq 0$
> 2. **Normiertheit**
>   Für das sichere Ereignis Ω gilt: $h(\Omega) = 1$
> 3. **Additivität**
>   Wenn zwei Ereignisse A und B unvereinbar sind ($A \cap B = \varnothing$), gilt: $h_n(A \cup B) = h_n(A) + h_n(B)$

Setzt man in der letzten Aussage für B das Gegenereignis von A ein und beachtet, dass die Vereinigung zweier Gegenereignisse Ω ergibt, folgt zusammen mit der Normiertheit der Satz vom Gegenereignis.

Regel

> Für relative Häufigkeiten gilt der **Satz vom Gegenereignis**:
> $h_n(A) + h_n(\overline{A}) = 1$

Beispiel

Bestimmen Sie die relative Häufigkeit des Ereignisses D aus dem letzten Beispiel unter Verwendung des Satzes vom Gegenereignis.

Lösung:
Das Ereignis D tritt ein, wenn nicht Kreuzsieben oder Piksieben, also keine schwarze Sieben gezogen wird. Mit dem Satz vom Gegenereignis folgt:

$$\begin{aligned} h_{20}(D) &= h_{20}(A \cup B) = 1 - h_{20}(\overline{A \cup B}) = 1 - h_{20}(\overline{A} \cap \overline{B}) \\ &= 1 - h_{20}(\text{„Die gezogene Karte ist eine schwarze Sieben."}) \\ &= 1 - \frac{3+4}{20} = \frac{13}{20} = 65\,\% \end{aligned}$$

Aufgaben

28. Eine Klassenarbeit hat als Ergebnis folgende Notenverteilung:

Note	1	2	3	4	5	6
Häufigkeit	4	3	5	3	3	2

a) Bestimmen Sie die relative Häufigkeit des Ereignisses A: „Die erzielte Note ist schlechter als vier."

b) Formulieren Sie eine verbale Beschreibung von $\overline{A}$ und bestimmen Sie die relative Häufigkeit $h_{20}(\overline{A})$.

29. Inge führt aus Langeweile von ihrem Fenster aus eine Verkehrszählung durch. Von den ersten 100 vorbeikommenden Fahrzeugen sind 72 Autos, 21 Fahrräder und 7 Motorräder, sodass der Ergebnisraum ihres Zufallsexperiments $\Omega = \{a; f; m\}$ ist.

a) Geben Sie alle Ereignisse in aufzählender und in verbaler Beschreibung an.

b) Stellen Sie eine Tabelle auf, in der jedem Ereignis (also nicht nur jedem Elementarereignis!) seine relative Häufigkeit zugewiesen ist.

3 Relative Häufigkeit und Wahrscheinlichkeit

Man nennt solche Ereignisse „wahrscheinlich", von denen man eher glaubt, dass sie eintreten, als dass sie nicht eintreten. Wahrscheinlichkeit ist also der Grad an Gewissheit, der einer Vorhersage zugeschrieben wird.

Regel

> Als **Wahrscheinlichkeit** eines Ereignisses bezeichnet man die Vorhersage für die relative Häufigkeit, die ein Ereignis bei vielfacher Wiederholung des Zufallsexperiments hätte.

Beispiel

Ein Würfel wird 300-mal geworfen. Man bestimmt die absolute Häufigkeit des Ereignisses A: „Augenzahl 6" nach 30, 60, 90, …, 300 Würfen und erhält die folgenden Werte:

n	30	60	90	120	150	180	210	240	270	300
k	6	10	12	15	26	28	33	41	47	51

Bestimmen Sie jeweils die relative Häufigkeit und stellen Sie $h_n(A)$ in Abhängigkeit von n grafisch dar.

Lösung:
Entwicklung der relativen Häufigkeit (in %):

n	30	60	90	120	150	180	210	240	270	300
k	6	10	12	15	26	28	33	41	47	51
$h_n(A)$	20	16,67	13,33	12,50	17,33	15,56	15,71	17,08	17,41	17

Die grafische Darstellung übernimmt der GTR. Dazu gibt man im Listen-Menü etwa in die Liste L1 die Werte für n und in die Liste L2 die Werte von k ein. Die Liste L3 soll die relativen Häufigkeiten $h_n(A)$ enthalten. Dazu gibt man im Rechenfenster den Befehl L2 [÷] L1 [STO▶] L3 ein.
Im Menü für statistische Plots aktiviert man das Plotten der Listen L1 und L3 und passt anschließend das Zeichenfenster entsprechend der Werte von n und $h_n(A)$ an. Der GTR-Befehl [GRAPH] liefert nun die gewünschte grafische Darstellung von $h_n(A)$ in Abhängigkeit von n.

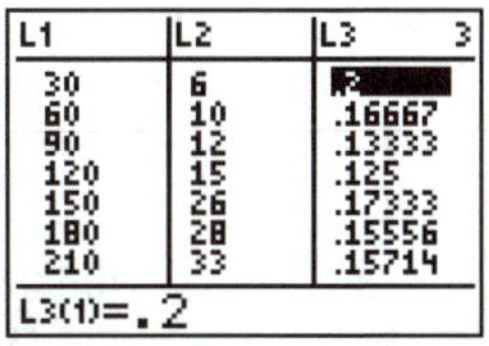

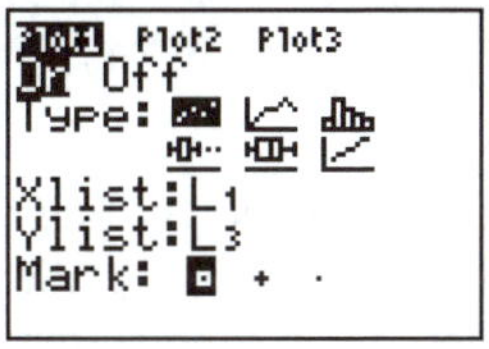

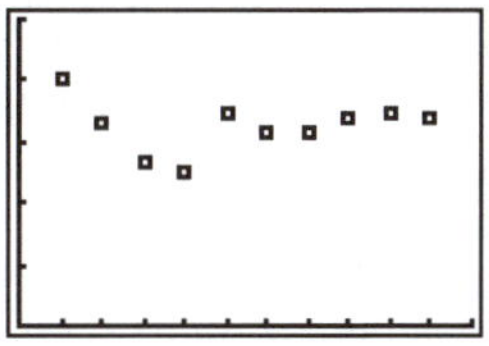

Solche Versuchsreihen lassen sich bequem mithilfe eines Computers durchführen und auswerten. Ein Zufallsgenerator erzeugt dabei Zahlen, die genauso wenig vorhergesehen werden können wie die Ergebnisse beim Würfeln.
Aus Erfahrung weiß man, dass die Entwicklung der relativen Häufigkeiten in mehreren Versuchsfolgen zwar jedes Mal anders verläuft, die relative Häufigkeit sich aber trotzdem stets um denselben Wert einspielt. Man beobachtet, dass die Schwankungen mit zunehmendem n immer kleiner werden.

Regel

Empirisches Gesetz der großen Zahlen
Führt man ein Zufallsexperiment oft aus, so stabilisieren sich die relativen Häufigkeiten $h_n(A)$ eines Ereignisses A um einen bestimmten Wert. Diesen bezeichnet man als Wahrscheinlichkeit des Ereignisses A.

Die Wahrscheinlichkeit lässt sich nicht als Grenzwert der Folge $h_n(A)$ im Sinne der Analysis definieren. Die Konvergenz dieser Folge lässt sich nämlich nicht nachweisen. Das empirische Gesetz der großen Zahlen beruht auf Erfahrung.

Da es sinnvoll ist, der Wahrscheinlichkeit eines Ereignisses ähnliche Eigenschaften zuzuschreiben wie der relativen Häufigkeit, ist nach **Andrei Nikolajewitsch Kolmogorow** (1903–1987) der Begriff Wahrscheinlichkeitsverteilung folgendermaßen definiert:

Definition

Axiomensystem von Kolmogorow

Gegeben sei ein Zufallsexperiment. Eine Funktion P, die jedem Element des Ereignisraums eine reelle Zahl zwischen 0 und 1 zuweist, heißt **Wahrscheinlichkeitsverteilung** des Zufallsexperiments, wenn sie die folgenden drei Bedingungen erfüllt:

1. $P(A) \geq 0$ für alle Ereignisse A (Nichtnegativität)
2. $P(\Omega) = 1$ für das sichere Ereignis (Normiertheit)
3. $P(A \cup B) = P(A) + P(B)$, falls $A \cap B = \varnothing$ (Additivität)

Zur vollständigen Kennzeichnung einer Wahrscheinlichkeitsverteilung genügt bereits die Angabe aller Wahrscheinlichkeiten der Elementarereignisse (der sogenannten **Elementarwahrscheinlichkeiten**). Wegen der Additivität der Wahrscheinlichkeitsverteilung lassen sich die Wahrscheinlichkeiten aller übrigen Ereignisse daraus ausrechnen, da jedes Ereignis disjunkte Vereinigung von Elementarereignissen ist.

Auch die Definition von Kolmogorow macht keine Angaben darüber, wie Wahrscheinlichkeiten im konkreten Fall festzulegen sind, sondern steckt nur den Rahmen ab, in dem sich eine Wahrscheinlichkeitsverteilung bewegen darf. Um Wahrscheinlichkeiten anzugeben, hat man zwei Möglichkeiten: Man kann erstens das empirische Gesetz der großen Zahlen benutzen und die Wahrscheinlichkeit eines Ereignisses durch die relative Häufigkeit schätzen, die es in einer (möglichst umfangreichen) Versuchsfolge, einer sogenannten Stichprobe, hat. Man redet hier von **statistischer Wahrscheinlichkeit**. Zweitens kann man Wahrscheinlichkeiten aufgrund gewisser Symmetrieüberlegungen festlegen, was im nachfolgenden Abschnitt erklärt wird. Hier redet man von **klassischer Wahrscheinlichkeit**.

Beispiel

Ein Quader trägt die Zahlen 2 bis 5 auf den Seitenflächen sowie die Zahlen 1 und 6 auf Deckfläche und Grundfläche. Die Seitenflächen sind gleich groß. Die Wahrscheinlichkeit, dass der Quader beim „Würfeln“ 1 oder 6 zeigt, ist halb so groß wie die Wahrscheinlichkeit für eine der anderen Zahlen. Bestimmen Sie die Wahrscheinlichkeitsverteilung.

Lösung:
x bezeichne die Wahrscheinlichkeit, dass die Zahl 1 fällt. Die Wahrscheinlichkeiten für die Zahlen 2 bis 5 betragen dann jeweils 2x. Die 6 hat dieselbe Wahrscheinlichkeit wie die 1, also x.
Wegen der Additivität und der Normiertheit von Wahrscheinlichkeitsverteilungen ergibt die Summe aller Elementarwahrscheinlichkeiten 1:

$x + x + 2x + 2x + 2x + 2x = 1 \quad \Leftrightarrow \quad x = \frac{1}{10}$

Für die Wahrscheinlichkeitsverteilung ergibt sich:

ω	1	2	3	4	5	6
$P(\omega)$	$\frac{1}{10}$	$\frac{1}{5}$	$\frac{1}{5}$	$\frac{1}{5}$	$\frac{1}{5}$	$\frac{1}{10}$

Wahrscheinlichkeiten wie die in diesem Beispiel behandelten heißen auch **geometrische Wahrscheinlichkeiten**.

Beispiele

1. Ein Glücksrad hat vier Sektoren. Die Wahrscheinlichkeit für Sektor D ist doppelt so groß wie für Sektor C, die Wahrscheinlichkeit für Sektor C ist doppelt so groß wie für Sektor B und die Wahrscheinlichkeit für Sektor B ist doppelt so groß wie für Sektor A.
Geben Sie die Wahrscheinlichkeitsverteilung an.
Bestimmen Sie die Größen der vier Winkel.

Lösung:
Bezeichnet man die Wahrscheinlichkeit für Sektor A mit $P(A) = x$, so gilt $P(B) = 2x$, $P(C) = 4x$ und $P(D) = 8x$.
Alle vier Wahrscheinlichkeiten zusammen müssen 1 ergeben:
$x + 2x + 4x + 8x = 1$,
also $x = \frac{1}{15}$.
Damit hat die Wahrscheinlichkeitsverteilung folgende Gestalt:

ω	A	B	C	D
$P(\omega)$	$\frac{1}{15}$	$\frac{2}{15}$	$\frac{4}{15}$	$\frac{8}{15}$

Unter der plausiblen Annahme, dass die Wahrscheinlichkeit eines Sektors proportional zu seinem Flächeninhalt ist, kann man die Winkelgrößen folgendermaßen bestimmen:
Wegen $360° : 15 = 24°$ haben die Sektoren des Glücksrads die Winkelgrößen 24°, 48°, 96° und 192°. Anstelle der hundert Prozent wird die Größe des Vollwinkels 360° auf die einzelnen Sektoren verteilt.

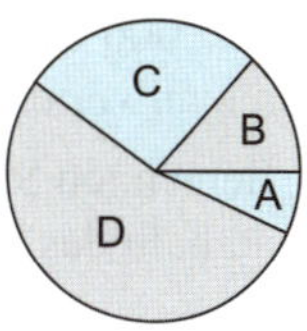

2. Zwei Quadrate der Seitenlänge a überlappen sich wie in der Zeichnung (Ecke des einen auf Mittelpunkt des anderen). Die Quadrate liegen in einem quadratischen Raum (Seitenlänge 2a). Irgendwo im Raum wird ein Ball geworfen. Bestimmen Sie die Wahrscheinlichkeit, mit der er auf der von den beiden Quadraten überdeckten Fläche landet.

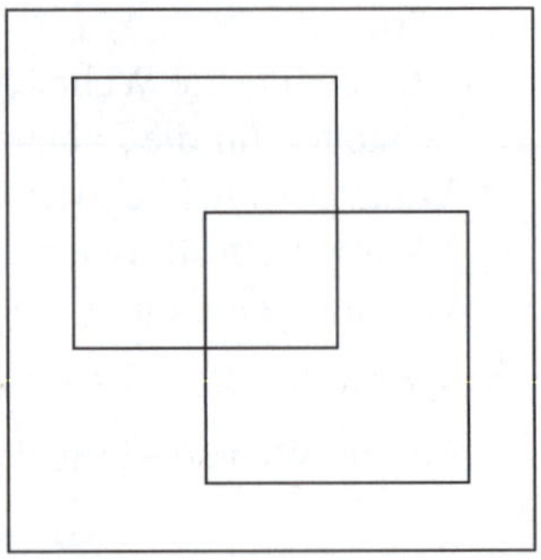

Lösung:
Die Fläche der beiden Quadrate beträgt jeweils a^2, das kleine Quadrat, in dem sich beide überlappen, hat ein Viertel dieser Fläche. Damit ergibt sich für die von den Quadraten überdeckte Fläche:

$$F = a^2 + a^2 - \frac{1}{4}a^2 = \frac{7}{4}a^2$$

Die gesuchte Wahrscheinlichkeit ist der Anteil an der Gesamtfläche. Also gilt:

$$P = \frac{\frac{7}{4}a^2}{(2a)^2} = \frac{7}{16}$$

Aufgaben

30. Es wird mit einem Quader „gewürfelt". Die Wahrscheinlichkeit für 3 und 4 ist gleich und doppelt so groß wie die für 2 und 5. Diese ist doppelt so groß wie die für 1 und 6.
Bestimmen Sie die Wahrscheinlichkeitsverteilung.

31. Zwei gleichseitige Dreiecke (alle Seitenlängen a) überlappen sich wie in der Zeichnung (sie haben eine halbe Seite gemeinsam). Die Dreiecke liegen in einem quadratischen Raum (Seitenlänge 2a). Irgendwo im Raum wird ein Ball geworfen.
Bestimmen Sie die Wahrscheinlichkeit, mit der er auf der von den beiden Dreiecken überdeckten Fläche landet.

∗ **32.** Wenn 1 000 Schneeflocken auf eine quadratische Fläche von 4 m^2 fallen, kann man vermuten, dass ca. 250 Flocken im oberen rechten Viertel landen.

a) Berechnen Sie die Wahrscheinlichkeit dafür, dass eine Schneeflocke innerhalb des Kreises ($d = 2$ m) landet, der dem Quadrat einbeschrieben ist.

b) Der folgende Programmablaufplan zeigt einen Algorithmus, der einen Näherungswert für π bestimmt. Dabei beschreibt RND die Funktion, die eine Zufallszahl zwischen 0 und 1 erzeugt; mit SQRT ist das Ziehen der Quadratwurzel gemeint.
Erklären Sie die Funktionsweise des Algorithmus.
Fertigen Sie auch eine Skizze an.

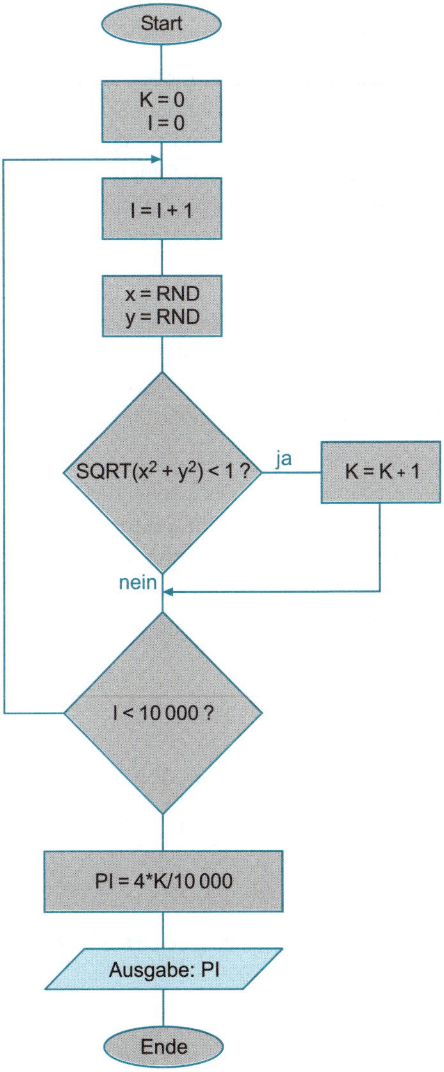

c) Schreiben Sie ein Computerprogramm, das den Programmablaufplan umsetzt.

4 Klassische Wahrscheinlichkeit

Sie haben im vorangegangenen Abschnitt die statistische Wahrscheinlichkeit kennengelernt, die sich an die relative Häufigkeit anlehnt. In diesem Abschnitt geht es nun um den sogenannten klassischen Wahrscheinlichkeitsbegriff.

Wenn eine Münze keine Unregelmäßigkeiten aufweist, gibt es keinen Grund, warum „Wappen“ oder „Zahl“ bevorzugt fallen sollte. Wenn ein Spielwürfel auch tatsächlich die Form eines geometrischen Würfels hat und seine Masse homogen verteilt ist, ist aufgrund dieser Symmetrie jede der sechs Zahlen gleichberechtigt. Nach dem französischen Mathematiker **Pierre-Simon de Laplace** (1749–1827) nennt man solche idealen Zufallsgeräte, die kein Elementarereignis bevorzugen, Laplace-Geräte.

Definition

Eine Wahrscheinlichkeitsverteilung heißt **Gleichverteilung**, wenn alle Elementarereignisse die gleichen Wahrscheinlichkeiten besitzen. Das zugehörige Zufallsexperiment heißt dann **Laplace-Experiment**.

Beispiel

Geben Sie die Wahrscheinlichkeitsverteilung einer Laplace-Münze, eines Laplace-Würfels, eines Laplace-Glücksrads mit fünf Sektoren und einer Laplace-Urne mit einer roten, einer gelben und einer grünen Kugel an.

Lösung:
Die Wahrscheinlichkeitsverteilung einer Laplace-Münze lautet:

ω	W	Z
$P(\omega)$	0,5	0,5

Die Wahrscheinlichkeitsverteilung eines Laplace-Würfels hat die Gestalt:

ω	1	2	3	4	5	6
$P(\omega)$	$\frac{1}{6}$	$\frac{1}{6}$	$\frac{1}{6}$	$\frac{1}{6}$	$\frac{1}{6}$	$\frac{1}{6}$

Die Wahrscheinlichkeitsverteilung eines Laplace-Glücksrads mit 5 Sektoren ist:

ω	1	2	3	4	5
$P(\omega)$	20 %	20 %	20 %	20 %	20 %

Die Wahrscheinlichkeitsverteilung einer Laplace-Urne mit einer roten, einer gelben und einer grünen Kugel ergibt sich zu:

ω	rot	gelb	grün
$P(\omega)$	$\frac{1}{3}$	$\frac{1}{3}$	$\frac{1}{3}$

Bei Laplace-Experimenten ist es auch leicht möglich, die Wahrscheinlichkeiten von Ereignissen zu bestimmen, die keine Elementarereignisse sind.

Regel

Klassische Wahrscheinlichkeit

Man erhält die (klassische) Wahrscheinlichkeit eines Ereignisses A, indem man die Anzahl der in A enthaltenen Elemente durch die Gesamtzahl der Elemente im Ergebnisraum dividiert:

$$P(A) = \frac{|A|}{|\Omega|}$$

Man bezeichnet $|A|$ auch als die Zahl der für das Ereignis A **günstigen Fälle** und $|\Omega|$ als die Zahl der **möglichen Fälle**.

Beispiele

1. Beim Würfeln mit einem Laplace-Würfel sei $A = \{5; 6\}$.
   Geben Sie eine verbale Beschreibung des Ereignisses und bestimmen Sie seine Wahrscheinlichkeit.

   Lösung:
   A tritt ein, wenn die geworfene Zahl größer als 4 ist.
   Die Wahrscheinlichkeit des Ereignisses A ist $P(A) = \frac{|A|}{|\Omega|} = \frac{2}{6} = \frac{1}{3}$.

2. Bestimmen Sie die Wahrscheinlichkeit dafür, dass in diesem Winter der erste Schnee an einem Wochentag fällt, dessen Name ein „s“ enthält.

   Lösung:
   Es gibt 4 günstige und 7 mögliche Fälle, die Wahrscheinlichkeit liegt also mit $\frac{4}{7}$ über 50 %.

3. In einer Urne liegen fünf rote, zwei gelbe und zwei grüne Kugeln.
   Geben Sie einen Ergebnisraum an, mit dem man das Ziehen einer Kugel als Laplace-Experiment auffassen kann, und bestimmen Sie die Laplace-Wahrscheinlichkeiten für die Ereignisse, eine rote bzw. eine gelbe bzw. eine grüne Kugel zu ziehen.

Lösung:
Weil nicht von jeder Farbe gleich viele Kugeln in der Urne enthalten sind, legt man als Ergebnisraum
$\Omega = \{rot_1, rot_2, rot_3, rot_4, rot_5, gelb_1, gelb_2, grün_1, grün_2\}$
zugrunde, sodass der Griff in die Urne als Laplace-Experiment aufgefasst werden kann.
Die Ereignisse
$Rot = \{rot_1, rot_2, rot_3, rot_4, rot_5\}$,
$Gelb = \{gelb_1, gelb_2\}$ und
$Grün = \{grün_1, grün_2\}$
haben damit die Wahrscheinlichkeiten
$P(Rot) = \frac{5}{9}$, $P(Gelb) = \frac{2}{9}$ und $P(Grün) = \frac{2}{9}$.

Aufgaben

33. a) Ein Quader ist mit den Zahlen 1 bis 6 beschriftet.
Entscheiden Sie, ob das „Würfeln" mit diesem Quader ein Laplace-Experiment ist.

b) Entscheiden Sie, ob das „Würfeln" mit einem entsprechenden Oktaeder ein Laplace-Experiment ist.

34. Bei den Geburtenzahlen möge eine über das Jahr gleichmäßige Verteilung vorliegen.

a) Geben Sie an, wie groß die Wahrscheinlichkeit ist, dass ein beliebig ausgewählter Schüler in den Wintermonaten Geburtstag hat.

b) Ermitteln Sie, wie viele Schüler einer 25-köpfigen Klasse wahrscheinlich in den Sommerferien Geburtstag haben.

35. Hans weiß, dass drei verschiedene Paar Socken im Schrank liegen. Im Dunkeln nimmt er eine Socke heraus.
Bestimmen Sie die Wahrscheinlichkeit dafür, dass Hans beim nächsten Griff in den Schrank aus den verbliebenen Socken die passende zieht.

36. Anne hat in ihrer Handtasche acht Fahrkarten, von denen drei bereits abgestempelt sind.
Bestimmen Sie die Wahrscheinlichkeit dafür, dass sie beim Herausholen einer Fahrkarte eine ungestempelte erwischt.

5 Pfadregeln

Außer zur Darstellung der Ergebnisse eines Zufallsexperiments können Baumdiagramme auch zur Bestimmung von Wahrscheinlichkeiten benutzt werden.

Regel

1. Pfadregel: Die Wahrscheinlichkeit eines Elementarereignisses ergibt sich, indem man die Wahrscheinlichkeiten der Teilstücke des entsprechenden Pfades miteinander **multipliziert**.

2. Pfadregel: Die Wahrscheinlichkeit eines Ereignisses ergibt sich, indem man die Wahrscheinlichkeiten der Elementarereignisse am Ende der entsprechenden Pfade **addiert**.

Beispiel

In einer Kiste befinden sich drei Urnen, die jeweils schwarze und weiße Kugeln enthalten. Über die jeweiligen Anzahlen gibt die Tabelle Auskunft:

Urne	I	II	III
schwarze Kugeln	3	1	9
weiße Kugeln	2	1	1

Nun wird erst eine Urne und dann daraus eine Kugel gezogen.
Geben Sie an, wie groß die Wahrscheinlichkeit des Ereignisses S: „Die gezogene Kugel ist schwarz" ist.

Lösung:
Werden die Ereignisse, dass Urne I, Urne II bzw. Urne III gezogen werden, mit I, II bzw. III bezeichnet, erhält man nebenstehendes Baumdiagramm.

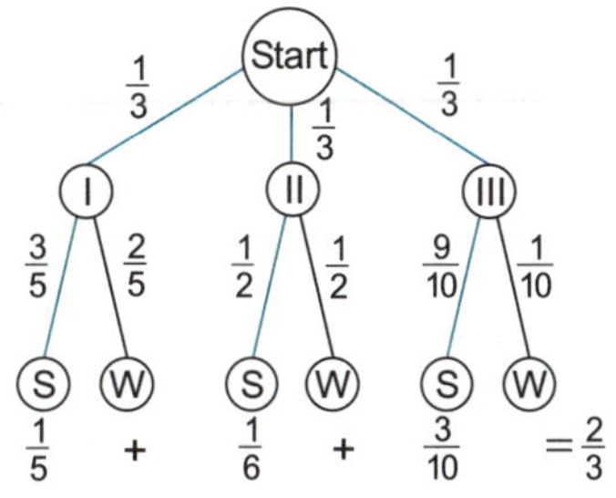

Die Wahrscheinlichkeit, die erste Urne zu wählen und daraus eine schwarze Kugel zu ziehen, ist nach der ersten Pfadregel $\frac{1}{3} \cdot \frac{3}{5} = \frac{1}{5}$.
Entsprechend sind die Wahrscheinlichkeiten für die zweite Urne $\frac{1}{3} \cdot \frac{1}{2} = \frac{1}{6}$ und für die dritte Urne $\frac{1}{3} \cdot \frac{9}{10} = \frac{3}{10}$.
Nach der zweiten Pfadregel gilt also $P(S) = \frac{1}{5} + \frac{1}{6} + \frac{3}{10} = \frac{2}{3}$.

Beim Zeichnen des Baumdiagramms ist zu beachten, dass an jeder Verzweigung die Summe aller Wahrscheinlichkeiten 1 ergeben muss.

Beispiel

Bestimmen Sie, wie groß die Wahrscheinlichkeit ist, beim zweimaligen Würfeln mindestens die Augensumme 11 zu erzielen.

Lösung:

Um die Augensumme 11 erzielen zu können, muss der erste Wurf mindestens 5 zeigen. Es wird daher nicht das ganze Baumdiagramm gezeichnet:

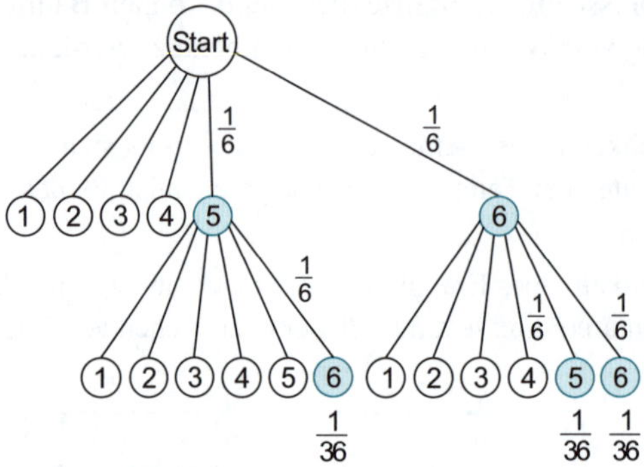

Im Baumdiagramm wird abgelesen:

P(„Augensumme mindestens 11“)

$= P(\text{„Augensumme 11“}) + P(\text{„Augensumme 12“}) = 2 \cdot \frac{1}{36} + \frac{1}{36} = \frac{1}{12}$

Am letzten Beispiel ist zu sehen, dass das Baumdiagramm nicht immer vollständig gezeichnet werden muss. Oft genügt ein sogenanntes **reduziertes Baumdiagramm**.

Aufgaben

37. Entscheiden Sie, was beim zweifachen Münzwurf wahrscheinlicher ist: zwei gleiche oder zwei verschiedene Ergebnisse. Begründen Sie Ihre Antwort.

38. Ein Tourist weiß, dass es in seinem Urlaubsland eine Krankheit gibt, mit der sich 20 % der Besucher infizieren. Bei 25 % der Infizierten kommt die Krankheit zum Ausbruch, und bei 50 % der Erkrankten nimmt die Krankheit einen schweren Verlauf.
Bestimmen Sie, wie groß die Wahrscheinlichkeit für einen schweren Krankheitsverlauf ist.

39. Am Flughafen einer südamerikanischen Stadt werden 10 % der Passagiere auf zu verzollende Waren kontrolliert. Jeder Passagier muss einen elektronischen Zufallsmechanismus betätigen und bekommt ein grünes („keine Kontrolle“) oder rotes Licht („Kontrolle“) angezeigt. Fünf Freunde stehen in der Schlange vor dem Gerät.

Geben Sie an, wie groß die Wahrscheinlichkeit ist, dass

a) alle fünf kontrolliert werden.

b) keiner der fünf kontrolliert wird.

c) nur der erste und der zweite kontrolliert werden.

d) genau vier kontrolliert werden.

e) mindestens vier kontrolliert werden.

* **40.** Auf dem Tisch stehen zwei Urnen, jede mit 5 Kugeln, die weiß oder schwarz sind. Urne I enthält drei schwarze Kugeln, Urne II zwei. Mit einem Würfel wird bestimmt, ob aus Urne I (bei Augenzahl 1 und 2) oder aus Urne II (bei den Augenzahlen 3, 4, 5 und 6) gezogen wird.
Das Spiel wird zweimal ohne Zurücklegen durchgeführt.
Bestimmen Sie die Wahrscheinlichkeit, zwei schwarze Kugeln zu ziehen.

6 Eigenschaften von Wahrscheinlichkeitsverteilungen; Vierfeldertafeln

Aus den Kolmogorow-Axiomen lassen sich drei weitere Eigenschaften einer Wahrscheinlichkeitsverteilung ableiten, die Sie für eine Häufigkeitsverteilung schon beobachtet haben.

Regel

Eigenschaften von Wahrscheinlichkeitsverteilungen

I. Satz vom unmöglichen Ereignis: $P(\varnothing) = 0$

II. Satz vom Gegenereignis: $P(\overline{A}) = 1 - P(A)$

III. Additionssatz: $P(A \cup B) = P(A) + P(B) - P(A \cap B)$

Beispiele

1. Veranschaulichen Sie den Additionssatz mit einem Mengenbild und mit einer Vierfeldertafel.

Lösung:
Man zerlegt $A \cup B$ in unvereinbare Ereignisse, um das Axiom der Additivität anwenden zu können.

Mengenbild

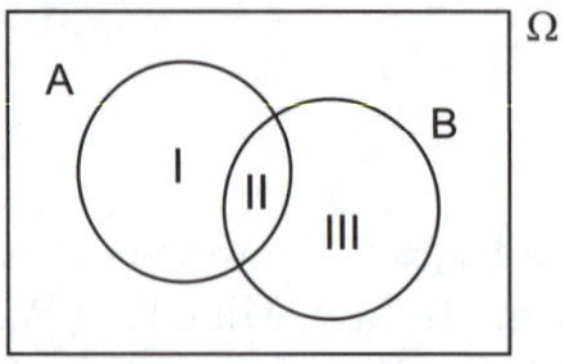

Vierfeldertafel

	B	$\overline{B}$	
A	II $A \cap B$	I $A \cap \overline{B}$	$P(A)$
$\overline{A}$	III $\overline{A} \cap B$	$\overline{A} \cap \overline{B}$	$P(\overline{A})$
	$P(B)$	$P(\overline{B})$	

Man erkennt A und B jeweils als disjunkte Vereinigung von Ereignissen:

$$A = \underbrace{(A \cap B)}_{\text{II}} \cup \underbrace{(A \cap \overline{B})}_{\text{I}}, \qquad B = \underbrace{(A \cap B)}_{\text{II}} \cup \underbrace{(\overline{A} \cap B)}_{\text{III}}$$

Folglich gilt:

$$P(A \cap \overline{B}) = P(A) - P(A \cap B), \qquad P(\overline{A} \cap B) = P(B) - P(A \cap B)$$

Weiter zerfällt $A \cup B$ folgendermaßen in disjunkte Ereignisse:

$$A \cup B = \underbrace{(A \cap \overline{B})}_{\text{I}} \cup \underbrace{(A \cap B)}_{\text{II}} \cup \underbrace{(\overline{A} \cap B)}_{\text{III}}$$

Insgesamt gilt damit:

$$\begin{aligned} P(A \cup B) &= P(A \cap \overline{B}) + P(A \cap B) + P(\overline{A} \cap B) \\ &= P(A) - P(A \cap B) + P(A \cap B) + P(B) - P(A \cap B) \\ &= P(A) + P(B) - P(A \cap B) \end{aligned}$$

2. In einem Ort sind 60 % der Kinder Brillenträger (B). 20 % tragen eine Brille und gehen aufs Gymnasium ($B \cap G$). 30 % der Kinder sind weder Brillenträger noch Gymnasiasten.
Geben Sie an, wie groß die Wahrscheinlichkeit ist, dass ein in diesem Ort zufällig ausgewähltes Kind aufs Gymnasium geht und keine Brille trägt.

Lösung:
Die Wahrscheinlichkeit, dass das ausgewählte Kind keine Brille trägt, ist nach dem Satz von der Gegenwahrscheinlichkeit 40 %. Da 30 % der Kinder keine Brille tragen und nicht aufs Gymnasium gehen, ist die gesuchte Wahrscheinlichkeit 10 %. Diesen Typ von Aufgaben kann man leichter lösen, indem man in eine Vierfeldertafel die gegebenen Wahrscheinlichkeiten einträgt und die gesuchten ergänzt:

	G	$\overline{G}$	
B	0,2	**0,4**	0,6
$\overline{B}$	**0,1**	0,3	**0,4**
	0,3	**0,7**	1

Die gegebenen Wahrscheinlichkeiten sind schwarz, die berechneten grün eingetragen; das Feld mit der gesuchten Wahrscheinlichkeit ist zusätzlich grau getönt. Die summierten Wahrscheinlichkeiten sind an den Rand geschrieben. Stets muss die Summe **aller** Wahrscheinlichkeiten 1 ergeben.

3. Auf dem Schulfest gewinnt man beim Glücksrad mit 5 % Wahrscheinlichkeit einen Hauptgewinn.
   Ermitteln Sie, wie oft man mitspielen muss, um mit 90 % Wahrscheinlichkeit mindestens einen Hauptgewinn zu erzielen.

   Lösung:
   A sei das Ereignis: „Beim n-maligen Mitspielen wird mindestens ein Hauptgewinn erzielt." Dann ist $\overline{A}$: „Bei n Versuchen gibt es keinen Hauptgewinn." Wegen der ersten Pfadregel gilt: $P(\overline{A}) = 0{,}95^n$
   Wegen $P(A) = 1 - P(\overline{A})$ folgt $0{,}9 = 1 - 0{,}95^n$ und weiter $0{,}95^n = 0{,}1$.
   n berechnet sich dann zu:
   $$n = \frac{\log 0{,}1}{\log 0{,}95} \approx 44{,}89$$
   Also müsste man 45-mal das Glücksrad drehen.

Aus dem Satz vom Gegenereignis ergibt sich folgende häufig gebrauchte Regel:
P(„mindestens einmal") = 1 – P(„keinmal")

Aufgaben

41. Das Ereignis A ist dreimal so wahrscheinlich wie sein Gegenereignis. Bestimmen Sie P(A) und $P(\overline{A})$.

42. Ermitteln Sie, wie oft man würfeln muss, um mit 95 % Wahrscheinlichkeit mindestens eine Sechs zu erhalten.

43. Tragen Sie die fehlenden Wahrscheinlichkeiten in die Vierfeldertafel ein:

	B	$\overline{B}$	
A		0,15	
$\overline{A}$	0,55		
	0,8		

44. In einem Bundesland sind 30 % der Einwohner Raucher. 40 % der Raucher sind gegen das neue Nichtraucherschutzgesetz. In der Gruppe der Nichtraucher befürworten 90 % das Gesetz.
Stellen Sie eine vollständige Vierfeldertafel auf. Entscheiden Sie, ob mehr als ein Fünftel der Einwohner gegen das neue Gesetz sind.

Kombinatorik und Laplace-Wahrscheinlichkeit

Zur Bestimmung klassischer Wahrscheinlichkeiten müssen Mächtigkeiten von Mengen bestimmt werden. Die Kombinatorik liefert hierfür effiziente Regeln. Zur Simulation der Zufallsexperimente dienen Urnenmodelle.

1 Auswahlprozesse

1.1 Das allgemeine Zählprinzip

Im letzten Kapitel wurde gezeigt, wie sich die klassische Wahrscheinlichkeit aus der Zahl der günstigen und der möglichen Fälle zu $\frac{|A|}{|\Omega|}$ ergibt. Haben die Ereignisse A und Ω große Mächtigkeiten, lassen sich diese mithilfe der Kombinatorik auf geschickte Weise bestimmen, ohne dass die Elemente, aus denen die Ereignisse bestehen, einzeln notiert und abgezählt werden müssen.
Die Grundlage dafür ist das sogenannte **allgemeine Zählprinzip**.

Regel

Das allgemeine Zählprinzip
Gegeben seien k nicht leere Mengen $A_1, A_2, \ldots, A_k$.
Die Zahl der **k-Tupel ($x_1; x_2; \ldots; x_k$)** mit $x_1 \in A_1, x_2 \in A_2, \ldots, x_k \in A_k$ beträgt dann $|A_1| \cdot |A_2| \cdot \ldots \cdot |A_k|$.

Im Gegensatz zu einer Menge sind bei einem k-Tupel die Nummern der Plätze relevant, welche die Elemente besetzen: (1; 2; 1; 5) ist ein anderes 4-Tupel als (5; 2; 1; 1). Somit verallgemeinert der Begriff Tupel den Begriff Paar auf mehr als zwei Elemente (vgl. auch Aufgabe 60).

Beispiele

1. Horst kombiniert fünf Pullover mit drei Hosen und zwei Paar Schuhen. Geben Sie an, über wie viele verschiedene Outfits Horst damit verfügt.

   Lösung:
   Nach dem allgemeinen Zählprinzip multiplizieren sich die Mächtigkeiten der drei Mengen. Also hat Horst $5 \cdot 3 \cdot 2 = 30$ verschiedene Möglichkeiten, sich anzuziehen.
   Eine gute Veranschaulichung bietet wieder das Baumdiagramm:

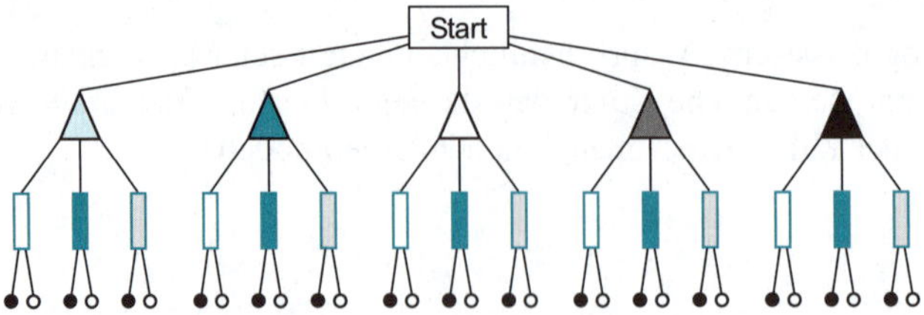

   Dabei stellen die Dreiecke die verschiedenen Pullover dar, die Rechtecke die Hosen und die Kreise die Schuhe.

2. Bestimmen Sie die Mächtigkeit des Ergebnisraums beim dreifachen Münzwurf.

   Lösung:
   Jede Stelle des Tripels kann auf zwei Arten besetzt werden: $2 \cdot 2 \cdot 2 = 8$.
   (Tripel sind k-Tupel mit $k = 3$, so wie Paare k-Tupel mit $k = 2$ sind.)

Aufgaben **45.** a) Ermitteln Sie, wie viele dreistellige Zahlen es im Zehnersystem gibt.
b) Ermitteln Sie auch, wie viele dreistellige Zahlen es im Fünfersystem gibt.

46. Ein Autoverleih hat in einer Stadt drei Standorte. An jedem Standort kann man zwischen fünf Automarken wählen.
Geben Sie an, wie viele Modelle von jeder Automarke bereitstehen, wenn der Verleih an jedem Standort von jeder Marke gleich viele Modelle anbietet und die Gesamtzahl der Autos 120 beträgt.

1.2 Permutationen

Aus dem allgemeinen Zählprinzip lassen sich Formeln für einige wichtige spezielle Auswahlprozesse ableiten.

Definition

Gegeben sei eine Menge A der Mächtigkeit $|A| = n$. Eine Anordnung aller n Elemente in einer bestimmten Reihenfolge heißt **Permutation** der Elemente aus A.

Eine Permutation einer n-elementigen Menge ist also ein n-Tupel, in dem jedes Element der Menge (genau einmal) vorkommt. Um die Zahl der Permutationen zu berechnen, braucht man den Begriff der Fakultät.

Definition

Die **Fakultät** einer natürlichen Zahl n ist das Produkt aller natürlichen Zahlen von 1 bis n, falls $n \neq 0$ und $n \neq 1$.
Man schreibt $n \cdot (n-1) \cdot (n-2) \cdot (n-3) \cdot \ldots \cdot 3 \cdot 2 \cdot 1 = \mathbf{n!}$ und liest „n Fakultät".
Für 0 und 1 wird $0! = 1$ und $1! = 1$ festgelegt.

Hat man eine Auswahlsituation, die einer Urne mit n nummerierten Kugeln entspricht, die alle nacheinander ohne Zurücklegen gezogen werden, so reduziert sich bei jedem Ziehen die Zahl der noch verbleibenden Möglichkeiten um eins. Mit dem allgemeinen Zählprinzip führt dies zu der auf der folgenden Seite formulierten Regel.

Regel

> Die Zahl der Permutationen einer n-Menge beträgt n!

Beispiel

Vor einem Wettlauf werden acht Bahnen unter den acht Läufern ausgelost, indem jeder ein Los aus einer Urne zieht (ohne Zurücklegen). Bestimmen Sie die Anzahl der möglichen Startaufstellungen.

Lösung:

Der erste Läufer zieht eins von acht Losen, der zweite hat nur noch sieben zur Auswahl und so weiter:
Jeder hat bei seiner Ziehung ein Los weniger in der Urne als sein Vorgänger. Der achte Läufer zieht schließlich unweigerlich die zuletzt übrig gebliebene Bahn. Wendet man das allgemeine Zählprinzip an, kommt man auf $8 \cdot 7 \cdot 6 \cdot 5 \cdot 4 \cdot 3 \cdot 2 \cdot 1 = 8! = 40\,320$ mögliche Startaufstellungen.

Aufgaben

47. Ermitteln Sie, auf wie viele Arten sich
a) drei Schüler
b) zehn Schüler
in einer Reihe aufstellen können.

48. Bei einer Fernsehshow qualifiziert sich der Kandidat, der als erster vier Antworten in die richtige Reihenfolge bringt.
Geben Sie an, wie groß die Wahrscheinlichkeit ist, durch bloßen Zufall die Reihenfolge zu erraten.

49. a) Geben Sie an, wie viele Sitzordnungen in einem Kurs mit 14 Schülern möglich sind.
b) Ermitteln Sie auch, wie viele Sitzordnungen möglich sind, wenn die sechs Jungen auf den sechs Stühlen in der letzten Reihe sitzen müssen.

50. Fünf Kinder und vier Erwachsene gehen über die Straße, sobald die Ampel auf Grün schaltet.

a) Geben Sie an, in wie vielen verschiedenen Reihenfolgen die Passanten auf der anderen Seite ankommen können.
b) Ermitteln Sie, wie viele Reihenfolgen möglich sind, wenn die Gruppe der Erwachsenen zuerst ankommt.

1.3 k-Permutationen

Wenn aus einer Urne mit n Kugeln k-mal ohne Zurücklegen gezogen wird, redet man von k-Permutationen.

Definition

Ein aus einer n-Menge ausgewähltes k-Tupel heißt **k-Permutation**, wenn sich kein Element des Tupels wiederholt.

Um den Auswahlprozess von der Permutation abzugrenzen, nennt man eine k-Permutation auch **Variation ohne Wiederholung**.
Werden sämtliche n Kugeln gezogen, liegt eine n-Permutation vor. Die k-Permutationen unterscheiden sich von den Permutationen im letzten Abschnitt nur dadurch, dass nicht sämtliche Elemente, sondern nur einige in eine Reihenfolge gebracht werden.

Beispiel

Von 20 Schwimmern werden in einem Rennen die 6 schnellsten ermittelt. Geben Sie an, wie viele Rennausgänge möglich sind.

Lösung:
Für den schnellsten gibt es 20 Möglichkeiten, für den zweitschnellsten 19 usw.
Damit gibt es insgesamt $x = 20 \cdot 19 \cdot 18 \cdot 17 \cdot 16 \cdot 15 = 27\,907\,200$ Möglichkeiten.
Diese Zahl x berechnet sich allerdings viel einfacher mithilfe der n!-Funktion des Taschenrechners, wenn man sie als Bruch auffasst und so erweitert, dass nur Fakultäten berechnet werden müssen:

$$x = \frac{20 \cdot 19 \cdot 18 \cdot 17 \cdot 16 \cdot 15 \cdot 14 \cdot 13 \cdot 12 \cdot 11 \cdot 10 \cdot 9 \cdot 8 \cdot 7 \cdot 6 \cdot 5 \cdot 4 \cdot 3 \cdot 2 \cdot 1}{14 \cdot 13 \cdot 12 \cdot 11 \cdot 10 \cdot 9 \cdot 8 \cdot 7 \cdot 6 \cdot 5 \cdot 4 \cdot 3 \cdot 2 \cdot 1}$$

oder

$$x = \frac{20!}{14!} = \frac{20!}{(20-6)!} = 27\,907\,200$$

Man kommt auf $\frac{20!}{(20-6)!}$ auch durch eine andere Überlegung:
Wenn die ersten 6 Schwimmer im Ziel sind, ist für die Aufgabenstellung die Verteilung der Plätze 7 bis 20 unerheblich. Diese 14 Plätze können die unglücklicheren Schwimmwettkämpfer auf 14! Arten unter sich ausmachen. Also gibt es 14! Zieleinläufe mit jeweils der gleichen Besetzung der Plätze 1 bis 6. Alle diese 14! Einläufe sind also von demselben Typ. Natürlich gilt das Gleiche für jede andere mögliche Besetzung der 6 ersten Plätze. Bezeichnet man die Zahl dieser möglichen Besetzungen mit x, so erhält man $x \cdot 14! = 20!$, da die 20 Schwimmer ja in 20! verschiedenen Reihenfolgen ins Ziel kommen können.
Löst man nach x auf, kommt man auf dasselbe Ergebnis wie oben.

Die letzte Überlegung lässt sich zur folgenden Regel verallgemeinern.

Regel

> Die Zahl der k-Permutationen in einer n-Menge beträgt
> $\frac{n!}{(n-k)!} = n \cdot (n-1) \cdot (n-2) \cdot \ldots \cdot (n-k+1)$, wobei $k \le n$.

Den Ausdruck $\frac{n!}{(n-k)!}$ kann man mithilfe des GTR auch schneller berechnen. Dazu gibt man den Wert für n ein, z. B. $n=20$, trifft dann im MATH-Menü die Auswahl <PRB – nPr> und gibt anschließend den Wert für k ein, z. B. $k=6$.

```
20 nPr 6
        27907200
■
```

Aufgaben

51. Aus sieben Kandidaten wird ein Kurssprecher und sein Stellvertreter gewählt. Ermitteln Sie, wie viele mögliche Wahlausgänge es gibt.

52. Aus zwölf Toren werden die drei Tore des Jahres ausgewählt.
Ermitteln Sie, wie viele verschiedene Tipps möglich sind, wenn es auch auf die Reihenfolge der drei Siegertore ankommt.

53. Firma Lampe setzt Gewinne für ein Preisausschreiben aus. Die besten drei Teilnehmer dürfen sich nacheinander eins von zehn verschiedenen Elektrogeräten aussuchen.
Geben Sie an, wie viele mögliche Preisverteilungen es gibt.

54. Aus einer Klasse werden vier Personen ausgewählt.
Bestimmen Sie die Wahrscheinlichkeit dafür, dass diese vier Personen an verschiedenen Wochentagen Geburtstag haben.

1.4 k-Teilmengen in einer n-Menge

Werden k-Teilmengen anstelle von k-Permutationen gezählt, so braucht man Binomialkoeffizienten.

Definition

> Für $0 \le k \le n$ ist $\binom{n}{k} = \frac{n!}{(n-k)! \cdot k!}$ der **Binomialkoeffizient „k aus n“**.

Manchmal wird für $\binom{n}{k}$ auch die Bezeichnung „n über k“ verwendet.

Regel

> Die Zahl der k-Teilmengen in einer n-Menge beträgt $\binom{n}{k}$.

Die Zahl der **k-Teilmengen** in einer n-Menge unterscheidet sich um den Faktor k! von der Zahl der **k-Permutationen** in einer n-Menge. Wenn die Reihenfolge der k ausgewählten Elemente nicht von Belang ist, wird der Binomialkoeffizient „k aus n“ verwendet. In Abgrenzung zur Permutation und zur k-Permutation nennt man die Auswahl einer k-Teilmenge aus einer n-Menge auch **Kombination ohne Wiederholung**.

Den Ausdruck $\binom{n}{k}$ kann man auch mithilfe des GTR berechnen. Dazu gibt man den Wert für n ein, z. B. $n=6$, trifft dann im [MATH]-Menü die Auswahl <PRB – nCr> und gibt anschließend den Wert für k ein, z. B. $k=2$.

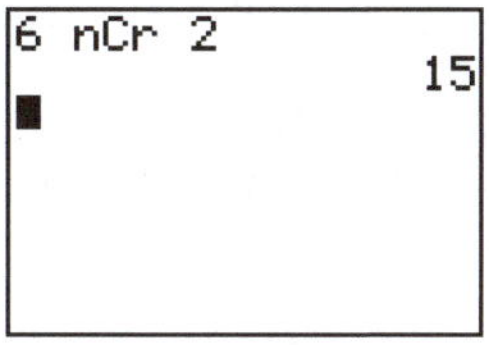

Beispiele

1. Eine Mauer aus farblosen und roten Glasbausteinen wird errichtet, wobei in einer Reihe jeweils drei rote und fünf farblose eingebaut werden. Ermitteln Sie, wie viele verschiedene Reihen man theoretisch übereinanderbauen könnte, bevor sich das Muster wiederholt.

   Lösung:
   Die Anzahl der Möglichkeiten, drei aus den acht Plätzen auszuwählen und mit roten Steinen zu bebauen, wird mit x bezeichnet. Wären nun die drei Steine verschieden, etwa rot, gelb und grün, könnte man auf x verschiedene Arten die Plätze auswählen und jeweils auf 3! verschiedene Arten mit den bunten Steinen bebauen. Dies wäre die Auswahl eines 3-Tupels aus einer 8-Menge, die auf $\frac{8!}{(8-3)!}$ Arten realisiert werden kann.
   Also gilt nach dem allgemeinen Zählprinzip:
   $x \cdot 3! = \frac{8!}{(8-3)!}$ oder $x = \frac{8!}{(8-3)! \cdot 3!} = \binom{8}{3} = 56$
   Dies ist die Zahl der 3-Teilmengen in einer 8-Menge.

2. Bestimmen Sie die Anzahl der Turnierspiele, wenn bei einem Turnier mit vier Mannschaften jeder gegen jeden spielt. Ermitteln Sie auch, wie viele Paarungen es bei 10 Mannschaften und bei n Mannschaften gibt.

   Lösung:
   Es gibt $\binom{4}{2} = 6$ Möglichkeiten, zwei Mannschaften aus vier auszuwählen.
   Bei 10 Mannschaften sind $\binom{10}{2} = 45$ Paarungen möglich; allgemein sind es bei n Mannschaften $\binom{n}{2} = \frac{n!}{(n-2)! \cdot 2!} = \frac{n \cdot (n-1)}{2}$ Paarungen.

3. An einer Schule wird ein dreiköpfiger Personalrat gewählt. Es kandidieren vier Männer und drei Frauen. Ermitteln Sie, wie viele mögliche Wahlergebnisse es gibt, wenn mindestens eine Frau in den Personalrat gewählt wird.
   Lösung:
   Es werden „3 aus 7“ Personen ausgewählt, wofür es
   $$\binom{7}{3} = 35$$
   Möglichkeiten gibt.
   Die Zusatzbedingung ist erfüllt, wenn eine, zwei oder alle drei Frauen gewählt werden. Für den ersten Fall gibt es
   $$\binom{3}{1} = 3$$
   Möglichkeiten, die Frau auszuwählen, wobei für jede dieser drei Möglichkeiten noch auf
   $$\binom{4}{2} = 6$$
   Arten die beiden Männer ausgewählt werden können, die den Personalrat vervollständigen. Analog ergeben sich die Werte für die beiden anderen Fälle. Insgesamt beträgt die Zahl der möglichen Besetzungen, unter der Bedingung, dass der Personalrat nicht nur aus Männern besteht:
   $$\binom{3}{1}\cdot\binom{4}{2}+\binom{3}{2}\cdot\binom{4}{1}+\binom{3}{3}\cdot\binom{4}{0} = 3\cdot 6+3\cdot 4+1\cdot 1 = 31$$
   Zu diesem Ergebnis gelangt man einfacher, indem man die Möglichkeiten eines rein männlich besetzten Personalrats bestimmt und von der Gesamtzahl der möglichen Besetzungen subtrahiert:
   $$\binom{7}{3}-\binom{4}{3} = 35-4 = 31$$

Übersicht über die drei verschiedenen **Auswahlprozesse** (ohne Wiederholung und ohne Zurücklegen):

Name	**Beschreibung: Ziehen von …**	**Ergebnis**	**Beispiel-ziehung**	**Anzahl der Möglichkeiten**	
Permutationen	… n nummerierten Kugeln in einer bestimmten Reihenfolge	n-Tupel	(3; 2; 1; 4; 5)	n!	5! = 120
k-Permutationen (Variationen)	… k der n Kugeln in einer bestimmten Reihenfolge	k-Tupel	(3; 5; 2)	$\frac{n!}{(n-k)!}$	$\frac{5!}{(5-3)!}$ = 60
Kombinationen	… k der n Kugeln in einer beliebigen Reihenfolge	k-Teilmenge	{2; 3; 5}	$\binom{n}{k}$	$\binom{5}{3}$ = 10

Die Binomialkoeffizienten haben eine Symmetrieeigenschaft.

Regel

> Für $0 \le k \le n$ gilt: $\binom{n}{k} = \binom{n}{n-k}$

Beispiel

Im Supermarkt sind noch zehn Äpfel übrig.
Ermitteln Sie, wie viele Möglichkeiten es gibt, sechs davon zum Kauf auszuwählen.
Ermitteln Sie auch, wie viele Möglichkeiten es gibt, vier Äpfel auszusondern.

Lösung:
Die Zahl der Möglichkeiten, k Objekte aus n auszuwählen (und damit $n-k$ Objekte liegen zu lassen), entspricht stets der Zahl der Möglichkeiten, $n-k$ Objekte auszuwählen (und damit k Objekte liegen zu lassen). Somit lautet die Antwort für beide Fragen:

$\binom{10}{6} = \binom{10}{4} = 210$

Ordnet man die Binomialkoeffizienten zeilenweise an, so erhält man das **Pascal-Dreieck**:

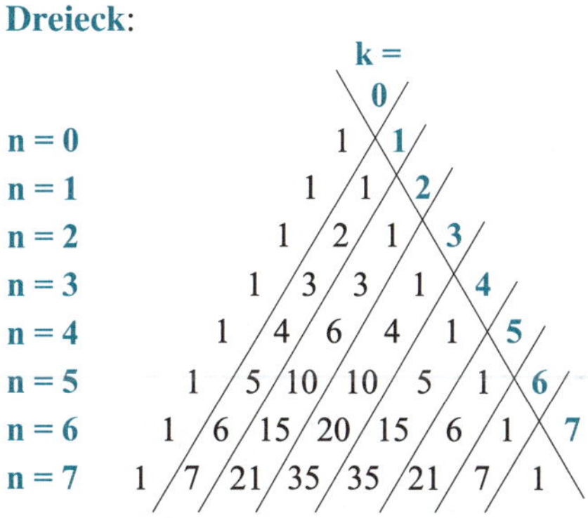

Die Achsensymmetrie des Pascal-Dreiecks gründet auf der Regel $\binom{n}{k} = \binom{n}{n-k}$.

Stets ergibt die Summe zweier nebeneinanderstehender Binomialkoeffizienten den darunterstehenden.
Dieses Bildungsgesetz des Pascal-Dreiecks lautet als Formel:

Regel

> Für $0 \le k \le n-1$ gilt: $\binom{n}{k} + \binom{n}{k+1} = \binom{n+1}{k+1}$

Dies kann mithilfe der Definition von $\binom{n}{k}$ nachgerechnet werden.

Beispiel Geben Sie die Binomialkoeffizienten des Pascal-Dreiecks in der Zeile $n=8$ an.

Lösung:
Die erste Zahl (in der Spalte $k=0$) lautet 1, wegen $1+7=8$, $7+21=28$ usw. ergibt sich insgesamt die achte Zeile:

1 8 28 56 70 56 28 8 1

Addiert man alle Binomialkoeffizienten einer Zeile, so erhält man eine Zweierpotenz. Mittels vollständiger Induktion lässt sich beweisen:

Regel Für alle natürlichen Zahlen n gilt: $\sum_{k=0}^{n} \binom{n}{k} = 2^n$

Die Zahl aller 1-Mengen, 2-Mengen, …, n-Mengen, die man aus einer n-Menge auswählen kann, zusammengenommen, beträgt also 2^n. Dies passt zur Beobachtung im zweiten Kapitel, dass bei n möglichen Ergebnissen der Ereignisraum die Mächtigkeit 2^n hat (vgl. die Aufgaben 20 und 21).

Beispiel Bestimmen Sie die Zeilensumme für $n=6$ im Pascal-Dreieck.

Lösung:
Man liest ab: $1+6+15+20+15+6+1=64$
Dies entspricht dem Ergebnis der Formel: $2^6=64$

Aufgaben **55.** Ermitteln Sie, wie viele Möglichkeiten es beim Zahlenlotto gibt, 6 von 49 Zahlen auf dem Tippschein anzukreuzen.

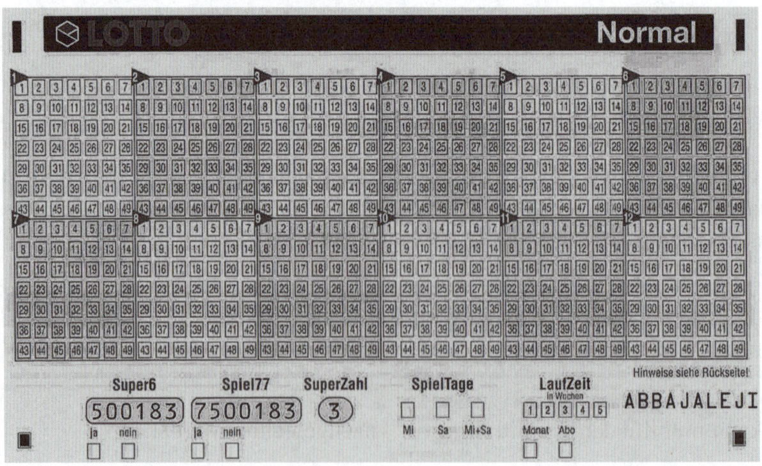

56. Geben Sie an, in welcher Zeile beim Pascal-Dreieck in der Spalte $k=2$ die Zahl 91 steht.

57. Die zehnte Zeile $(n=10)$ des Pascal-Dreiecks lautet:

1 10 45 120 210 252 210 120 45 10 1

a) Bestimmen Sie die elfte Zeile. Geben Sie dafür drei mögliche Lösungswege an.

b) Begründen Sie, warum die ersten sechs Binomialkoeffizienten der elften Zeile die Summe 1 024 haben.

58. Beweisen Sie die Symmetrieeigenschaft der Binomialkoeffizienten:

$$\binom{n}{k}=\binom{n}{n-k}$$

* **59.** Beweisen Sie das Bildungsgesetz des Pascal-Dreiecks:

$$\binom{n}{k}+\binom{n}{k+1}=\binom{n+1}{k+1}$$

60. Sechs Sportfreunde begrüßen einander per Handschlag. Danach beginnen sie ein Huckepack-Training.

a) Bestimmen Sie die Anzahl der ausgetauschten Händedrücke.

b) Ermitteln Sie, wie viele verschiedene Gespanne für das Huckepack-Training möglich sind.

61. Ein Prüfling erhält zehn Themen, aus denen er fünf auswählen muss. Ermitteln Sie, wie viele Möglichkeiten der Prüfling hat, fünf Themen auszuwählen.

62. Bestimmen Sie die Anzahl der möglichen Kartenverteilungen beim Skat, wenn jeder der drei Mitspieler 10 der 32 Karten erhält und 2 „in den Skat" abgelegt werden.

63. Der Kartenverkäufer im Kino verteilt vier Besucher auf sieben freie Plätze.

a) Ermitteln Sie, wie viele Möglichkeiten der Kartenverkäufer hat, die Besucher auf die freien Plätze zu verteilen.

b) Im Kino stellt sich heraus, dass die letzten drei der sieben Plätze frei bleiben. Die vier Besucher beschließen, sich umzusetzen.
Ermitteln Sie, auf wie viele Arten sich die vier Kinobesucher umsetzen können.

2 Urnenmodelle

Die Vorgänge, bei denen k Elemente von n möglichen ausgewählt werden, lassen sich durch Urnenexperimente ersetzen bzw. simulieren. Dabei müssen die beiden Auswahlbedingungen unterschieden werden:

1. Werden die Kugeln nach dem Ziehen in die Urne zurückgelegt?
2. Wird die Reihenfolge der gezogenen Kugeln berücksichtigt?

In Abhängigkeit von diesen Bedingungen ergibt sich folgende Übersicht:

Zahl der Möglichkeiten	Mit Zurücklegen	Ohne Zurücklegen
Mit Berücksichtigung der Reihenfolge	$n^k = n \cdot n \cdot n \cdot \ldots \cdot n$	$\frac{n!}{(n-k)!} = n \cdot (n-1) \cdot \ldots \cdot (n-k+1)$
Ohne Berücksichtigung der Reihenfolge	$\binom{n+k-1}{k}$	$\binom{n}{k} = \frac{n!}{(n-k)! \cdot k!}$

Die Formeln für das Ziehen ohne Zurücklegen wurden im letzten Abschnitt behandelt. Alle Ergebnisse lassen sich aus dem allgemeinen Zählprinzip ableiten. Die Formel n^k ergibt sich direkt daraus, die Formel $\binom{n+k-1}{k}$ auf komplizierterem Wege. Sie wird im Folgenden nicht benötigt und ist nur der Vollständigkeit halber angegeben (anschaulich entspricht sie der Zahl der Möglichkeiten, k Elemente auf n Fächer zu verteilen, wobei auch mehrere Elemente in ein Fach kommen können).

2.1 Ziehen ohne Zurücklegen

Bei vielen Zufallsexperimenten genügt es, die Kugeln im zugehörigen Urnenmodell mit lediglich zwei Farben zu unterscheiden. Gesucht ist dann die Wahrscheinlichkeit, beim Ziehen von n Kugeln genau k der einen Farbe zu erhalten. Werden die Kugeln nicht zurückgelegt, gilt die folgende Formel:

Regel

Die Wahrscheinlichkeit, beim n-maligen Ziehen ohne Zurücklegen aus einer Urne mit anfangs N Kugeln (K davon schwarz, $K \leq N$ und $n \leq N$) genau k schwarze zu erhalten ($k \leq K$ und $k \leq n$), beträgt:

$$P(Z = k) = \frac{\binom{K}{k} \cdot \binom{N-K}{n-k}}{\binom{N}{n}}$$

Um zu überprüfen, ob man die Formel für das Ziehen ohne Zurücklegen richtig aufgestellt hat, addiert man im Zähler die beiden oberen Zahlen in den Binomialkoeffizienten sowie die beiden unteren. Damit muss sich der Binomialkoeffizient im Nenner ergeben.

Beispiel

In einer Urne befinden sich 18 Kugeln, 6 davon sind schwarz, der Rest weiß. Ohne Zurücklegen werden 5 Kugeln herausgenommen. Betrachtet wird das Ereignis A: „Die Anzahl Z der schwarzen Kugeln unter den gezogenen Kugeln beträgt 2.“
Bestimmen Sie die Zahl der für das Ereignis A günstigen Fälle und damit dessen Wahrscheinlichkeit.
Bestätigen Sie Ihr Ergebnis, indem Sie direkt die Formel anwenden.

Lösung:
Die für das Ereignis A günstigen Fälle zeichnen sich dadurch aus, dass 2 schwarze aus dem Vorrat der 6 schwarzen und 3 weiße aus dem Vorrat der 12 weißen Kugeln gezogen werden. Nach dem allgemeinen Zählprinzip beträgt die Anzahl dieser Möglichkeiten insgesamt:

$$|A| = \binom{6}{2} \cdot \binom{12}{3} = 3\,300$$

Da insgesamt 5 der 18 Kugeln ausgewählt werden, gibt es $|\Omega| = \binom{18}{5} = 8\,568$ mögliche Ergebnisse.

Damit ergibt sich für die Wahrscheinlichkeit des Ereignisses A in Übereinstimmung mit der Formel:

$$P(A) = P(Z = 2) = \frac{\binom{6}{2} \cdot \binom{12}{3}}{\binom{18}{5}} = \frac{3\,300}{8\,568} \approx 38{,}52\,\%$$

```
(6 nCr 2)*(12 nC
r 3)
            3300
18 nCr 5
            8568
3300/Ans
     .3851540616
```

Aufgaben

64. Ein Pokerspieler hat drei Herzkarten und „kauft“ zwei Karten von einem Sechserstapel, in dem sich noch zwei Herzkarten befinden. Wenn die zwei gekauften Karten beide Herz sind, hat der Spieler einen „Flush“, d. h. 5 Herzkarten.
Ermitteln Sie, wie groß die Wahrscheinlichkeit

a) für einen Flush

b) für einen „Four Flush“, d. h. 4 Herzkarten

ist.

65. Aus einer Gruppe von sechs Jungen und acht Mädchen werden vier Personen für ein Spiel ausgelost. Die Anzahl der ausgelosten Jungen wird mit Z bezeichnet.
Bestimmen Sie, wie groß die Wahrscheinlichkeit $P(Z \geq 1)$ für das Ereignis „Mindestens ein Junge wird ausgelost“ ist.

66. Von zwölf verbliebenen Losen sind drei Gewinnlose. Jemand kauft fünf Lose auf einmal. Ermitteln Sie, wie groß die Wahrscheinlichkeit ist, genau zwei Gewinne zu erzielen.

67. Ein Händler bietet zehn Flaschen „Süßen Wein" zum Sonderpreis an. Er weiß, dass der Wein in vier Flaschen bereits vergoren und sauer ist. Ein interessierter Kunde probiert vor dem Kauf den Inhalt zweier Flaschen. Die Zufallsgröße Z gibt die Zahl der probierten Weine an, die sich als vergoren herausstellen.

a) Geben Sie die Wahrscheinlichkeitsverteilung der Zufallsgröße Z an.

b) Bestimmen Sie, wie groß die Wahrscheinlichkeit ist, dass der Kunde den Betrug bemerkt.

2.2 Ziehen mit Zurücklegen – die Bernoulli-Formel

Betrachtet wird erneut ein Urnenmodell mit genau zwei Sorten Kugeln, diesmal wird die gezogene Kugel zurück in die Urne gelegt. Die Formel zur Berechnung der Wahrscheinlichkeit, genau k Kugeln der einen Sorte zu ziehen, ist nach dem Mathematiker **Jakob Bernoulli** (1655–1705), einem Mitglied der schweizer Mathematiker-Familie Bernoulli, benannt.

Regel

Bernoulli-Formel

Die Wahrscheinlichkeit, beim n-maligen Ziehen mit Zurücklegen aus einer Urne mit schwarzen und weißen Kugeln genau k schwarze zu erhalten ($k \leq n$), ist durch

$$P(Z = k) = \binom{n}{k} \cdot p^k \cdot (1 - p)^{n-k}$$

gegeben, wenn der Anteil der schwarzen Kugeln p beträgt.

Beispiele

1. In einer Urne befinden sich 18 Kugeln, von denen 6 schwarz und 12 weiß sind. Jetzt werden 5 Kugeln mit Zurücklegen herausgenommen.
   Bestimmen Sie mithilfe des allgemeinen Zählprinzips und des Laplace-Modells die Wahrscheinlichkeit dafür, dass zweimal eine schwarze Kugel gezogen wird.
   Bestätigen Sie Ihr Ergebnis durch Anwenden der Bernoulli-Formel.

Lösung:
Um die Mächtigkeit des Ereignisses A: „Z = 2“ zu bestimmen, denkt man sich die Kugeln zusätzlich mit Nummern versehen, sodass ein Element von A z. B. das 5-Tupel (W_5; S_4; S_1; W_5; W_9) wäre. Insgesamt gibt es hier 6^2 Möglichkeiten, zwei schwarze und für jede dieser Möglichkeiten 12^3 Arten, drei weiße Kugeln zu ziehen. Nach dem allgemeinen Zählprinzip beträgt demnach die Zahl der 5-Tupel des Typs (W; S; S; W; W) gerade $6^2 \cdot 12^3$.
Ein weiterer Typ von Tupeln, aus denen das Ereignis A besteht, wäre (S; W; S; W; W) und noch ein anderer (W; W; W; S; S). Insgesamt gibt es

$$\binom{5}{2}$$

Typen von Tupeln im Ereignis A, da die zwei S auf genauso viele Arten auf die 5 Buchstaben (Ziehungen) verteilt werden können.
Weil jeder dieser Typen auf $6^2 \cdot 12^3$ Arten realisiert werden kann, gilt:

$$|A| = \binom{5}{2} \cdot 6^2 \cdot 12^3$$

```
(5 nCr 2)*6²*12^
3
           622080
Ans/18^5
       .329218107
█
```

Die Zahl der Möglichkeiten, ein beliebiges 5-Tupel aus der 18-Menge der Kugeln auszuwählen, beträgt demgegenüber $|\Omega| = 18^5$.
Damit ist nach dem Laplace-Modell:

$$P(A) = \frac{|A|}{|\Omega|} = \frac{\binom{5}{2} \cdot 6^2 \cdot 12^3}{18^5} = \binom{5}{2} \cdot \left(\frac{1}{3}\right)^2 \cdot \left(\frac{2}{3}\right)^3 \approx 32{,}92\ \%$$

Die Anwendung der Bernoulli-Formel führt zum gleichen Ergebnis, da $p = \frac{1}{3}$ als die Wahrscheinlichkeit, bei einem Zug eine schwarze Kugel zu ziehen, dem Anteil der schwarzen Kugelsorte in der Urne entspricht. Anders als beim Ziehen ohne Zurücklegen kommt es nur auf diese Anteile und nicht auf die absolute Anzahl der Kugeln an.

2. Susi sammelt Figuren aus Überraschungseiern, ihr fehlt zu einer Zehnerserie noch die letzte Figur. Darum kauft sie 30 Überraschungseier auf einmal, in der Hoffnung, dass wenigstens in einem der Eier die fehlende Figur steckt.
   a) Bestimmen Sie, wie groß die Wahrscheinlichkeit dafür ist, dass Susi die Zehnerserie mithilfe der 30 Eier komplettieren kann.
   b) Ermitteln Sie auch, wie viele Eier Susi kaufen müsste, um mit mehr als 99 %iger Wahrscheinlichkeit die fehlende Figur zu erhalten.

Lösung:

a) Es ist $P(Z \geq 1) = 1 - P(Z = 0) = 1 - \binom{30}{0} \cdot \left(\frac{1}{10}\right)^0 \cdot \left(\frac{9}{10}\right)^{30} \approx 95{,}76\,\%$

Bei der Berechnung wird davon ausgegangen, dass die zehn Figuren in gleichen Anzahlen in den Überraschungseiern verteilt sind und dass keine Figuren anderer Serien vorkommen. Außerdem wird das Urnenmodell des Ziehens mit Zurücklegen angewendet, obwohl die Überraschungseier ja von Susi nicht wieder eingepackt und zurückgegeben werden. Eigentlich verringert sich mit jeder von Susi ausgepackten Figur die Wahrscheinlichkeit, dass eine Figur dieses Typs in einem der weiteren Eier gefunden wird. Da aber die Überraschungseier aus Susis Großeinkauf nur einen verschwindend geringen Anteil aller Überraschungseier ausmachen, kann man getrost die Veränderung der Anteile außer Betracht lassen und so tun, als hätte sich die Anzahl aller Eier und entsprechend die Anteile der einzelnen Figuren nicht verändert.

b) Es soll gelten: $0{,}99 \leq P(Z \geq 1)$

Dabei ist $P(Z \geq 1) = 1 - P(Z = 0)$. Also muss $P(Z = 0) \leq 0{,}01$ erfüllt sein.

Wegen

$$\binom{n}{0} \cdot \left(\frac{1}{10}\right)^0 \cdot \left(\frac{9}{10}\right)^n = 0{,}9^n$$

gilt dann $0{,}9^n \leq 0{,}01$. Durch Logarithmieren folgt $n \cdot \log 0{,}9 \leq \log 0{,}01$ und hieraus wegen $\log 0{,}9 < 0$ als Bedingung für n:

$$n \geq \frac{\log 0{,}01}{\log 0{,}9} \approx 43{,}71, \text{ also } n \geq 44$$

Susi müsste also mindestens 44 Überraschungseier kaufen, um ihre Serie mit wenigstens 99 %iger Wahrscheinlichkeit zu vervollständigen.

Aufgaben

68. Eine Urne enthält 5 rote und 11 schwarze Kugeln. Es wird n-mal mit Zurücklegen eine Kugel entnommen.

a) Berechnen Sie, wie groß die Wahrscheinlichkeit ist, bei $n = 10$ genau viermal eine rote Kugel zu ziehen.

b) Ermitteln Sie auch, wie groß n sein muss, damit die Wahrscheinlichkeit, mindestens eine rote Kugel zu ziehen, 99 % übersteigt.

69. Wenn Rolf eine Ananas kaufen geht, bringt er mit 80 %iger Wahrscheinlichkeit eine reife Frucht mit.
Bestimmen Sie die Wahrscheinlichkeit dafür, dass er bei zehn Einkäufen mehr als siebenmal eine reife Ananas kauft.

Stochastische Beziehungen zwischen Ereignissen

Die gleichzeitige Untersuchung mehrerer Ereignisse führt zwangsläufig zu der Frage, ob das Eintreten des einen die Wahrscheinlichkeit des anderen beeinflusst. Beim mehrfachen Werfen eines Würfels ist dies sicherlich nicht der Fall – genau wie beim gleichzeitigen Werfen mehrerer Würfel.

1 Bedingte Wahrscheinlichkeit

Die Wahrscheinlichkeit, die man einem Ereignis zumisst, hängt immer vom Stand der Informationen ab. Wird bei einem mehrstufigen Zufallsexperiment ohne Zurücklegen gezogen, hängen die Wahrscheinlichkeiten auf der zweiten Stufe von den Ergebnissen auf der ersten Stufe ab. Allgemein wird dies durch den Begriff der **bedingten Wahrscheinlichkeit** beschrieben.

Definition

Gegeben sei ein Zufallsexperiment mit den Ereignissen A und B, wobei $P(B) \neq 0$ gilt. Dann heißt

$$P_B(A) = \frac{P(A \cap B)}{P(B)}$$

die **durch B bedingte Wahrscheinlichkeit von A**, kurz: **P(A), gegeben B**

Beispiele

1. Beim Würfeln seien die Ereignisse $A = \{6\}$ und $B = \{2; 4; 6\}$ definiert. Bestimmen Sie die Wahrscheinlichkeit von A, gegeben B. Interpretieren Sie das Ergebnis.

   Lösung:
   Wegen $A \cap B = \{6\}$ gilt $P_B(A) = \frac{P(A \cap B)}{P(B)} = \frac{\frac{1}{6}}{\frac{3}{6}} = \frac{1}{3}$.

   Durch die Zusatzinformation, dass die gewürfelte Zahl gerade ist, erhöht sich die Wahrscheinlichkeit für eine Sechs auf $\frac{1}{3}$.

2. Uschi wählt eine von zwei Urnen I und II, indem sie würfelt und bei Augenzahl 1 oder 2 Urne I wählt, sonst Urne II. In Urne I sind 3 schwarze und 7 weiße Kugeln, in Urne II sind 6 schwarze und 4 weiße. W bezeichne das Ereignis: „Die gezogene Kugel ist weiß."
   Bestimmen Sie die Wahrscheinlichkeit von W mithilfe eines Baumdiagramms und geben Sie die bedingten Wahrscheinlichkeiten $P_I(W)$ und $P_{II}(W)$ an.

   Lösung:
   Das Baumdiagramm hat folgende Gestalt:

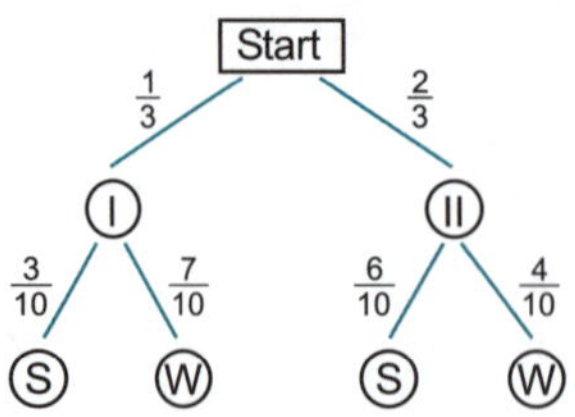

Mit den Pfadregeln berechnet man:

$$P(W) = \frac{1}{3} \cdot \frac{7}{10} + \frac{2}{3} \cdot \frac{4}{10} = \frac{7}{30} + \frac{8}{30} = \frac{15}{30} = \frac{1}{2}$$

Weiter gilt:

$$P_I(W) = \frac{P(W \cap I)}{P(I)} = \frac{\frac{7}{30}}{\frac{1}{3}} = \frac{7}{10} \quad \text{und} \quad P_{II}(W) = \frac{P(W \cap II)}{P(II)} = \frac{\frac{8}{30}}{\frac{2}{3}} = \frac{4}{10}$$

$P_I(W)$ und $P_{II}(W)$ sind also die Wahrscheinlichkeiten, die an den Teilpfaden stehen, die zu W führen.

An diesem Beispiel wird deutlich, dass Sie bei den Pfadregeln schon bedingte Wahrscheinlichkeiten in natürlicher Weise verwendet haben, ohne sie formal zu definieren. Oft sind die untersuchten Wahrscheinlichkeiten eigentlich bedingte Wahrscheinlichkeiten. So ist etwa beim Beispiel 2 auf Seite 45 streng genommen zusätzlich die bedingende Wahrscheinlichkeit zu berücksichtigen, dass es in diesem Winter überhaupt irgendwann schneit.
Bedingte Wahrscheinlichkeiten lassen sich häufig einfach mit Vierfeldertafeln untersuchen.

Beispiel

In einer Stadt ist jeder vierte Bewohner Raucher, das sind 270 000. Jeder sechste Raucher bekommt im Laufe seines Lebens ein Bronchialkarzinom. 90 % aller Bronchialkarzinom-Patienten sind Raucher.
Stellen Sie die Häufigkeiten der Merkmale R (Raucher) und B (Bronchialkarzinom) in einer Vierfeldertafel zusammen und bestimmen Sie die Wahrscheinlichkeit, dass ein zufällig ausgewählter Nichtraucher ein Bronchialkarzinom hat (bzw. im Laufe seines Lebens bekommt).
Bestimmen Sie den Quotienten aus $P_R(B)$ und $P_{\overline{R}}(B)$.
Interpretieren Sie die Bedeutung dieses Quotienten.

Lösung:
Die Stadt hat $4 \cdot 270\,000 = 1\,080\,000$ Einwohner, von denen 810 000 Nichtraucher sind. Da 45 000 Raucher ein Bronchialkarzinom bekommen und dies 90 % der insgesamt Erkrankten sind, gibt es insgesamt 50 000 Patienten.
Die Vierfeldertafel hat folgende Gestalt:

	R	$\overline{R}$	
B	45 000	5 000	50 000
$\overline{B}$	225 000	805 000	1 030 000
	270 000	810 000	1 080 000

Die gesuchte Wahrscheinlichkeit $P_{\overline{R}}(B)$ ergibt sich zu:

$$P_{\overline{R}}(B) = \frac{P(B \cap \overline{R})}{P(\overline{R})} = \frac{5\,000}{810\,000} \approx 0{,}62\,\%$$

Der gesuchte Quotient beträgt:

$$\frac{P_R(B)}{P_{\overline{R}}(B)} = \frac{\frac{45\,000}{270\,000}}{\frac{5\,000}{810\,000}} = 27$$

Somit erhöht sich das Risiko eines Bronchialkarzinoms durch das Rauchen auf den 27-fachen Wert.

Aufgaben

70. Beim Würfeln seien die Ereignisse $A = \{2; 3; 5\}$ und $B = \{1; 2; 3; 4\}$ definiert.
Berechnen Sie die bedingten Wahrscheinlichkeiten $P_B(A)$ und $P_A(B)$.

71. Hans wählt 100-mal zwischen den Urnen I und II, wobei $P(I) = \frac{1}{4}$ gilt. In Urne I sind drei Kugeln, eine schwarze und zwei weiße. In Urne II sind sechs Kugeln. Bei diesem Spiel zieht Hans 40-mal eine weiße Kugel.
Ermitteln Sie, wie viele weiße Kugeln vermutlich in Urne II sind.

* **72.** Die Schülersprecher Jenny Dunkelfeld und Andi Forscher möchten wissen, wie viele Schüler aus Familien stammen, die auf staatliche finanzielle Unterstützung angewiesen sind. Auf die entsprechende Frage soll in der Schülervollversammlung jeder die Hand heben, der mit „Ja" antwortet. Damit es für den Einzelnen nicht unangenehm wird, musste jeder vorher daheim per Los entscheiden, ob er wahrheitsgemäß antwortet (mit Wahrscheinlichkeit $\frac{3}{4}$) oder ob er bei der Versammlung lügt (mit Wahrscheinlichkeit $\frac{1}{4}$). Auf der Schülerversammlung heben 30 % der Schüler die Hand.

Geben Sie eine Schätzung für den Anteil der staatlich unterstützten Familien ab.

73. Eine Studie erforscht den Zusammenhang zwischen den Merkmalen M (Versuchsperson spielt ein Musikinstrument) und I (Versuchsperson hat eine gegenüber dem Bevölkerungsdurchschnitt erhöhte Intelligenz).
Bei 1 000 Versuchspersonen ergibt sich die folgende Vierfeldertafel:

	M	$\overline{M}$	
I	120		
$\overline{I}$			450
	200		1 000

Vervollständigen Sie die Vierfeldertafel und bestimmen Sie die Wahrscheinlichkeiten $P_M(I)$ und $P_{\overline{M}}(I)$.

74. Es gelte $P(A \cap \overline{B}) = 0{,}5$, $P(\overline{A} \cap B) = 0{,}1$ und $P(A) = 0{,}8$.
Bestimmen Sie $P_B(A)$.

75. A und B seien Ereignisse mit $P_B(A) \neq 1$.

a) Beweisen Sie $P(A \cap B) < P(B)$ und interpretieren Sie die Aussage.

b) Lisa engagiert sich für die Umwelt. Entscheiden Sie, welche der beiden folgenden Aussagen wahrscheinlicher ist.
1. „Lisa arbeitet in einer Bank."
2. „Lisa arbeitet in einer Bank und wählt die Grünen."
Begründen Sie Ihre Antwort.

2 Stochastische Abhängigkeit und Unabhängigkeit

Beim mehrfachen Werfen einer Münze hängt ein Ergebnis nicht von den anderen ab; man sagt, die Münze „habe kein Gedächtnis". Andererseits haben Sie an vielen Beispielen gesehen, dass die Kenntnis des Eintretens eines Ereignisses B die Beurteilung der Wahrscheinlichkeit eines Ereignisses A oftmals verändert.

Definition

Zwei Ereignisse A und B heißen **stochastisch unabhängig**, wenn die spezielle Produktformel $P(A \cap B) = P(A) \cdot P(B)$ gilt.
Gilt diese spezielle Produktformel nicht, so heißen A und B stochastisch abhängig.

Für zwei unabhängige Ereignisse A und B gilt $P_B(A) = P_{\overline{B}}(A) = P(A)$, man kann also die bedingte Wahrscheinlichkeit $P_B(A)$ durch die „unbedingte" Wahrscheinlichkeit $P(A)$ ersetzen. Das Eintreten von B hat keinen Einfluss auf die Wahrscheinlichkeit von A und umgekehrt.

Beispiel

Fritz hat beide Jackentaschen voller Kugelschreiber, um stets gerüstet zu sein. In der linken Tasche sind zwölf Schreiber, von denen acht funktionieren, in der rechten sind neun, darunter drei leer geschriebene. Fritz wählt zufällig eine Tasche und entnimmt irgendeinen Kugelschreiber. Definiert seien die Ereignisse L („linke Tasche wird gewählt") und F („Schreiber funktioniert").
Untersuchen Sie die Ereignisse L und F auf stochastische Abhängigkeit.

Lösung:
Das Baumdiagramm hat nebenstehende Gestalt:

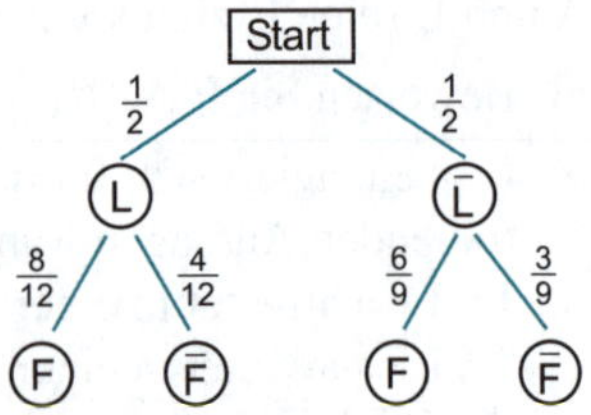

Man erkennt
$P_L(F) = \frac{2}{3}$ und $P_{\overline{L}}(F) = \frac{2}{3}$,
also sind L und F stochastisch unabhängig.
Die Wahrscheinlichkeit des Eintretens von F hängt also nicht davon ab, ob L eintritt oder nicht. Fritz wird mit der Wahrscheinlichkeit $\frac{2}{3}$ einen funktionierenden Schreiber greifen, ob er in der linken oder in der rechten Tasche sucht, da in beiden der Anteil funktionierender Schreiber gleich groß ist.

Man hat zwei Möglichkeiten, A und B auf stochastische Unabhängigkeit zu untersuchen:

1) Man prüft, ob die spezielle Produktformel gilt.
2) Man prüft, ob die bedingten Wahrscheinlichkeiten mit den unbedingten Wahrscheinlichkeiten übereinstimmen.

Anstatt ein Baumdiagramm zu zeichnen, kann man die Frage der stochastischen Abhängigkeit bzw. Unabhängigkeit auch mit Vierfeldertafeln lösen.

Beispiel

20 Jahre nach dem Abitur überprüft jemand an 150 Abgängern seines Jahrgangs, ob die Merkmale U „Universitätsabschluss“ bzw. E „hohes Einkommen“ zutreffen.
Es ergibt sich folgende Tabelle:

	E	$\overline{E}$
U	54	36
$\overline{U}$	46	14

U und E seien nun als Ereignisse bei dem Zufallsexperiment „Zufälliges Auswählen eines Mitglieds der Gruppe“ aufgefasst.
Entscheiden Sie, ob U und E stochastisch unabhängig sind.

Lösung:
Es gilt $P(U \cap E) = \frac{54}{150} = \mathbf{0{,}36}$ und $P(U) \cdot P(E) = \frac{90}{150} \cdot \frac{100}{150} = \mathbf{0{,}4}$.
Die beiden Werte sind verschieden, daher sind die Ereignisse U und E stochastisch abhängig.

Aufgaben

76. A und B seien stochastisch unabhängig, es gelte $P(A) = 0{,}4$. Die Wahrscheinlichkeit für das gleichzeitige Eintreten von A und B betrage 0,1.
Bestimmen Sie $P(B)$.

77. Von den 50 000 Männern in einer Stadt sind 18 000 Mitglieder eines eingetragenen Vereins. 10 800 Männer aus dieser Gruppe sind übergewichtig. Insgesamt haben 20 000 Männer, die in der betreffenden Stadt leben, kein Übergewicht.
Untersuchen Sie die Merkmale Vereinszugehörigkeit (V) und Übergewicht (Ü) auf stochastische Abhängigkeit.

* **78.** Bestimmen Sie für einen beliebigen Ergebnisraum Ω und für ein beliebiges Ereignis A aus Ω die Wahrscheinlichkeit $P_\Omega(A)$ und interpretieren Sie das Ergebnis.

3 Unabhängigkeit und Unvereinbarkeit

Unabhängigkeit und Unvereinbarkeit von Ereignissen werden durch die folgenden Regeln für zusammengesetzte Ereignisse beschrieben:

Regel

> Sind zwei Ereignisse A und B **stochastisch unabhängig**, so gilt:
> $P(A \cap B) = P(A) \cdot P(B)$
> Sind zwei Ereignisse A und B **unvereinbar**, so gilt:
> $P(A \cup B) = P(A) + P(B)$

Außerdem gilt folgender Zusammenhang: Wenn zwei Ereignisse A und B miteinander unvereinbar sind, kann man aus dem Eintreten von A schließen, dass B nicht eintritt. Damit hängt B offensichtlich von A ab.

Regel

> Sind zwei Ereignisse A und B unvereinbar und gilt $P(A) \neq 0$ und $P(B) \neq 0$, so sind A und B stochastisch abhängig.

Zwei Ereignisse können nur dann gleichzeitig unabhängig und unvereinbar sein, wenn mindestens eines der beiden die Wahrscheinlichkeit null hat.

Beispiele

1. Untersuchen Sie die folgenden Ereignisse beim Zufallsexperiment „Würfeln" paarweise auf Unvereinbarkeit und stochastische Unabhängigkeit: $A=\emptyset$, $B=\{1; 4\}$, $C=\{2; 3; 5\}$ und $D=\{1; 3; 5\}$

   Lösung:

   Wegen $A\cap B=\emptyset$ sind A und B unvereinbar und es gilt $P(A\cap B)=0$.
   Weiter ist $P(A)\cdot P(B)=0\cdot\frac{2}{6}=0$, also sind A und B unabhängig.

   Die Ereignispaare A und C sowie A und D sind ebenfalls unvereinbar und unabhängig, was sich in analoger Weise nachrechnen lässt.

   Es gilt $B\cap C=\emptyset$, also sind B und C unvereinbar und es gilt $P(B\cap C)=0$.
   Weiter ist $P(B)\cdot P(C)=\frac{2}{6}\cdot\frac{3}{6}=\frac{1}{6}\neq 0$, also sind B und C abhängig.

   Wegen $B\cap D=\{1\}$ sind B und D vereinbar mit $P(B\cap D)=\frac{1}{6}$.
   Weiter ist $P(B)\cdot P(D)=\frac{2}{6}\cdot\frac{3}{6}=\frac{1}{6}$, also sind B und D unabhängig.

   Es gilt $C\cap D=\{3; 5\}$, also sind C und D vereinbar und es gilt $P(C\cap D)=\frac{2}{6}=\frac{1}{3}$.
   Weiter ist $P(C)\cdot P(D)=\frac{3}{6}\cdot\frac{3}{6}=\frac{1}{4}\neq\frac{1}{3}$, also sind C und D abhängig.
   In der Tabelle sind die wechselseitigen Beziehungen zwischen den Ereignissen zusammengefasst:

	abhängig	unabhängig
vereinbar	CD	BD
unvereinbar	BC	AB, AC, AD

2. Zwei unterscheidbare Würfel werden gleichzeitig geworfen.
   Entscheiden Sie, ob die Ereignisse A „erster Würfel zeigt 6" und B „zweiter Würfel zeigt 6" unvereinbar sind.
   Entscheiden Sie auch, ob A und B stochastisch unabhängig sind.
   Erläutern Sie, wie sich die Situation ändert, wenn die Würfel an den Flächen mit der 3 zusammengeklebt werden.

   Lösung:

   Die Ereignisse A und B sind vereinbar und stochastisch unabhängig. Wenn die Würfel nach dem Zusammenkleben geworfen werden, sind A und B nur vereinbar, wenn beim Zusammenkleben die Flächen mit der Sechs in die gleiche Richtung gezeigt haben, wenn sie also nicht gegeneinander verdreht sind. Auf jeden Fall sind A und B jetzt stochastisch abhängig. Wenn nämlich A und B unvereinbar sind, sind sie nach dem obigen Satz stochastisch abhängig. Sind sie vereinbar, treten sie stets gemeinsam ein. Wenn p die Wahrscheinlichkeit für eine doppelte Sechs des „Doppelwürfels" ist, so ist $P(A)=p$ und $P(B)=p$. Es gilt $p\cdot p\neq p$, also sind A und B auch in diesem Falle stochastisch abhängig.

Aufgaben **79.** Beim Zufallsexperiment „Werfen eines Tetraeders und Feststellen der unten liegenden Zahl“ mit $\Omega = \{1; 2; 3; 4\}$ seien die Ereignisse A, B und C definiert:
$A = \{1\}$, $B = \{1; 2\}$, $C = \{2; 4\}$
Untersuchen Sie die Ereignisse paarweise auf Unvereinbarkeit und stochastische Unabhängigkeit.

80. Ein Würfel wird zweimal geworfen.
Entscheiden Sie, ob die folgenden Ereignisse stochastisch unabhängig sind.

a) A: „Der erste Wurf ergibt eine ungerade Zahl.“
B: „Die Augensumme beträgt 4.“

b) A: „Der zweite Wurf ergibt eine Quadratzahl.“
B: „Die Augensumme beträgt 7.“

4 Wahrscheinlichkeit verknüpfter Ereignisse

Der Additionssatz für beliebige Ereignisse A und B lautet:
$P(A \cup B) = P(A) + P(B) - P(A \cap B)$
Wenn nun A und B stochastisch unabhängig sind, lässt sich der letzte Term als Produkt von P(A) und P(B) schreiben.

Regel

Für zwei **stochastisch unabhängige** Ereignisse A und B gilt
$P(A \cup B) = P(A) + P(B) - P(A) \cdot P(B)$

Unter der Annahme der stochastischen Unabhängigkeit lässt sich $P(A \cup B)$ also allein aus der Kenntnis von P(A) und P(B) bestimmen.

Beispiel

Am Unterricht nimmt seit einiger Zeit ein Referendar teil, der auch ab und zu selbst unterrichtet. Die Kursteilnehmer wissen aus Erfahrung, dass ihre Lehrerin am kommenden Freitag mit einer Wahrscheinlichkeit von 5 % krank sein wird. In diesem Fall würde der Referendar unterrichten, dessen Krankheitswahrscheinlichkeit auf 10 % geschätzt wird. Sind alle beide krank, fällt der Unterricht aus.
Bestimmen Sie die Wahrscheinlichkeit dafür, dass der Unterricht stattfindet.

Lösung:

Wenn man davon ausgeht, dass die Ereignisse L („Lehrerin ist gesund“) und R („Referendar ist gesund“) voneinander stochastisch unabhängig sind, kann man mit der obigen Formel die Wahrscheinlichkeit dafür berechnen, dass der Unterricht am Freitag ausfällt. Es gilt:

$P(L \cup R) = P(L) + P(R) - P(L) \cdot P(R) = 0{,}95 + 0{,}9 - 0{,}95 \cdot 0{,}9 = 0{,}995$

Der Unterricht würde also nur mit einer Wahrscheinlichkeit von 0,5 % ausfallen.

Die Annahme der Unabhängigkeit von L und R ist streng genommen nicht gerechtfertigt. Wenn die Lehrerin und der Referendar häufig zusammenarbeiten, könnten sie sich gegenseitig anstecken. Oft treten Erkältungen an Schulen in richtigen Wellen auf, sodass krankheitsbedingtes Fehlen eines Lehrers wahrscheinlicher ist, wenn ein anderer Lehrer krank ist.

Aufgaben

81. Für zwei stochastisch unabhängige Ereignisse A und B gelte $P(A) = 0{,}3$ und $P(B) = 0{,}4$. Berechnen Sie $P(A \cup B)$.

82. Für zwei stochastisch unabhängige Ereignisse A und B gelte $P(A) = 0{,}65$ und $P(A \cap B) = 0{,}13$. Berechnen Sie $P(A \cup B)$.

83. Für zwei stochastisch unabhängige Ereignisse A und B gelte $P(B) = 0{,}25$ und $P(A \cup B) = 0{,}58$. Bestimmen Sie $P(A)$.

84. Für zwei stochastisch unabhängige Ereignisse A und B gelte $P(A \cap B) = 0{,}14$ und $P(A \cup B) = 0{,}76$. Bestimmen Sie $P(A)$ und $P(B)$.

85. Rainer hat einen weiten Schulweg, bei dem er zwei Straßenbahnen nehmen muss. Er kommt nur rechtzeitig, wenn keine der Bahnen Verspätung hat. Leider hat die erste Bahn in einem von fünf Fällen Verspätung, unabhängig davon die zweite Bahn in einem von drei Fällen.

a) Ermitteln Sie, mit welcher Wahrscheinlichkeit Rainer zu spät kommt.

b) Besonders große Verspätung hat Rainer, wenn die erste Bahn Verspätung hat und die zweite pünktlich kommt.
Berechnen Sie die Wahrscheinlichkeit für dieses Ereignis.

∗ **86.** A und B seien stochastisch unabhängige Ereignisse.
Zeigen Sie, dass mindestens eines der beiden Ereignisse die Wahrscheinlichkeit null besitzt, wenn A und B unvereinbar sind.

5 Der Satz von Bayes

Wie häufig in der Mathematik lässt sich die Richtung der Fragestellung auch bei bedingten Wahrscheinlichkeiten umkehren. Der Satz von Bayes beantwortet die Frage, wie man von $P_A(B)$ auf $P_B(A)$ schließen kann.

Regel

Satz von der totalen Wahrscheinlichkeit
Im Ergebnisraum Ω eines Zufallsexperiments seien die Ereignisse A und B definiert. Dann gilt:
$P(B) = P(A \cap B) + P(\overline{A} \cap B)$

Der Satz ergibt sich aus der disjunkten Zerlegung des Ereignisses B gemäß $B = (A \cap B) \cup (\overline{A} \cap B)$.
Für mehrstufige Zufallsexperimente entspricht der Satz von der totalen Wahrscheinlichkeit der zweiten Pfadregel.

Beispiel

Pia spielt bei einem Quiz mit. Zuerst muss sie eins von vier Türchen wählen, wobei hinter einem der Türchen eine schwere Frage auf sie wartet, hinter dreien der Türchen leichte. Schwere Fragen kann Pia mit 40 % Wahrscheinlichkeit beantworten, leichte mit 80 %.
Ermitteln Sie, wie groß die Wahrscheinlichkeit dafür ist, dass Pia die richtige Antwort auf die gewählte Frage weiß.

Lösung:
Sei S das Ereignis „Pia erwischt die schwere Frage" und R das Ereignis „Pia weiß auf die gewählte Frage die richtige Antwort".
Dann ergibt sich folgendes Baumdiagramm:

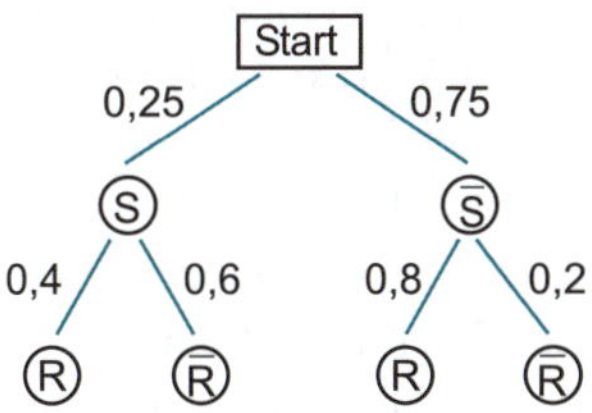

Es gilt

$$P(R) = P(S \cap R) + P(\overline{S} \cap R) = P(S) \cdot P_S(R) + P(\overline{S}) \cdot P_{\overline{S}}(R)$$
$$= 0,25 \cdot 0,4 + 0,75 \cdot 0,8 = 0,1 + 0,6 = 0,7$$

Pia weiß die richtige Antwort mit 70 % Wahrscheinlichkeit.

Regel

Satz von Bayes

Sind zusätzlich zu P(A) die bedingten Wahrscheinlichkeiten $P_A(B)$ und $P_{\overline{A}}(B)$ bekannt und ist mindestens eine der beiden von null verschieden, so kann man $P_B(A)$ berechnen:

$$P_B(A) = \frac{P(A) \cdot P_A(B)}{P(A) \cdot P_A(B) + P(\overline{A}) \cdot P_{\overline{A}}(B)}$$

Beispiel

In der Situation des vorigen Beispiels verlässt Linus kurz den Raum, bevor Pia ein Türchen wählt, und bekommt gerade wieder mit, dass Pia für die richtige Antwort gelobt wird.
Geben Sie an, mit welcher Wahrscheinlichkeit Linus das Ereignis S bewertet.

Lösung:
Linus berechnet die Wahrscheinlichkeit, dass Pia die schwierige Frage hatte, gegeben dass Pia die Antwort wusste. Also muss er $P_R(S)$ bestimmen.

Mit der Formel von Bayes gilt:

$$P_R(S) = \frac{P(S) \cdot P_S(R)}{P(S) \cdot P_S(R) + P(\overline{S}) \cdot P_{\overline{S}}(R)} = \frac{0{,}25 \cdot 0{,}4}{0{,}25 \cdot 0{,}4 + 0{,}75 \cdot 0{,}8} = \frac{0{,}1}{0{,}7} = \frac{1}{7} \approx 0{,}14$$

Der Nenner wurde bereits im letzten Beispiel berechnet.

Bevor Linus erfuhr, dass Pia die Antwort wusste, musste er dem Ereignis S die Wahrscheinlichkeit $\frac{1}{4}$ zuschreiben. Diese Wahrscheinlichkeit P(S) heißt auch **A-priori-Wahrscheinlichkeit**.

Aufgrund der Zusatzinformation, dass Pia richtig geantwortet hat, bewertet Linus die Situation neu und gibt den niedrigeren Wert $\frac{1}{7}$ an. Diese Wahrscheinlichkeit $P_R(S)$ heißt auch **A-posteriori-Wahrscheinlichkeit**.

Beispiel

Ein medizinisch-diagnostischer Test erkennt eine Krankheit mit 95 %iger Wahrscheinlichkeit. Das Nichtvorliegen der Krankheit bei einem gesunden Probanden zeigt er mit der Wahrscheinlichkeit 90 % korrekt an. Dabei liegt die Verbreitung der Krankheit in der Bevölkerung bei 3 %. Ein symptomfreier Proband unterzieht sich dem Test im Rahmen einer Routineuntersuchung.

a) Das Testergebnis ist positiv. Bestimmen Sie mit der Bayes-Formel die Wahrscheinlichkeit, dass der Proband die Krankheit tatsächlich hat.
b) Das Testergebnis ist negativ. Bestimmen Sie mit der Bayes-Formel die Wahrscheinlichkeit, dass der Proband die Krankheit tatsächlich nicht hat.
c) Bestimmen Sie die genannten Wahrscheinlichkeiten mithilfe einer Vierfeldertafel.
d) Geben Sie die Wahrscheinlichkeit dafür an, dass ein positives Testergebnis fälschlicherweise positiv ist.

Lösung:

a) T bezeichne das Ereignis, dass der Test positiv ausfällt; K bezeichne, dass der Proband die fragliche Krankheit hat.
Dann ist $P(K) = 0{,}03$ die A-priori-Wahrscheinlichkeit, dass der Proband die Krankheit hat. Weiter gilt $P_K(T) = 0{,}95$ und $P_{\overline{K}}(\overline{T}) = 0{,}9$. Gesucht ist die Wahrscheinlichkeit, dass der Proband die Krankheit hat, gegeben dass der Test positiv ausfällt, also $P_T(K)$.
Mit der Formel von Bayes gilt:

$$P_T(K) = \frac{P(K) \cdot P_K(T)}{P(K) \cdot P_K(T) + P(\overline{K}) \cdot P_{\overline{K}}(T)}$$

$$= \frac{0{,}03 \cdot 0{,}95}{0{,}03 \cdot 0{,}95 + 0{,}97 \cdot 0{,}1} = \frac{0{,}0285}{0{,}0285 + 0{,}097} \approx 22{,}71\,\%$$

b) Gesucht ist nun die Wahrscheinlichkeit, dass der Proband gesund ist, gegeben dass der Test negativ ausfällt.
Es gilt:

$$P_{\overline{T}}(\overline{K}) = \frac{P(\overline{K}) \cdot P_{\overline{K}}(\overline{T})}{P(\overline{K}) \cdot P_{\overline{K}}(\overline{T}) + P(K) \cdot P_K(\overline{T})}$$

$$= \frac{0{,}97 \cdot 0{,}9}{0{,}97 \cdot 0{,}9 + 0{,}03 \cdot 0{,}05} = \frac{0{,}873}{0{,}873 + 0{,}0015} \approx 99{,}83\,\%$$

c) Angenommen, 100 000 Personen unterziehen sich dem Test. Da die Verbreitungshäufigkeit der Krankheit 3 % beträgt, kann man davon ausgehen, dass 3 000 die Krankheit haben. Von diesen 3 000 werden 2 850 (also 95 %) vom Test auch als krank erkannt.
Analog ergeben sich die restlichen Werte in der Vierfeldertafel:

	K	$\overline{K}$	
T	2 850	9 700	12 550
$\overline{T}$	150	87 300	87 450
	3 000	97 000	100 000

Der Anteil der Kranken an den positiv Getesteten beträgt $\frac{2\,850}{12\,550} \approx 22{,}71\,\%$,
der Anteil der Gesunden an den negativ Getesteten $\frac{87\,300}{87\,450} \approx 99{,}83\,\%$.

d) Die Wahrscheinlichkeit, dass ein Patient die Krankheit nicht hat, obwohl sein Testergebnis positiv ausfällt, beträgt $P_T(\overline{K}) = 1 - P_T(K) \approx 77{,}29\,\%$.
Diesen Wert kann man auch in der Vierfeldertafel ablesen: 9 700 der 12 550 Alarme sind Fehlalarme, also ca. 77,29 %.

Aufgaben

87. Für die Ereignisse A und B gelte $P(A) = 0{,}37$, $P_A(\overline{B}) = 0{,}11$ und $P_{\overline{A}}(\overline{B}) = 0{,}24$. Bestimmen Sie $P_B(A)$.

88. a) Erstellen Sie zwei Baumdiagramme, in deren Kronen sich die Ereignisse $A \cap B$, $A \cap \overline{B}$, $\overline{A} \cap B$ und $\overline{A} \cap \overline{B}$ befinden. Eines der Diagramme soll mit den Pfaden zu A und $\overline{A}$ beginnen, das andere mit den Pfaden zu B und $\overline{B}$.

b) Beweisen Sie den Satz von Bayes mithilfe der beiden Baumdiagramme.

89. Ein Süßwarenhändler stellt täglich die Bonbonmischung „Standard" zusammen, indem er 30 % gefüllte und 70 % ungefüllte Bonbons mischt. Durchschnittlich jeden fünften Tag aber mischt er im umgekehrten Verhältnis und nennt die Bonbonmischung „Extra".
Sabine bittet Peter eines Tages, ihr eine Tüte Bonbons zu holen. Er besorgt die Tüte, Sabine greift mit geschlossenen Augen zu und genießt ein gefülltes Bonbon.
Ermitteln Sie, mit welcher Wahrscheinlichkeit Peter die Bonbonmischung „Extra" gekauft hat.

90. In einer Kunststofffabrik werden Kleinteile im Spritzgussverfahren hergestellt. Eine Maschine produziert 8 % Ausschuss. Bei einer automatischen Prüfung durch eine zweite Maschine werden Ausschussteile mit 98 % Wahrscheinlichkeit ausgesondert. Fehlerlose Kleinteile werden nur mit 1 % Wahrscheinlichkeit (fälschlicherweise) aussortiert.

a) Ermitteln Sie, mit wie viel Prozent Ausschuss man bei der Ware rechnen muss, die die Kontrolle durchlaufen hat.

b) Bestimmen Sie auch, wie viel Prozent fehlerlose Teile der Behälter enthält, in dem die Maschine den Ausschuss sammelt.

91. In einer Klinik arbeiten 18 Krankenschwestern und drei Pfleger. Sechs Schwestern und zwei Pfleger sind unfreundlich, die anderen freundlich. Für jede Pflegeperson besteht die gleiche Chance, heute die Betreuung eines frisch eingelieferten Patienten zu übernehmen.
Das Ereignis S bedeute: „Eine Schwester übernimmt die Betreuung."
F bedeute: „Die Behandlung ist freundlich."

a) Untersuchen Sie S und F auf stochastische Unabhängigkeit.

b) Der Patient berichtet abends seiner Frau, er sei unfreundlich behandelt worden. Diese vermutet, dass ein männlicher Pfleger ihren Mann versorgt hat.
Bestimmen Sie die Wahrscheinlichkeit dafür, dass diese Vermutung zutrifft.

Bernoulli-Kette und Binomialverteilung

Der Wurf einer Laplace-Münze ist das klassische Beispiel eines Zufallsexperiments mit nur zwei Ergebnissen. Oft wird ein solches Experiment mehrfach und unabhängig voneinander wiederholt, die zugehörigen Wahrscheinlichkeiten sind dann binomialverteilt.

1 Bernoulli-Experimente und Bernoulli-Kette

Viele Zufallsexperimente haben einen Ergebnisraum, der nur zwei Ergebnisse enthält. Beispielsweise kann man mit einer Münze nur „Wappen" oder „Zahl" werfen. Bei der Teilnahme an einer Fahrprüfung sind die einzig möglichen Ergebnisse „bestanden" und „nicht bestanden". Solche Experimente sind nach **Jakob Bernoulli** (1654–1705) benannt.

Definition

Ein Zufallsexperiment mit einem zweielementigen Ergebnisraum (kurz: $|\Omega| = 2$) heißt **Bernoulli-Experiment**.

Man kann jedes beliebige Zufallsexperiment als Bernoulli-Experiment betrachten, wenn man die Ergebnismenge Ω durch $\Omega' = \{T; N\}$ ersetzt. Dazu wählt man ein Ereignis A aus Ω und legt als Ergebnisse von Ω' fest:

T: „Das Ereignis A tritt ein." (T für Treffer)
N: „Das Ereignis A tritt nicht ein." (N für Niete)

Statt T und N benutzt man auch die Bezeichnungen „1" für „Treffer" und „0" für „Niete". In der Computertechnik werden so bekanntlich die Schalterzustände „Stromfluss" und „kein Stromfluss" symbolisiert.
Wie bei jedem Zufallsexperiment kann man mehrere Durchführungen eines Bernoulli-Experiments zu einem mehrstufigen Zufallsexperiment verketten.

Definition

Sei $p = P(T)$ die Trefferwahrscheinlichkeit bei einem Bernoulli-Experiment. Man nennt die n-fache Wiederholung des Experiments eine **Bernoulli-Kette der Länge n**, wenn die n Versuche voneinander stochastisch unabhängig sind und die Trefferwahrscheinlichkeit bei jeder Wiederholung gleich ist. Dabei heißt **p** auch **Parameter** der Bernoulli-Kette.

Beispiel

Entscheiden Sie, ob eine Bernoulli-Kette vorliegt. Wenn ja, geben Sie Länge und Parameter der Bernoulli-Kette an.

a) Es wird dreimal eine Münze geworfen und jeweils festgestellt, ob Zahl fällt.
b) Es wird viermal mit demselben Würfel gewürfelt, jeweils wird festgestellt, ob ein Sechser fällt.
c) Die Aktivität eines radioaktiven Isotops mit geringer Halbwertszeit wird zehnmal gemessen, jeweils wird festgestellt, ob ein bestimmter Grenzwert überschritten wird.

Lösung:

a) Es liegt eine Bernoulli-Kette der Länge 3 mit dem Parameter 0,5 vor.
b) Es liegt eine Bernoulli-Kette der Länge 4 mit dem Parameter $\frac{1}{6}$ vor.
c) Es liegt keine Bernoulli-Kette vor. Beim Zerfall nimmt die Aktivität des Isotops von Messung zu Messung ab. Das Überschreiten des Grenzwerts wird immer unwahrscheinlicher, sodass die Trefferwahrscheinlichkeit p nicht bei jeder Wiederholung gleich ist.

Die Ergebnisse einer Bernoulli-Kette sind Tupel, die aus Nullen und Einsen bestehen. Es liegt nun nahe, solche Tupel zu Ereignissen zusammenzufassen, die die gleiche Zahl von Einsen („Treffern") enthalten.
Im ersten Beispiel lautet der Ergebnisraum in dieser Schreibweise:
$\Omega = \{000; 001; 010; 100; 011; 101; 110; 111\}$

Um die Wahrscheinlichkeit zu bestimmen, bei einer Bernoulli-Kette eine bestimmte Zahl von Treffern zu erzielen, verwendet man die Bernoulli-Formel. Diese hatten Sie schon für eine spezielle Bernoulli-Kette kennengelernt, nämlich das mehrfache Ziehen mit Zurücklegen aus einer Urne mit zwei Kugelsorten. Jedes Bernoulli-Experiment kann ja als ein solches Urnenexperiment aufgefasst werden.

Regel

Z sei die Zahl der Treffer bei einer Bernoulli-Kette der Länge n mit dem Parameter p. Die Wahrscheinlichkeit, genau k Treffer zu erzielen, ist gegeben durch

$P(Z=k) = \binom{n}{k} \cdot p^k \cdot (1-p)^{n-k}$,

wobei $0 \leq k \leq n$.

Die vom Zufall abhängige Zahl Z wird auch als **Zufallsvariable** oder **Zufallsgröße** bezeichnet. $P(Z=k)$ ist in dieser Sprechweise die Wahrscheinlichkeit, dass die Zufallsgröße Z den Wert k annimmt.

Offenbar hängt die Wahrscheinlichkeit für k Treffer von der Länge n und vom Parameter p der Bernoulli-Kette ab. Zur Abkürzung legt man Folgendes fest:

Definition

Bei einer Bernoulli-Kette der Länge n mit dem Parameter p bezeichnet man die Wahrscheinlichkeit, genau k Treffer zu erzielen, mit $\mathbf{B_p^n(k)}$ (lies: **„B-n-p von k"**).

Damit lautet die Bernoulli-Formel:

$B_p^n(k) = \binom{n}{k} \cdot p^k \cdot (1-p)^{n-k}$

Beispiel

Wenn Max sich in seinen Chat einloggt, findet er mit 20 % Wahrscheinlichkeit wenigstens einen seiner Freunde.
Berechnen Sie, wie groß die Wahrscheinlichkeit ist, dass er bei fünf Versuchen zweimal Erfolg hat.
Berechnen Sie auch, wie groß die Wahrscheinlichkeit ist, dass er mehr als dreimal Erfolg hat.

Lösung:

Mit der Bernoulli-Formel ergibt sich:

$$B_{0,2}^{5}(2) = \binom{5}{2} \cdot 0{,}2^2 \cdot 0{,}8^3 = 0{,}2048$$

Außerdem ist:

$$P(Z > 3) = P(Z = 4) + P(Z = 5) = B_{0,2}^{5}(4) + B_{0,2}^{5}(5)$$
$$= \binom{5}{4} \cdot 0{,}2^4 \cdot 0{,}8^1 + 0{,}2^5 \approx 0{,}0067$$

Wenn keine Verwechslungen möglich sind, kann man auch weiter $P(Z = k)$ schreiben. Ebenso sind die Bezeichnungen $B(n;\, p;\, k)$ und $B_p^n(Z = k)$ üblich.

Aufgaben

92. Entscheiden Sie, ob man die folgenden Vorgänge als Bernoulli-Ketten auffassen kann. Begründen Sie Ihre Antwort jeweils.

a) Ein Handballclub bestreitet 7 Turnierspiele.

b) Janine wirft dreimal einen Pfeil auf eine Zielscheibe.

c) Andreas spielt zehnmal beim Lotto mit.

d) Bea absolviert einen Multiple-Choice-Test aus 15 Fragen, bei dem jeweils aus drei Antworten die richtige durch Ankreuzen ausgewählt werden muss.

93. Eine Laplace-Münze wird zehnmal geworfen.
Geben Sie ein passendes Urnenmodell an und bestimmen Sie die Wahrscheinlichkeit dafür, dass die Münze siebenmal Wappen zeigt.

94. Bei einem Glücksrad beträgt die Gewinnwahrscheinlichkeit $\frac{2}{7}$.

a) Berechnen Sie, wie groß die Wahrscheinlichkeit ist, bei siebenmaligem Spielen genau zweimal zu gewinnen.

b) Berechnen Sie, wie groß die Wahrscheinlichkeit ist, bei viermaligem Spielen keinmal zu gewinnen.

c) Ermitteln Sie, wie oft man mitspielen muss, um mit mindestens 95 %iger Wahrscheinlichkeit mindestens einmal zu gewinnen.

95. In ein Backup-System sind fünf Festplatten eingebaut, die unabhängig voneinander mit der Wahrscheinlichkeit 0,001 im Laufe der Woche versagen. Solange mindestens zwei Festplatten arbeiten, ist die Datensicherheit gewährleistet.
Bestimmen Sie die Wahrscheinlichkeit dafür, dass im Laufe der Woche die Datensicherheit in Gefahr gerät.

96. In einer Klinik kommen in einer Woche 20 Kinder zur Welt. Die Wahrscheinlichkeit für ein Mädchen beträgt dabei 50 %.
Ermitteln Sie, wie groß die Wahrscheinlichkeit ist, dass

a) 7 Jungen geboren werden.

b) mehr als 17 Jungen geboren werden.

97. Martina spielt gegen ihren Computer Schach und gewinnt eine Partie mit einer Wahrscheinlichkeit von 30 %. Berechnen Sie, mit welcher Wahrscheinlichkeit sie spätestens die dritte Partie gewinnt.

* **98.** Auf einem Kinderfest darf ein verwöhnter Junge am Glücksrad drehen, bis er den Hauptgewinn erzielt. Er dreht so heftig, dass das Rad jeweils erst nach einer Minute zum Stillstand kommt. Das Glücksrad hat zehn gleich große Sektoren.

a) Der Junge glaubt, dass er wahrscheinlich im zehnten Versuch Erfolg haben wird.
Bestimmen Sie die Wahrscheinlichkeit für dieses Ereignis.

b) Der Vater würde gern die Zeit nutzen, in der sein Sohn beschäftigt ist. Für den Gang zur Toilette benötigt er nur fünf Minuten, wobei er hofft, dass der Hauptgewinn nicht zu früh fällt.
Ermitteln Sie, mit welcher Wahrscheinlichkeit der Junge frühestens im fünften Versuch den Hauptgewinn erzielt.

c) Die Mutter des Jungen hat nur noch eine Viertelstunde Zeit.
Bestimmen Sie, wie groß die Wahrscheinlichkeit dafür ist, dass ihr Sohn innerhalb dieser Zeit fertig wird.

99. Geben Sie an, wie viele Elemente der Ergebnisraum einer Bernoulli-Kette der Länge n hat.

2 Binomialverteilung

2.1 Galton-Brett und Binomialverteilung

Eine Bernoulli-Kette lässt sich mit einem Galton-Brett (Francis Galton, 1822–1911) realisieren, bei dem eine Kugel so durch mehrere Reihen von Nägeln fällt, dass sie in jeder Reihe mit gleicher Wahrscheinlichkeit nach links abgelenkt wird wie nach rechts. Die Kugeln landen in Fächern, deren Nummer die Anzahl der erfolgten Rechtsablenkungen angibt. So erhält man eine Häufigkeitsverteilung, welche die zugrunde liegende Wahrscheinlichkeitsverteilung veranschaulicht.

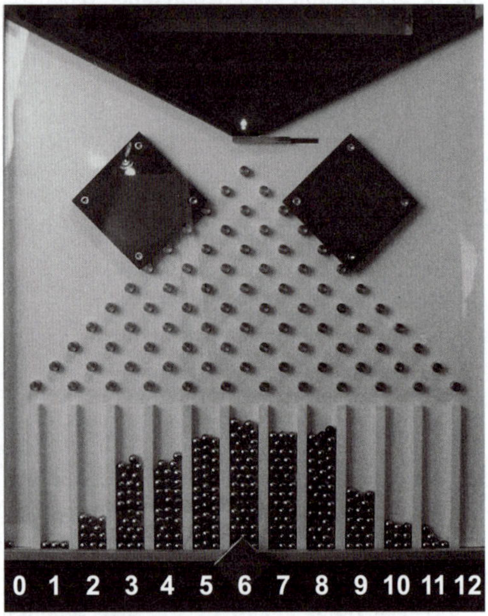

Die Wahrscheinlichkeitsverteilung für das Galton-Brett lässt sich berechnen, indem man mit der Bernoulli-Formel jeweils für das k-te Fach die Wahrscheinlichkeit $P(Z=k)$ der Rechtsablenkungen bestimmt.

Definition

Die Funktion $\mathbf{B_p^n}$ mit

$$B_p^n(k) = \binom{n}{k} \cdot p^k \cdot (1-p)^{n-k}$$

heißt **Binomialverteilung mit dem Parameter p**. Dabei ist $n \in \mathbb{N}$, $0 < p < 1$ und $k \in \mathbb{N}$ mit $0 \leq k \leq n$.

Die Binomialverteilung B_p^n ordnet jeder natürlichen Zahl k die Wahrscheinlichkeit zu, bei einer Bernoulli-Kette mit der Länge n und dem Parameter p genau k Treffer zu erzielen.
Die entsprechende Zufallsvariable nennt man **binomialverteilt** oder B_p^n-verteilt.

Beispiele

1. Erläutern Sie folgende Aussage: „Jeder Weg durch das Galton-Brett kann durch eine Binärzahl beschrieben werden, deren Quersumme die Fachnummer angibt.“

   Lösung:
   Man kann z. B. das Ergebnis TNNTTN als $(100110)_2$ kodieren. Diese Binärzahl entspricht im Zehnersystem der Zahl 38. Die Quersumme von $(100110)_2$ hat den Wert $1+0+0+1+1+0=3$. Die Quersumme der Binärzahl entspricht der Anzahl der Einsen. Sie gibt die Anzahl der Rechtsablenkungen und somit die Nummer des Fachs an, in das die Kugel fällt.

2. Bestimmen Sie die Binomialverteilung für ein sechsreihiges Galton-Brett mit $p=0{,}5$.

   Lösung:
   Mit der Bernoulli-Formel erhält man:
   $$B_p^n(k) = B_{0{,}5}^6(k) = \binom{6}{k} \cdot 0{,}5^k \cdot 0{,}5^{6-k} = \binom{6}{k} \cdot \frac{1}{64}$$
   Für die Binomialverteilung ergibt sich:

k	0	1	2	3	4	5	6
P(Z=k)	$\frac{1}{64}$	$\frac{6}{64}$	$\frac{15}{64}$	$\frac{20}{64}$	$\frac{15}{64}$	$\frac{6}{64}$	$\frac{1}{64}$

Aufgaben

100. Bestimmen Sie die Werte der Binomialverteilung mit dem Parameter 0,25 für $n=5$.

101. Bestimmen Sie den Parameter p und vervollständigen Sie die Binomialverteilung.

k	0	1	2	3	4
P(Z=k)	0,0256				

102. Bestimmen Sie die Binomialverteilung für ein achtreihiges Galton-Brett mit $p=0{,}5$.

2.2 Histogramme und Wahrscheinlichkeitsverteilungen

Binomialverteilungen (und viele andere Wahrscheinlichkeitsverteilungen) werden üblicherweise in speziellen Schaubildern, sogenannten Histogrammen, dargestellt.

Regel

> Das **Histogramm einer Binomialverteilung** besteht aus $n+1$ aneinandergrenzenden Rechtecken auf der x-Achse. Das k-te Rechteck ist um den Wert k zentriert und hat die Höhe $B_p^n(k)$ sowie die Breite 1. Dabei ist $k \in \mathbb{N}$ mit $0 \leq k \leq n$.

Da alle Rechtecke eine Längeneinheit breit sind, beträgt die Fläche eines Rechtecks $B_p^n(k)$ Flächeneinheiten.

Beispiel

Zeichnen Sie das Histogramm der Binomialverteilung mit $p=0{,}5$ und $n=6$.

Lösung:

Die Höhen der Rechtecke ergeben sich mit der Formel aus dem vorangehenden Abschnitt. Das Histogramm hat dann folgende Gestalt:

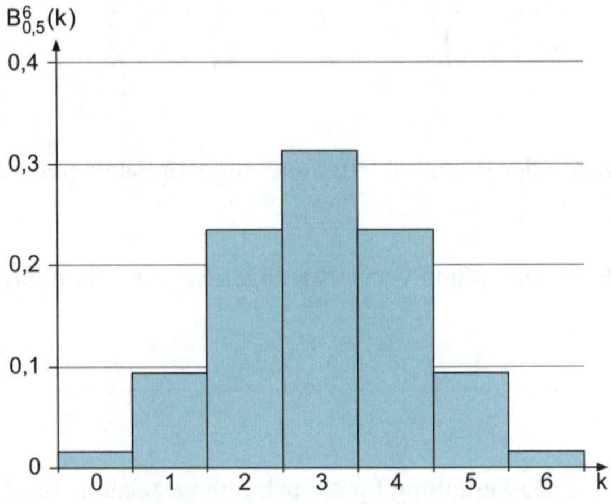

Das Histogramm lässt sich rasch mit dem GTR erzeugen. Dazu speichert man die Zahlen 0 bis 6 in der Liste L1 und lässt die Funktionswerte der Binomialverteilung mit $p=0{,}5$ und $n=6$ in der Liste L2 berechnen, indem man die Tastenfolge [DISTR] <DISTR – binompdf(> 6 [,] 0 [.] 5 [,] [L1] [)] [ENTER] in die Kopfzeile der Liste L2 eingibt.

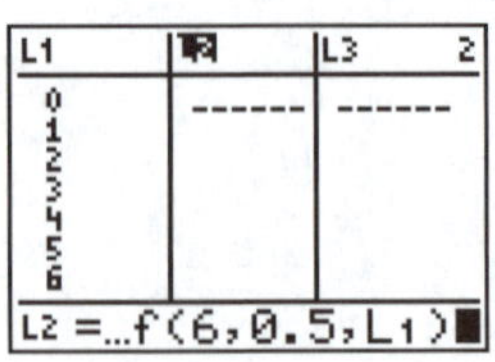

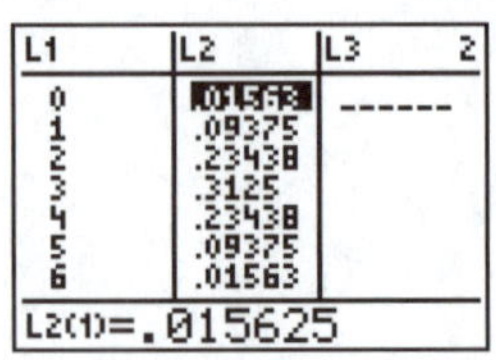

Im Menü [STAT PLOT] wählt man nun Histogramm als Darstellungsweise, gibt die Liste L1 als x-Liste und die Liste L2 als „Frequenz“ ein und kann sich dann das Histogramm – nach eventuellem Anpassen des Zeichenfensters – mit dem Befehl [GRAPH] ausgeben lassen.

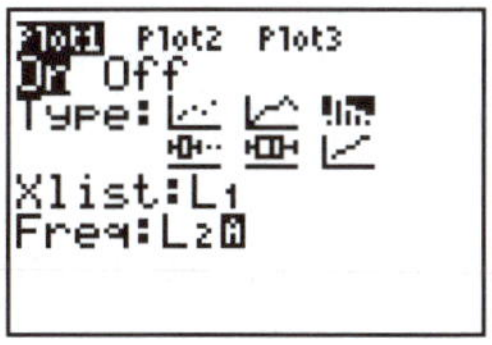

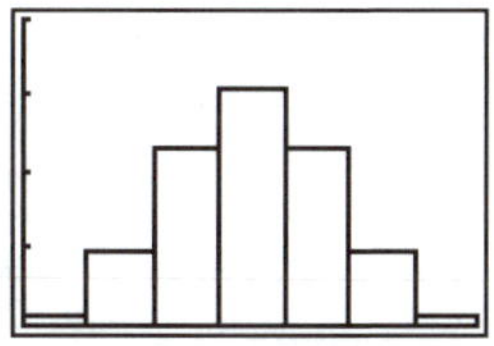

Aufgaben

103. Bestimmen Sie die Wahrscheinlichkeitsverteilung eines Würfels, der eine Eins, zwei Dreien, eine Fünf und zwei Sechsen trägt (siehe nebenstehendes Netz).
Stellen Sie die Wahrscheinlichkeitsverteilung in einem Histogramm dar.

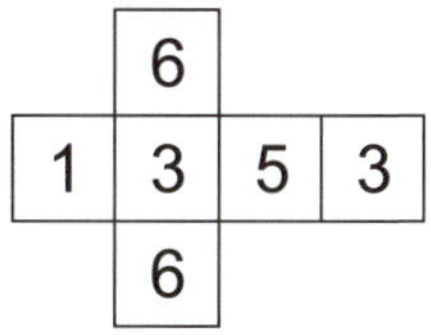

104. Zeichnen Sie ein Histogramm für die Binomialverteilung mit $n = 5$ und

a) $p = 0{,}3$.

b) $p = 0{,}7$.

Erläutern Sie, in welcher Beziehung die beiden Schaubilder zueinander stehen.

∗ **105.** Beweisen Sie: $B_p^n(k) = B_{1-p}^n(n-k)$

106. Zeichnen Sie Histogramme für die Galton-Bretter mit $n = 3$, $n = 4$ und $n = 5$, wobei jeweils $p = 0{,}5$ gilt.
Begründen Sie die Symmetrie der Schaubilder.

107. Ein Zufallsexperiment hat die folgende Wahrscheinlichkeitsverteilung. Berechnen Sie a und zeichnen Sie ein Histogramm.

k	0	1	2	3
P(Z = k)	3a	2a	0,2	3a

108. Erzeugen Sie mithilfe des grafikfähigen Taschenrechners oder eines Tabellenkalkulationsprogramms ein Histogramm einer Binomialverteilung für $n = 50$ und $p = 0{,}4$.
Vergleichen Sie das Histogramm mit dem für $n = 50$ und $p = 0{,}6$.

2.3 Kumulative Binomialverteilung

Wenn jemand behauptet, er könne bei 10 Korbwürfen 5 Treffer erzielen, so gilt der Beweis auch als erbracht, wenn er sechsmal oder noch öfter trifft. Bei vielen Fragestellungen geht es um die Wahrscheinlichkeit, dass die Trefferzahl einen bestimmten Wert über- oder unterschreitet bzw. in einem bestimmten Bereich liegt.

Definition

Die **kumulative Verteilungsfunktion F_p^n** einer Bernoulli-Kette, auch **kumulative Binomialverteilung** genannt, ist gegeben durch:

$$F_p^n(k) = B_p^n(Z \leq k) = \sum_{i=0}^{k} B_p^n(i) = B_p^n(0) + B_p^n(1) + B_p^n(2) + \ldots + B_p^n(k)$$

Den Wert $F_p^n(k)$ erhält man aus der Tabelle der Binomialverteilung, indem man zu $B_p^n(k)$ die Summe aller darüberstehenden Werte der Spalte addiert.

Beispiel

Zwei Laplace-Münzen werden zehnmal hintereinander gleichzeitig geworfen. Als Treffer wird gewertet, wenn beide Münzen „Zahl" zeigen. Berechnen Sie, wie groß die Wahrscheinlichkeit für das Ereignis A: „Die Zahl der Treffer ist geringer als vier." ist. Zeichnen Sie ein Histogramm der Binomialverteilung, in dem die gesuchte Wahrscheinlichkeit farblich markiert ist.

Lösung:

Die Trefferwahrscheinlichkeit beträgt 0,25, also liegt eine Bernoulli-Kette der Länge 10 mit dem Parameter 0,25 vor. Für die Wahrscheinlichkeit von A ergibt sich:

$$P(A) = F_{0,25}^{10}(3) = B_{0,25}^{10}(0) + B_{0,25}^{10}(1) + B_{0,25}^{10}(2) + B_{0,25}^{10}(3)$$
$$\approx 0,0563 + 0,1877 + 0,2816 + 0,2503 \approx 0,7759$$

Das Histogramm hat folgende Gestalt:

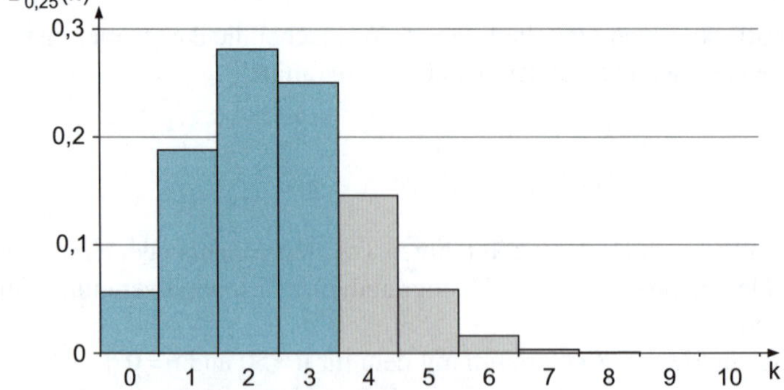

Die grün getönte Fläche entspricht der gesuchten Wahrscheinlichkeit.

Die Werte von $F_{0,25}^{10}(k)$ ergeben sich als Summe der Werte $F_{0,25}^{10}(k-1)$ und $B_{0,25}^{10}(k)$.
Entsprechende Tabellen lassen sich mit dem GTR erstellen. Dazu gibt man die Werte 0 bis $n = 10$ für k in die Liste L1 ein. In der Liste L2 lässt man sich dann die Binomialverteilung mit $n = 10$ und $p = 0{,}25$ von L1 berechnen, analog in der Liste L3 die kumulative Verteilungsfunktion mit $n = 10$ und $p = 0{,}25$ von L1. Dazu wählt man die Binomialverteilung bzw. die kumulative Verteilungsfunktion über [DISTR] <DISTR – binompdf(> bzw. [DISTR] <DISTR – binomcdf(> an und übergibt als Parameter 10, 0,25 und die Liste L1.

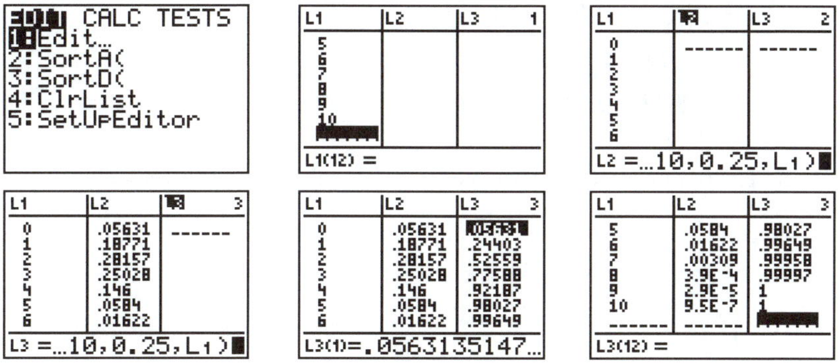

Natürlich kann man auch einzelne Funktionswerte der Binomialverteilung bzw. der kumulativen Verteilungsfunktion direkt im Rechenfenster berechnen lassen. Dazu wählt man die jeweilige Funktion wie oben beschrieben an und übergibt als Parameter n, p und den gewünschten Wert für k (z. B. wie hier $k = 3$).

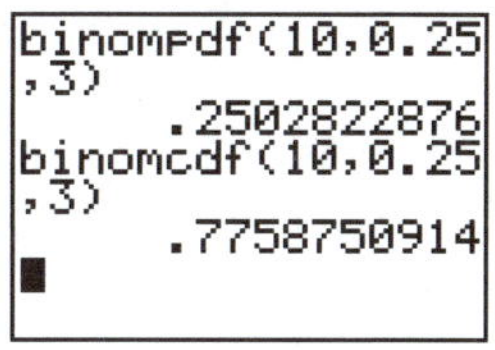

Mithilfe der kumulativen Verteilungsfunktion lassen sich auch Bereichswahrscheinlichkeiten bestimmen. Mit Bereichswahrscheinlichkeit ist dabei die Wahrscheinlichkeit gemeint, dass eine Zufallsvariable einen Wert innerhalb eines bestimmten Bereichs bzw. Intervalls annimmt.

Regel

> Bei einer binomialverteilten Zufallsvariablen Z gibt die **Bereichswahrscheinlichkeit** $P(a \leq Z \leq b)$ die Wahrscheinlichkeit an, dass Z zwischen a und b liegt. Es gilt:
> $P(a \leq Z \leq b) = P(Z \leq b) - P(Z \leq a-1) = F_p^n(b) - F_p^n(a-1)$

Ist das Intervall nicht nach oben begrenzt wie im Fall $P(a \leq Z)$, gilt $b = n$ und $F_p^n(b) = F_p^n(n) = 1$. Die Formel vereinfacht sich in diesem Spezialfall zu:
$P(a \leq Z) = 1 - F_p^n(a-1)$

Beispiel

Bestimmen Sie die Wahrscheinlichkeit, dass beim sechsfachen Münzwurf zwischen 2 und 4 Wappen erzielt werden.
Erstellen Sie ein Histogramm, in dem die gesuchte Wahrscheinlichkeit farblich gekennzeichnet ist.

Lösung:
Das fragliche Ereignis sei mit A bezeichnet. Dann gilt:

$$\begin{aligned} P(A) &= \sum_{i=2}^{4} B_{0,5}^{6}(i) \\ &= B_{0,5}^{6}(2) + B_{0,5}^{6}(3) + B_{0,5}^{6}(4) \\ &= F_{0,5}^{6}(4) - F_{0,5}^{6}(1) \\ &\approx 0,8906 - 0,1094 \\ &= 0,7812 \end{aligned}$$

Im Histogramm ist die gesuchte Wahrscheinlichkeit grün getönt:

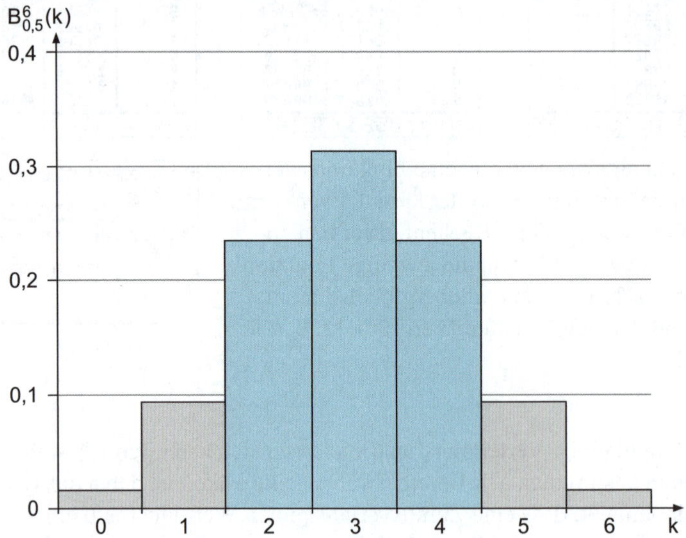

Aufgaben

109. Bestimmen Sie

a) $F_{0,4}^{10}(8)$

b) $F_{0,65}^{15}(7)$

c) $B_{0,2}^{20}(Z \geq 4)$

110. Bestimmen Sie jeweils die gesuchte Wahrscheinlichkeit und markieren Sie diese farblich in einem Histogramm der Verteilung. (Die Markierung kann in ein und demselben Schaubild erfolgen, indem verschiedene Farben verwendet werden.)

a) $B_{0,4}^{9}(5 \leq Z \leq 7)$

b) $B_{0,4}^{9}(Z \leq 3)$

c) $B_{0,4}^{9}(Z > 8)$

111. Berechnen Sie, wie groß die Wahrscheinlichkeit ist, bei einer Bernoulli-Kette der Länge $n = 10$ mit dem Parameter $p = 0{,}3$ mehr als 4 Treffer zu erzielen.

112. Berechnen Sie, wie groß die Wahrscheinlichkeit dafür ist, bei 100 Würfen mit einer Laplace-Münze zwischen 40- und 60-mal Wappen zu erzielen.

113. Bestimmen Sie mithilfe der kumulativen Verteilung

a) $B_{0,4}^{12}(Z \leq 7)$

b) $B_{0,4}^{12}(Z < 4)$

c) $B_{0,4}^{12}(Z \geq 4)$

d) $B_{0,4}^{12}(Z > 7)$

Erläutern Sie, welche Beziehungen zwischen den vier Ereignissen bestehen.

3 Erwartungswert, Varianz und Standardabweichung

Wie bei Häufigkeitsverteilungen lassen sich Wahrscheinlichkeitsverteilungen mithilfe von Maßzahlen charakterisieren, die einen raschen Überblick über die Verteilung ermöglichen.

Definition

Sind $z_1, z_2, \ldots, z_n$ die möglichen Werte der Zufallsvariablen Z, die diese mit den Wahrscheinlichkeiten $p_i = P(z_i) = P(Z = z_i)$ annimmt, so heißt

$$E(Z) = \sum_{i=1}^{n} z_i \cdot p_i = z_1 \cdot p_1 + z_2 \cdot p_2 + \ldots + z_n \cdot p_n$$

der **Erwartungswert** der Zufallsvariablen Z.
Ein Spiel heißt **fair**, wenn der Einsatz dem Erwartungswert der Auszahlung entspricht.

Beispiel

Bei einem Spiel wirft man einen Spielwürfel und bekommt die Augenzahl in Euro ausgezahlt.
Bestimmen Sie den Erwartungswert der Auszahlung.

Lösung:
Die Zufallsvariable Z bezeichne die geworfene Augenzahl. Sie hat folgende Verteilung:

z_i	1	2	3	4	5	6
$P(Z = z_i)$	$\frac{1}{6}$	$\frac{1}{6}$	$\frac{1}{6}$	$\frac{1}{6}$	$\frac{1}{6}$	$\frac{1}{6}$

Damit gilt
$E(Z) = 1 \cdot \frac{1}{6} + 2 \cdot \frac{1}{6} + 3 \cdot \frac{1}{6} + 4 \cdot \frac{1}{6} + 5 \cdot \frac{1}{6} + 6 \cdot \frac{1}{6} = 3{,}5.$
Der Erwartungswert der Auszahlung beträgt 3,50 Euro.

Der Erwartungswert gibt als **Lagemaß** an, welcher Mittelwert bei oftmaliger Wiederholung für eine Zufallsvariable zu erwarten wäre.
Mit **Streumaßen** lässt sich erfassen, wie stark die Werte der Zufallsvariablen um den Erwartungswert streuen, d. h. wie weit sie im Mittel von ihm entfernt liegen.
Wichtige Streumaße sind **Varianz** und **Standardabweichung**.

Definition

Die **Varianz V(Z)** einer Zufallsgröße Z ist gegeben durch:

$$V(Z) = \sum_{i=1}^{n} (z_i - E(Z))^2 \cdot P(Z = z_i)$$

V(Z) ist also der Erwartungswert derjenigen Zufallsvariablen X, welche die quadrierte Abweichung von Z zu E(Z) beschreibt. Ohne das Quadrieren würden positive wie negative Abweichungen aufsummiert, sodass der Erwartungswert null wäre.

Beispiel

Bestimmen Sie die Varianz der Auszahlung bei dem Würfelspiel, bei dem der Spieler die Augenzahl in Euro ausgezahlt bekommt.

Lösung:
Die Zufallsvariable Z hat wie oben berechnet den Erwartungswert $E(Z) = 3{,}5$.
Die Verteilung von $(Z - E(Z))^2$ hat folgendes Aussehen:

z_i	1	2	3	4	5	6
$P(Z = z_i)$	$\frac{1}{6}$	$\frac{1}{6}$	$\frac{1}{6}$	$\frac{1}{6}$	$\frac{1}{6}$	$\frac{1}{6}$
$(z_i - E(Z))^2$	$(1-3{,}5)^2$	$(2-3{,}5)^2$	$(3-3{,}5)^2$	$(4-3{,}5)^2$	$(5-3{,}5)^2$	$(6-3{,}5)^2$

Damit ergibt sich für die Varianz

$$V(Z) = \tfrac{1}{6} \cdot \left((-2{,}5)^2 + (-1{,}5)^2 + (-0{,}5)^2 + 0{,}5^2 + 1{,}5^2 + 2{,}5^2\right)$$
$$= \tfrac{1}{6} \cdot 17{,}5 \approx 2{,}92$$

Für binomialverteilte Zufallsvariablen lassen sich Erwartungswert und Varianz am schnellsten folgendermaßen berechnen:

Regel

Für eine B_p^n-verteilte Zufallsvariable Z gilt:
$E(Z) = n \cdot p$
$V(Z) = n \cdot p \cdot (1 - p)$

Beispiel

Beweisen Sie die Regel für den Fall $n = 2$.

Lösung:
Sei $1 - p$ abgekürzt durch q. Zu zeigen ist dann:
$E(X) = 2p$ und $V(X) = 2pq$
Es gilt:
$E(X) = 0 \cdot q^2 + 1 \cdot 2pq + 2 \cdot p^2 = 2p \cdot (1 - p) + 2 \cdot p^2 = 2p$

und:

$$
\begin{aligned}
V(X) &= (0-2p)^2 \cdot q^2 + (1-2p)^2 \cdot 2pq + (2-2p)^2 \cdot p^2 \\
&= 4p^2 \cdot (1-p)^2 + (1-4p+4p^2) \cdot 2p(1-p) + (4-8p+4p^2) \cdot p^2 \\
&= 4p^2 - 8p^3 + 4p^4 + 2p - 8p^2 + 8p^3 - 2p^2 + 8p^3 - 8p^4 + 4p^2 - 8p^3 + 4p^4 \\
&= 2p - 2p^2 = 2p(1-p) = 2pq
\end{aligned}
$$

In den bisherigen Beispielen wurde bei der Bestimmung von E(Z) und V(Z) die Einheit der Zufallsvariablen nicht berücksichtigt. Betrachtet man beispielsweise ein Gewinnspiel, bei der die Zufallsvariable der Auszahlung in Euro entspricht, ergäbe sich für den Erwartungswert die Einheit „Euro“ und für die Varianz die Einheit „Euro zum Quadrat“.
Zur Festlegung eines neuen Streuungsmaßes, das anschaulicher interpretierbar ist, wird u. a. deshalb aus der Varianz die Quadratwurzel gezogen.

Definition

Die **Standardabweichung $\sigma(Z)$** einer Zufallsgröße Z ist die Wurzel ihrer Varianz: $\sigma(Z) = \sqrt{V(Z)}$

Ist die Standardabweichung groß, sind die Werte auf einen großen Bereich verteilt. Ist sie klein, sind die Werte stärker um den Erwartungswert konzentriert. Im Histogramm äußert sich das durch eine geringere Breite des Schaubilds.

Beispiel

Linda darf an einem Spiel teilnehmen, bei dem sie aus einem Kartenspiel 16-mal zieht (mit Zurücklegen). Jedes Mal, wenn sie die Farbe der gezogenen Karte (schwarz oder rot) richtig voraussagt, erhält sie einen Euro. Z gebe die Anzahl der ausgezahlten Euros an.
Bestimmen Sie, welcher Einsatz fair wäre.
Berechnen Sie Varianz und Standardabweichung der Auszahlung.
Bestimmen Sie die Bereichswahrscheinlichkeit:
$P(A) = P(E(Z) - \sigma(Z) \leq Z \leq E(Z) + \sigma(Z))$

Lösung:
Die Zufallsvariable Z ist binomialverteilt mit $n = 16$ und $p = 0{,}5$. Folglich hat sie den Erwartungswert $E(Z) = n \cdot p = 16 \cdot 0{,}5 = 8$.
Bei einem Einsatz von 8 Euro wäre das Spiel fair.
Die Varianz beträgt $V(Z) = n \cdot p \cdot (1-p) = 16 \cdot 0{,}5 \cdot 0{,}5 = 4$, die Standardabweichung also $\sigma(Z) = \sqrt{V(Z)} = 2$.

Für die gesuchte Bereichswahrscheinlichkeit gilt:
$P(A) = P(6 \le Z \le 10) = F_{0,5}^{16}(10) - F_{0,5}^{16}(5) \approx 0{,}7899$
Sie ist im Histogramm grün getönt:

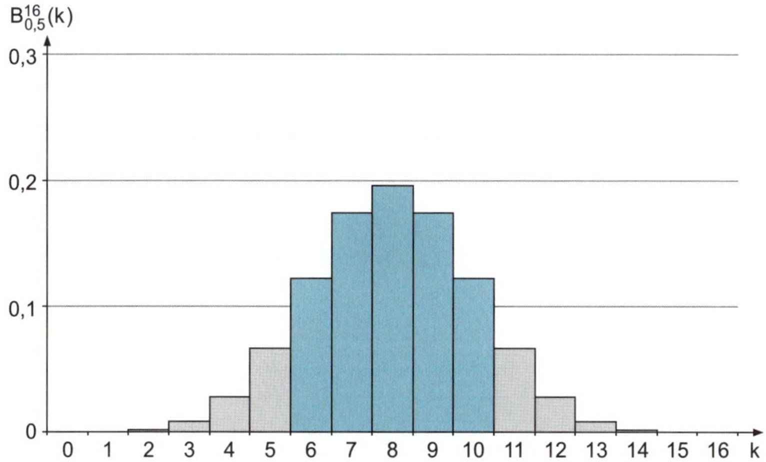

Aufgaben

114. Beim „Chuck-a-luck" setzt ein Spieler einen bestimmten Betrag und darf dafür dreimal würfeln. Er bekommt so viele Euro, wie er Sechsen geworfen hat.
Ermitteln Sie, wie hoch der Einsatz sein müsste, damit das Spiel fair wäre.

115. Berechnen Sie Erwartungswert und Varianz für eine $B_{0,5}^{4}$-verteilte Zufallsvariable direkt mit der Definition, ohne die Formel zu benutzen.

* **116.** Beweisen Sie, dass für eine B_{p}^{3}-verteilte Zufallsvariable Z gilt:
$E(Z) = 3 \cdot p$
$V(Z) = 3 \cdot p \cdot (1 - p)$

117. Berechnen Sie für eine $B_{0,35}^{40}$-verteilte Zufallsvariable E(Z), V(Z) und σ(Z).

118. Erläutern Sie, wie sich bei einer binomialverteilten Zufallsvariablen E(Z), V(Z) und σ(Z) verändern, wenn bei konstantem Parameter p die Länge der Bernoulli-Kette vervierfacht wird.

Testen von Hypothesen

Mithilfe von Verteilungsfunktionen wie B_p^n werden aufgrund von Trefferwahrscheinlichkeiten Wahrscheinlichkeiten für Trefferanzahlen bestimmt. Nun geht es umgekehrt darum, aus der Beobachtung gewisser Trefferzahlen Rückschlüsse auf die zugrunde liegenden Trefferwahrscheinlichkeiten zu ziehen. Wahlforscher erstellen so etwa ihre Prognosen.

1 Schätzen und Testen

Schätzen und Testen als mathematisch begründete Verfahren, sich Vermutungen über Wahrscheinlichkeitsverteilungen zu verschaffen bzw. solche Vermutungen **(Hypothesen)** zu überprüfen, sind Gegenstand der **beurteilenden Statistik**.
Im Gegensatz dazu beschäftigt sich die **beschreibende Statistik** mit der Aufbereitung, Zusammenfassung und Darstellung von empirischem Datenmaterial.
Schätz- und Testverfahren setzt man ein, wenn eine Untersuchung der Grundgesamtheit zu aufwendig, unmöglich oder aus sonstigen Gründen nicht ratsam ist.
Beim Schätzen bedient man sich des Prinzips der „Hochrechnung“.

Regel

Um eine unbekannte Trefferwahrscheinlichkeit zu schätzen, führt man n Versuche durch. Treten k Treffer auf, schätzt man den Parameter p auf den Wert der relativen Häufigkeit $\frac{k}{n}$.

Das empirische Gesetz der großen Zahlen bewirkt, dass man auf lange Sicht durch Erhöhen von n die Schätzung verbessern kann, da sich die relative Häufigkeit der Wahrscheinlichkeit annähert.

Beispiel

Ein auf den Boden geworfener Reißnagel kann entweder mit der Spitze nach unten zeigen (ungefährlich) oder mit der Spitze nach oben zeigen (gefährlich). In einer Serie von 40 Würfen nimmt er 15-mal die gefährliche Lage ein (Treffer). Schätzen Sie die Trefferwahrscheinlichkeit p.

Lösung:
Nach den vorliegenden Informationen ist $\frac{15}{40} = 0,375$ die beste Schätzung für p.

Eine **Schätzung** wird meistens vorgenommen, um die beobachteten Eigenschaften einer **Stichprobe** auf die entsprechende Grundgesamtheit zu übertragen. Die Methode ist nicht auf Binomialverteilungen beschränkt.
Die Stichprobe sollte repräsentativ sein, d. h. ein unverzerrtes Abbild der Grundgesamtheit liefern. Dazu ist es nötig, dass jedes Element der Grundgesamtheit mit der gleichen Wahrscheinlichkeit in die Stichprobe gewählt wird und der Umfang der Stichprobe n nicht zu klein ist.

Ein (statistischer) **Test** erlaubt es, aufgrund bekannter Beobachtungen eine fundierte Entscheidung darüber zu treffen, ob eine Hypothese zutrifft oder nicht.

Aufgaben

119. Bei einer Gruppe von 5 500 Fernsehzuschauern wird festgestellt, dass zu einer bestimmten Zeit 1 240 den Sender XTV eingeschaltet hatten. Schätzen Sie den Marktanteil des Senders.

120. Nach Auszählung eines Viertels der Stimmen hat Partei A einen Wähleranteil von 12 %.
Ermitteln Sie, wie viele Stimmen Partei A voraussichtlich erreichen wird, wenn 6,25 Millionen Menschen an der Wahl teilnehmen.

121. Aufgrund einer Stichprobe mit 14 Treffern wird p auf 0,28 geschätzt. Bestimmen Sie den Umfang der Stichprobe.

* **122.** Weisen Sie nach, dass die Funktion $B: x \rightarrow B(x) = B_x^n(k)$ an der Stelle $x = \frac{k}{n}$ ein globales Maximum hat.
Erläutern Sie, welche Folgerung sich daraus ziehen lässt.

2 Hypothesentests

2.1 Der Alternativtest

Ein Alternativtest ist ein statistisch begründetes Verfahren, nach dem man sich in einer Unsicherheitssituation für eine von zwei infrage kommenden Möglichkeiten (Hypothese H_1 bzw. H_2) entscheidet.
Diese Entscheidung ist nie mit Sicherheit richtig, sondern kann vielmehr mit einer gewissen Wahrscheinlichkeit falsch sein.

Definition

Die Entscheidung gegen H_1, obwohl H_1 zutrifft, heißt Fehler erster Art oder **α-Fehler**. Die Wahrscheinlichkeit, gegen H_1 zu entscheiden, obwohl H_1 zutrifft, heißt **α-Risiko** (Schreibweise α).
Die Entscheidung gegen H_2, obwohl H_2 zutrifft, heißt Fehler zweiter Art oder **β-Fehler**, die Wahrscheinlichkeit dafür entsprechend **β-Risiko** (Schreibweise β).

Somit sind folgende (Fehl-)Entscheidungen beim Alternativtest möglich:

		Entscheidung des Tests	
		für H_1	für H_2
Zustand der Wirklichkeit	H_1 gilt	kein Fehler	α-Fehler
	H_2 gilt	β-Fehler	kein Fehler

Beispiel

Fritz spielt mit Anke ein Ratespiel. Zunächst entscheidet er für sich, ob „Quadratzahl“ oder „Primzahl“ gespielt wird. Dann würfelt Fritz zwanzigmal verdeckt und teilt Anke nach jedem Wurf nur mit, ob ein Treffer gefallen ist oder nicht. Bei „Quadratzahl“ zählt er die Augenzahlen 1 und 4 als Treffer, bei „Primzahl“ 2, 3 und 5. Anke muss aufgrund der Trefferzahl Z erraten, welches Spiel Fritz gespielt hat. Aufgrund der im Fall H_1 „Fritz spielt Quadratzahl“ bzw. H_2 „Fritz spielt Primzahl“ unterschiedlichen zu erwartenden Trefferzahlen entscheidet sich Anke bei bis zu sieben Treffern für H_1, darüber für H_2.

a) Bestimmen Sie die Wahrscheinlichkeiten für die Fehler erster und zweiter Art.

b) Erläutern Sie, wie sich diese beiden Risiken ändern, wenn Anke die Entscheidungsgrenze auf 8 erhöht.

Lösung:

a) Wenn die Hypothese H_1 („Quadratzahl“) gilt, hat die Trefferwahrscheinlichkeit den Wert $p = \frac{1}{3}$, wenn H_2 („Primzahl“) gilt, ist $p = \frac{1}{2}$.
Ein Fehler erster Art tritt ein, wenn Anke sich aufgrund ihrer Entscheidungsregel gegen H_1 und damit für H_2 entscheidet, obwohl in Wirklichkeit H_1 gilt und nur zufälligerweise trotzdem mehr als sieben Treffer auftreten. Die Wahrscheinlichkeit dieser irrtümlichen Entscheidung gegen H_1 beträgt:

$$\alpha = P_{H_1}(Z > 7) = B_{\frac{1}{3}}^{20}(Z > 7) = 1 - B_{\frac{1}{3}}^{20}(Z \le 7) \approx 0{,}3385$$

Ein Fehler zweiter Art liegt vor, wenn Fritz „Primzahl“ spielt (also gilt H_2) und Anke auf „Quadratzahl“ (H_1) tippt, da dummerweise trotz $p = \frac{1}{2}$ nur sieben Treffer oder weniger auftreten. Die Wahrscheinlichkeit dafür ist:

$$\beta = P_{H_2}(Z \le 7) = B_{\frac{1}{2}}^{20}(Z \le 7) \approx 0{,}1316$$

b) Wählt Anke 8 als Grenze, so gilt

$$\alpha = P_{H_1}(Z > 8) = B_{\frac{1}{3}}^{20}(Z > 8) = 1 - B_{\frac{1}{3}}^{20}(Z \le 8) \approx 0{,}1905$$

und

$$\beta = P_{H_2}(Z \le 8) = B_{\frac{1}{2}}^{20}(Z \le 8) \approx 0{,}2517.$$

Beim Würfelspiel aus dem letzten Beispiel kann Fritz vor dem Würfeln etwa mit einer Münze entscheiden, ob er „Quadratzahl“ oder „Primzahl“ spielt. In dem Fall liegt ein zweistufiges Zufallsexperiment vor, und $\alpha = P_{H_1}(Z > 7)$ ist die **bedingte Wahrscheinlichkeit** dafür, dass mehr als 7 Treffer fallen, gegeben dass H_1 eingetreten ist.

Normalerweise fasst man Hypothesen nicht als Ereignisse eines Zufallsexperiments auf, denen man Eintrittswahrscheinlichkeiten zuordnen kann, sondern als Vermutungen über Zustände der Wirklichkeit, die entweder zutreffen oder nicht. Bei dieser Betrachtung ist es auch nicht sinnvoll, den Alternativtest als Verfahren zu sehen, mit dem man feststellen kann, mit welcher Wahrscheinlichkeit H_1 und mit welcher Wahrscheinlichkeit H_2 gilt. Der Test kann nur die Frage beantworten, wie wahrscheinlich ein bestimmtes erzieltes Ergebnis ist, vorausgesetzt, H_1 gilt, oder eben vorausgesetzt, H_2 gilt. Entsprechend sind α und β i. Allg. auch keine eigentlichen bedingten Wahrscheinlichkeiten, trotzdem verwendet man der Einfachheit halber die gleiche suggestive Schreibweise mit dem Index wie bei bedingten Wahrscheinlichkeiten.

Im letzten Beispiel war auch zu sehen, wie eine Veränderung der **Entscheidungsgrenze** α verkleinert und gleichzeitig β vergrößert.

Regel

> Das α-Risiko lässt sich durch Verändern der Entscheidungsgrenze nur verringern, wenn man eine Vergrößerung des β-Risikos in Kauf nimmt. Entsprechendes gilt umgekehrt.
> Zur gleichzeitigen Verringerung beider Risiken ist eine Vergrößerung des Stichprobenumfangs nötig.

Beispiel

Bei einem Zufallsexperiment wird 20-mal gewürfelt, als Treffer zählt das Werfen einer „1“. Mithilfe eines Alternativtests soll entschieden werden, ob zum Würfeln ein normaler Spielwürfel (H_1: $p = \frac{1}{6}$) oder ein Tetraeder (H_2: $p = \frac{1}{4}$) verwendet wurde.

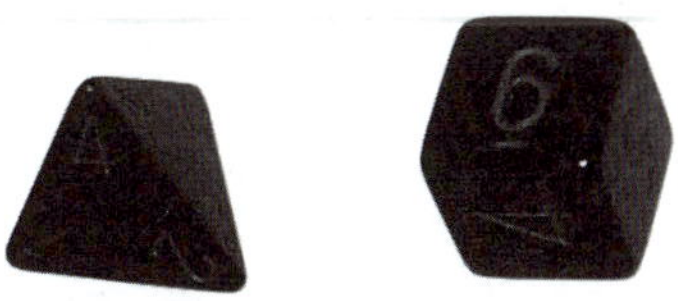

Die Entscheidungsgrenze g des Tests soll von 2 bis 6 variiert werden. Berechnen Sie für jedes g die Risiken erster und zweiter Art.

Lösung:

Zu berechnen sind

$$\alpha = P_{H_1}(Z > g) = B^{20}_{\frac{1}{6}}(Z > g) = 1 - B^{20}_{\frac{1}{6}}(Z \le g) \text{ und}$$

$$\beta = P_{H_2}(Z \le g) = B^{20}_{\frac{1}{4}}(Z \le g)$$

in Abhängigkeit von g.

Die Tabelle zeigt die Zahlenwerte:

g	2	3	4	5	6
α	0,6713	0,4335	0,2313	0,1018	0,0371
β	0,0913	0,2252	0,4148	0,6172	0,7858

Die Fehlerrisiken liegen bei diesem Beispiel trotz gleichen Stichprobenumfangs ($n = 20$) höher als beim Ratespiel von Anke und Fritz. Der Grund liegt darin, dass die Unterscheidung zwischen den Hypothesen $p = \frac{1}{6}$ und $p = \frac{1}{4}$ schwieriger ist als zwischen den Hypothesen $p = \frac{1}{3}$ und $p = \frac{1}{2}$, da die Differenz zwischen den infrage kommenden Trefferwahrscheinlichkeiten nur halb so groß ist.

Wenn man die fälschliche Zurückweisung bei einer der Hypothesen für schlimmer hält, bezeichnet man diese mit H_1, sodass der folgenreichere Fehler mit dem α-Risiko beschrieben wird und der weniger folgenreiche mit dem β-Risiko. Entsprechend wird in solchen Fällen die Entscheidungsgrenze g so gewählt, dass α kleiner als β ist. Eine häufige Wahl ist $\alpha < 5\,\%$ und $\beta < 20\,\%$.
Im Zusammenhang mit Hypothesentests nennt man die untersuchte Zufallsvariable („Trefferzahl") auch **Testvariable** oder **Testgröße**.

Aufgaben

123. Bianca streicht die Wand in der Nähe des Türrahmens, den sie dafür überklebt hat. Das Klebeband kann nicht 100 %ig genau Wand und Türrahmen trennen.
Erläutern Sie, welche beiden Fehler Bianca unterlaufen können.
Entscheiden Sie, welchen der beiden Fehler Sie für gravierender halten.
Vergleichen Sie mit der Situation beim Alternativtest.

124. Mithilfe eines Alternativtests soll zwischen den beiden Hypothesen H_1: $p = \frac{1}{6}$ und H_2: $p = \frac{1}{4}$ entschieden werden.

a) Berechnen Sie für $n = 50$ und für $g = 8, 9, 10, 11, 12$ das α-Risiko und das β-Risiko.

b) Berechnen Sie die beiden Risiken für $n = 100$ und $g = 18, 19, 20, 21, 22$.

c) Erklären Sie, warum die Risiken in Aufgabenteil b geringere Werte haben.

125. Eine Anwohnerinitiative behauptet, dass 40 % der Autos zu schnell durch ihr Wohngebiet brausen. Das Straßenverkehrsamt spricht von höchstens 20 %. Eine Stichprobe von 30 Autos wird untersucht, um die Anzahl der Raser Z festzustellen.

a) Entscheiden Sie, welche der Hypothesen H_1 sein sollte. Begründen Sie Ihre Antwort.

b) Das α-Risiko soll geringer als 5 % sein.
Wählen Sie die Entscheidungsgrenze und berechnen Sie β.

c) Veranschaulichen Sie die Risiken α und β durch Markieren in den entsprechenden Histogrammen. Dabei sollen beide Histogramme in ein Koordinatensystem gezeichnet werden.

d) Erläutern Sie, wie sich β verändert, wenn die Geschwindigkeitsmessung statt bei 30 Autos bei 60 Autos vorgenommen wird.
Erstellen Sie auch für diese Situation ein Schaubild wie in Aufgabenteil c.

2.2 Der Signifikanztest

Im Gegensatz zum Alternativtest hat man beim Signifikanztest statt zweier Hypothesen als Vermutung nur eine Hypothese, die aufgrund der Entscheidungsregel des Tests entweder zurückgewiesen oder beibehalten wird. Diese Hypothese wird **Zufallshypothese** oder **Nullhypothese H_0** genannt.

Definition

Entscheidet ein Signifikanztest gegen die Nullhypothese, wenn die Testvariable Z im Bereich $\overline{A}$ liegt, nennt man $\overline{A}$ **Ablehnungsbereich**.
Wählt man vor dem Test $\overline{A}$ so, dass das α-Risiko $\alpha = B_p^n(Z \in \overline{A})$ aufgrund dieser Festlegung einen bestimmten Wert α' nicht überschreitet, so nennt man α' **Signifikanzniveau** des Tests.

Der Bereich A (Komplementmenge von $\overline{A}$) wird als **Nichtablehnungsbereich** bezeichnet.
Die für α vorgegebene Schranke α' lässt sich wegen des Stufencharakters der Binomialverteilung i. Allg. nicht ganz ausschöpfen. Der Einfachheit halber bezeichnet man oft das Signifikanzniveau auch mit α statt mit α', obwohl es nicht dasselbe ist wie das α-Risiko, sondern nur eine obere Schranke dafür darstellt.
Für das α-Risiko ist auch der Begriff **„Irrtumswahrscheinlichkeit“** üblich, obwohl das α-Risiko keineswegs mit der Wahrscheinlichkeit gleichgesetzt werden darf, dass der Signifikanztest zu einer irrtümlichen Entscheidung führt.

Beispiel

Herr Lämpel behauptet, er könne am Geschmack erkennen, ob ein Bier alkoholfrei ist. Seine Frau ist erst bereit, das zu glauben, wenn er bei einem 18 Bierproben umfassenden Signifikanztest mehr als 11 besteht, d. h. jeweils richtig angibt, ob es sich um alkoholfreies oder alkoholhaltiges Bier handelt.

a) Entscheiden Sie, welche Hypothese hier die Nullhypothese H_0 ist, und erläutern Sie, was durch den Signifikanztest untersucht werden soll.

b) Geben Sie das Signifikanzniveau des Tests an.

c) Stellen Sie in einem Histogramm die „Irrtumswahrscheinlichkeit" dar.

d) Geben Sie die Ablehnungsbereiche an, die zu den Signifikanzniveaus $\alpha = 5\,\%$ bzw. $\alpha = 1\,\%$ gehören.

Lösung:

a) Frau Lämpel vertritt die Nullhypothese, dass ihr Mann einfach rät, was einer Trefferwahrscheinlichkeit von $p = 0{,}5$ entspricht.
Mit dem Signifikanztest soll untersucht werden, ob Herr Lämpel ein Ergebnis erzielt, das mit H_0 nicht vereinbar ist bzw. nur unter der Annahme, ein ungewöhnlicher Zufall sei eingetreten, nämlich dass Herr Lämpel aufgrund bloßen Ratens mehr als 11 Treffer erzielt. In diesem Fall will Frau Lämpel H_0 nicht mehr aufrechterhalten.

b) Das Risiko erster Art ist
$\alpha = P_{H_0}(Z > 11) = B^{18}_{\frac{1}{2}}(Z > 11) = 1 - B^{18}_{\frac{1}{2}}(Z \leq 11) \approx 0{,}1189.$
Das Signifikanzniveau des Tests liegt somit bei 12 %.

c) Im Histogramm ist die „Irrtumswahrscheinlichkeit" grün getönt.

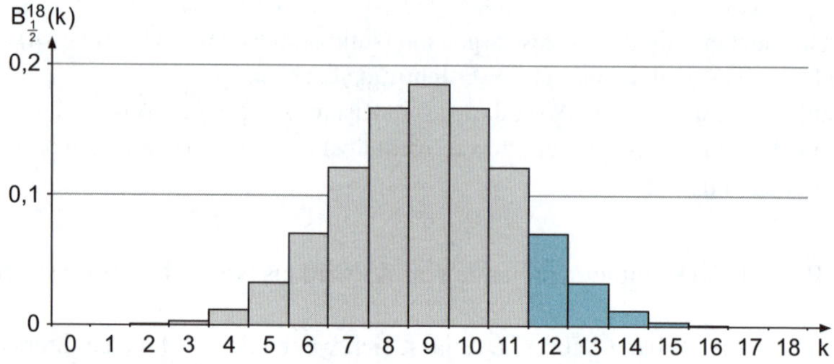

d) Wegen
$B^{18}_{\frac{1}{2}}(Z > 12) = 1 - B^{18}_{\frac{1}{2}}(Z \leq 12) \approx 0{,}0481$
und
$B^{18}_{\frac{1}{2}}(Z > 14) = 1 - B^{18}_{\frac{1}{2}}(Z \leq 14) \approx 0{,}0038$
sind die gesuchten Ablehnungsbereiche:
$\overline{A} = \{13; 14; 15; 16; 17; 18\}$ bzw. $\overline{A} = \{15; 16; 17; 18\}$

Fällt die Trefferzahl Z in den Ablehnungsbereich $\overline{A}$, wird dieses Ergebnis als **signifikant** bezeichnet, da es nicht mehr als Wirken des Zufalls, sondern als etwas Bedeutsameres interpretiert wird. In diesem Beispiel deutet es ja an, dass Herr Lämpel die von ihm behauptete Fähigkeit wohl hat.

Typisch für den Signifikanztest ist die indirekte Vorgehensweise, dass nämlich nicht die eigentlich interessante Hypothese (im Beispiel die von Herrn Lämpel) untersucht wird, sondern die Gegenhypothese dazu zur Nullhypothese erklärt wird. Dies entspricht der Wissenschaftstheorie **Karl Poppers** (1902–1994), dass Hypothesen nicht bestätigt oder verifiziert werden können, sondern dass Erkenntnisgewinnung über Falsifizieren von Hypothesen erfolgt. In diesem Sinne ist das Ziel des Signifikanztests das Ablehnen der Nullhypothese H_0 und damit die indirekte Bestätigung der Alternativhypothese zu H_0, die aus den genannten Gründen **Forschungshypothese** genannt und auch mit $\overline{H_0}$ abgekürzt wird, da sie das logische Gegenteil von H_0 ist.

Beispiel

Mittels eines Detektors, der Zerfallsereignisse zählt, untersucht eine Forschergruppe, ob Doppel-Beta-Zerfall in der Natur vorkommt. Seine Existenz hätte weitreichende Folgen für unser physikalisches Weltbild.
Formulieren Sie die Nullhypothese eines Signifikanztests, der hier Anwendung finden könnte.
Erklären Sie, welche Anforderungen an das Signifikanzniveau zu stellen sind.

Lösung:
Die Nullhypothese lautet „Doppel-Beta-Zerfall kommt in der Natur nicht vor". Vom Detektor gezählte Zerfallsereignisse sind nach dieser Hypothese auf „Hintergrundrauschen" zurückzuführen.
Die Forschergruppe will die Nullhypothese nicht voreilig zurückweisen und die Existenz des fraglichen Phänomens behaupten. Also wird sie sehr hohe Anforderungen an das Signifikanzniveau stellen und α wesentlich geringer als 5 % wählen, um die Gefahr eines solchen falschen Alarms niedrig zu halten.

Die bisher betrachteten Signifikanztests, bei denen der Ablehnungsbereich aus einem zusammenhängenden Intervall besteht, sind einseitige Signifikanztests. Wenn die Gegenhypothese zu H_0 „keine Richtung hat", zerfällt der Ablehnungsbereich in zwei Teile.

Definition

Befindet sich der Ablehnungsbereich eines Signifikanztests auf der linken Seite der Verteilung, heißt der Test **linksseitig**. Befindet er sich auf der rechten Seite, heißt der Test **rechtsseitig**. Befindet sich der Ablehnungsbereich auf beiden Seiten der Verteilung, heißt der Test **zweiseitig**.

Linksseitiger Test

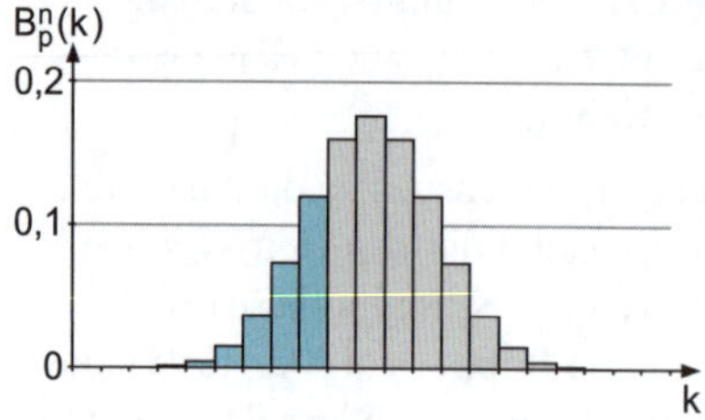

Rechtsseitiger Test

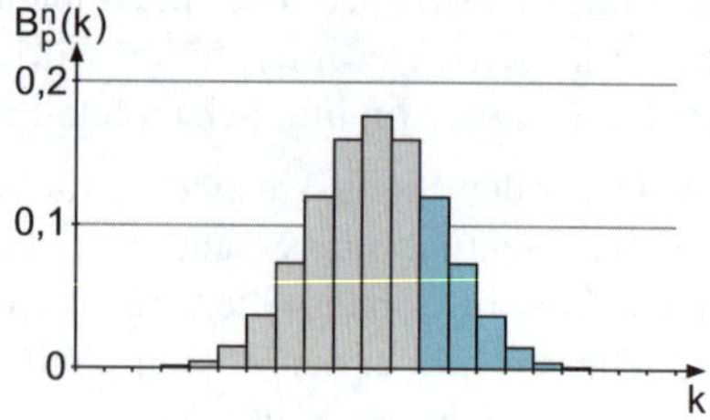

Zweiseitiger Test

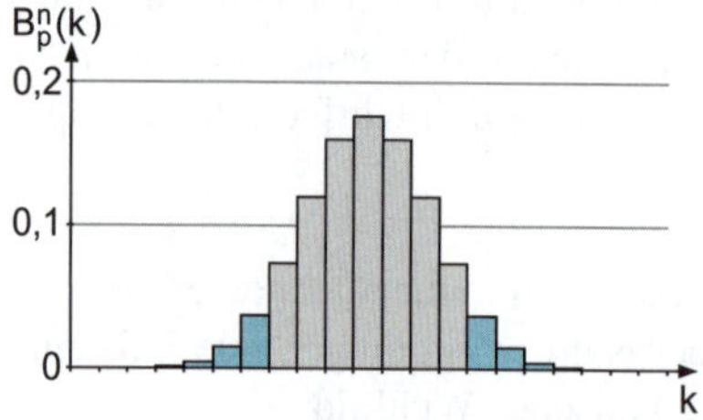

Beispiel

Ein Verhaltensforscher lässt Ratten durch einen Gang laufen, der sich in einen roten und einen grünen Weg aufgabelt. Damit möchte er die Vermutung untersuchen, dass die Ratten die beiden Farben unterscheiden können und eine der beiden vorziehen. Er wählt eine Stichprobe von 17 Ratten und zählt mit der Zufallsvariablen Z, wie oft sie den roten Weg durch die Anordnung nehmen.

a) Formulieren Sie die Nullhypothese.

b) Das Signifikanzniveau sei $\alpha = 5\ \%$.
Entscheiden Sie, wie der Ablehnungsbereich festzulegen ist. Begründen Sie Ihre Antwort.

c) Fertigen Sie ein Histogramm, in dem der Ablehnungsbereich veranschaulicht wird.

d) Sechs der Ratten laufen den grünen Weg.
Bewerten Sie das Testergebnis.

Lösung:

a) Die Nullhypothese ist die Vermutung, dass der Weg einer Ratte nur vom Zufall bestimmt ist. Dies entspricht H_0: $p = 0{,}5$.

b) Da nun ein „zu großes" Z ebenso wie ein „zu kleines" gegen H_0 sprechen, wird α gleichmäßig auf die beiden Teile des Ablehnungsbereichs $\overline{A}$ verteilt, sodass gilt:

$B_{0,5}^{17}(Z < g_1) \le 2{,}5\ \%$ und $B_{0,5}^{17}(Z > g_2) \le 2{,}5\ \%$.

Nun setzt man für g_1 probeweise die Werte 8, 7, 6 usw. ein, bis die Bedingung $B_{0,5}^{17}(Z < g_1) \leq 2{,}5\ \%$ zum ersten Mal erfüllt ist.

Entsprechend tastet man sich auf der Suche nach g_2 über 9, 10, 11 usw. nach oben, bis zum ersten Mal $B_{0,5}^{17}(Z > g_2) \leq 2{,}5\ \%$ erfüllt ist.

Dieses Vorgehen führt auf:

$B_{0,5}^{17}(Z < 5) \approx 0{,}0245$ und $B_{0,5}^{17}(Z > 12) \approx 0{,}0245$

Damit gilt:

$\overline{A} = \{0; 1; 2; 3; 4; 13; 14; 15; 16; 17\}$

c) Im Histogramm ist der Ablehnungsbereich dieses zweiseitigen Tests veranschaulicht:

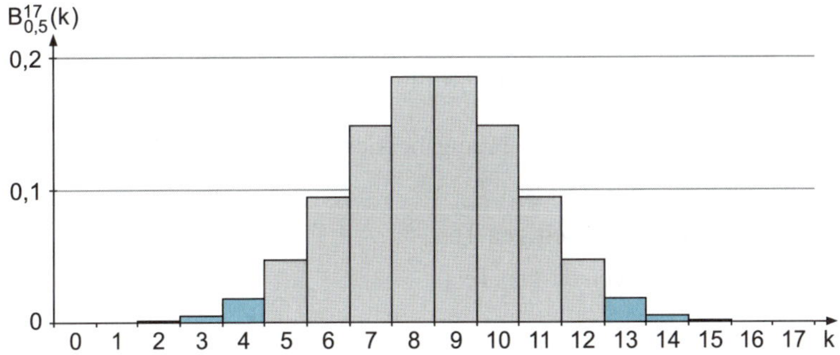

d) Die Zahl 6 liegt nicht im Ablehnungsbereich. Daher wird die Hypothese H_0 beibehalten, das Testergebnis spricht nicht gegen die Vermutung, dass die Ratten ihre Entscheidung nur vom Zufall abhängig machen.

Aufgaben **126.** In einem Strafprozess wird der Angeklagte statt mit Beweisen nur mit Indizien belastet. Die Nullhypothese des Gerichts ist die sogenannte Unschuldsvermutung.

a) Beschreiben Sie den Fehler 1. Art und den Fehler 2. Art, die dem Gericht unterlaufen können.

b) Erklären Sie, welche Aussage der Rechtsgrundsatz „Im Zweifel für den Angeklagten" über α und β macht.

* **127** Erläutern Sie, welche Gemeinsamkeiten der Signifikanztest mit dem mathematischen Verfahren des Widerspruchsbeweises hat.

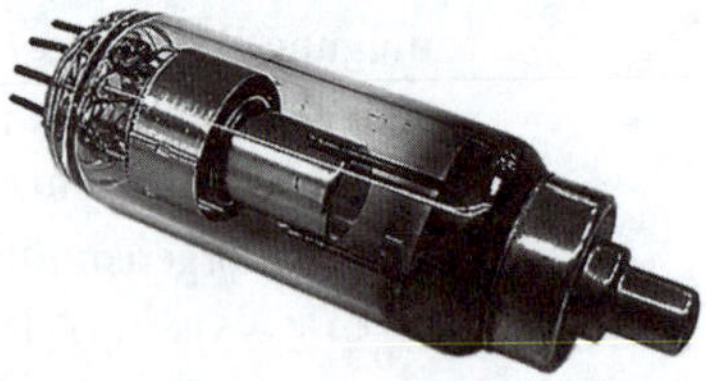

128. Ein Produzent von Elektronikbauteilen liefert Dioden an einen Fachbetrieb. Dabei behauptet er, dass höchstens ein Sechstel der Dioden unbrauchbar ist, somit ist H_0: $p = \frac{1}{6}$.
Der Meister, der die Lieferung abnimmt, möchte H_0 auf dem Signifikanzniveau $\alpha = 5\ \%$ testen und prüft dazu 50 zufällig ausgewählte Dioden.
Bestimmen Sie den Ablehnungsbereich des Signifikanztests und verdeutlichen Sie das α-Risiko in einem Histogramm.
Erklären Sie, warum für das α-Risiko auch der Begriff **Produzentenrisiko** verwendet wird. Entscheiden Sie auch, wie man das β-Risiko entsprechend nennen würde.

129. Vorgegeben sei der Stichprobenumfang 80 und das Signifikanzniveau $\alpha = 10\ \%$.
Bestimmen Sie den Ablehnungsbereich zur Nullhypothese H_0: $p = 0{,}3$.

a) für einen linksseitigen Test,

b) für einen rechtsseitigen Test,

c) für einen zweiseitigen Test.

Normalverteilung

Die Gauß'sche Glockenkurve ist eines der bekanntesten Bilder aus der Stochastik. Sie veranschaulicht die Normalverteilung, mit der die Binomialverteilung oft sehr gut angenähert werden kann.

1 Standardisieren von Zufallsvariablen

Mit wachsendem n nimmt das Schaubild der Binomialverteilung eine Glockenform an. Die Glocke wandert immer weiter nach rechts, weil $E(X) = n \cdot p$ wächst. Gleichzeitig wird die Glocke immer flacher und breiter, weil die Standardabweichung $\sigma(X) = \sqrt{n \cdot p \cdot (1-p)}$ wächst.
Werden diese beiden Effekte durch **Standardisieren** der binomialverteilten Zufallsvariable aufgehoben, lässt sich die wachsende Symmetrie des Histogramms deutlicher darstellen.

Definition

Unter dem **Standardisieren einer Zufallsvariablen Z** versteht man die Zuordnung einer **transformierten Zufallsvariablen U** gemäß:
$Z \to U = \frac{Z - E(Z)}{\sigma(Z)}$

Die Subtraktion von E(Z) sorgt für eine Zentrierung um $x = 0$, die Division durch $\sigma(Z)$ verringert die Breite der Verteilung. Standardisierte Zufallsvariable haben den Erwartungswert $E(U) = 0$ und die Standardabweichung $\sigma(U) = 1$.
Wird eine binomialverteilte Zufallsvariable Z zu U standardisiert, so nimmt U den Wert

$$u_k = \frac{k - E(Z)}{\sigma(Z)}$$

mit der Wahrscheinlichkeit $B_p^n(k)$ an. Um die Verteilung von U grafisch darzustellen, muss man berücksichtigen, dass die Werte u_k und u_{k+1} für jedes k den Abstand $\frac{1}{\sigma(Z)}$ haben. Man kann also die Rechtecke nicht wie bisher mit der Breite 1 zeichnen. Damit im Histogramm die Rechtecksfläche der Wahrscheinlichkeit $B_p^n(k)$ entspricht, ergibt sich die Höhe des k-ten Rechtecks zu $\sigma(Z) \cdot B_p^n(k)$.

Beispiel

Bestimmen Sie zur $B_{0,5}^{10}$-verteilten Zufallsvariablen Z die standardisierte Zufallsvariable U und stellen Sie die Verteilung von U in einem Histogramm dar.

Lösung:
Der Erwartungswert von Z ist $E(Z) = 10 \cdot 0{,}5 = 5$, die Standardabweichung hat den Wert $\sigma(Z) = \sqrt{10 \cdot 0{,}5 \cdot 0{,}5} = \sqrt{2{,}5} \approx 1{,}5811$.
Die x-Werte für das Histogramm erhält man aus den Werten für k durch

$$u_k = \frac{k - E(Z)}{\sigma(Z)} = \frac{k-5}{\sqrt{2{,}5}},$$

die y-Werte berechnen sich zu

$$y_k = \sqrt{2{,}5} \cdot B_{0,5}^{10}(k).$$

Die Tabelle mit den Werten für u_k und y_k sowie das zugehörige Histogramm erstellt man mit dem GTR. Dazu schreibt man in die Liste L1 die ganzen Zahlen von 0 bis 10 und lässt damit in der Liste L2 die u_k und in der Liste L3 die y_k berechnen. Damit das Histogramm auch wie üblich um die y-Achse zentriert wird, muss man vor dem Plotten der Listen L2 und L3 als Histogramm die Liste L2 erst noch um den halben Abstand der u_k, also $\frac{1}{2\sqrt{2,5}}$ (gespeichert z. B. in A), verschieben und das Zeichenfenster anpassen:

Xmin = [(-)] 11 [×] A [ENTER] Xmax = 11 [×] A [ENTER] Xscl = 2 [×] A [ENTER]
Ymin = 0 [ENTER] Ymax = 0 [.] 4 [ENTER] Yscl = 0 [.] 1 [ENTER]

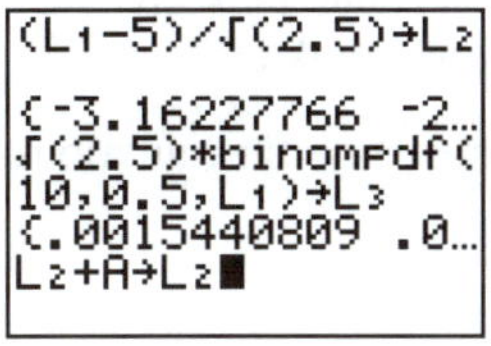

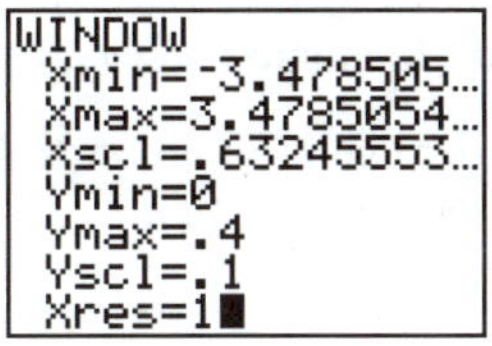

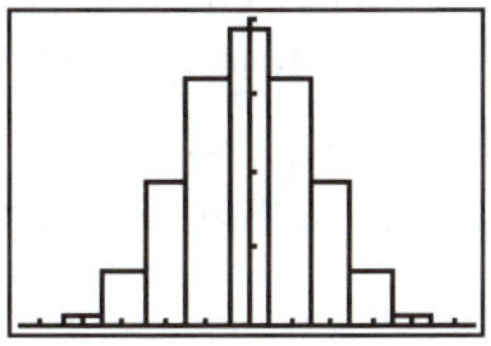

Aufgaben **130.** Standardisieren Sie die $B_{0,5}^{16}$-verteilte Zufallsvariable Z und zeichnen Sie ein Histogramm.

131. Bestimmen Sie jeweils das Maximum der standardisierten Zufallsvariablen.

a) $B_{0,2}^{11}$ b) $B_{0,6}^{60}$ c) $B_{0,9}^{60}$

2 Näherungsformeln von Moivre/Laplace

Werden binomialverteilte Zufallsvariablen standardisiert, so sind die Rechtecke im Histogramm umso schmaler, je größer n ist. Für wachsendes n werden die Histogramme immer glatter und die Funktionswerte liegen immer genauer auf einer Grenzkurve, dem Schaubild der nach **Carl Friedrich Gauß** (1777–1855) benannten **Gauß-Funktion**.

Definition

Die Funktion

$$\varphi: x \rightarrow \varphi(x) = \frac{1}{\sqrt{2\cdot\pi}} e^{-\frac{1}{2}x^2}$$

heißt **Gauß-Funktion**, ihr Schaubild heißt **Gauß'sche Glockenkurve**.

Die Abbildung zeigt die Gauß'sche Glockenkurve.

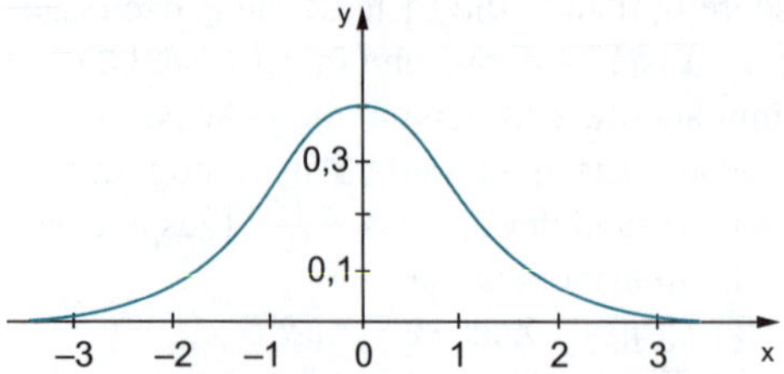

Die Gauß'sche Glockenkurve ist symmetrisch zur y-Achse, hat die x-Achse als Asymptote und besitzt einen Hochpunkt sowie zwei Wendepunkte.

Für große n lassen sich aus der Gauß-Funktion Näherungswerte für Funktionswerte von Binomialverteilungen bestimmen.

Regel

Lokale Näherungsformel von Moivre/Laplace

Für die Binomialverteilung B_p^n gilt:

$$B_p^n(k) \approx \frac{1}{\sigma(Z)} \cdot \varphi\left(\frac{k-\mu}{\sigma(Z)}\right)$$

Der Vorfaktor $\frac{1}{\sigma(Z)}$ ergibt sich daraus, dass die Funktionswerte von φ Rechteckhöhen der Größe $\sigma(Z) \cdot B_p^n(k)$ approximieren.

Als Faustformeln für die Brauchbarkeit der Näherungsformel gelten $\sigma(Z) > 3$ bzw. $\sigma(Z) > 2$, falls gleichzeitig $np > 4$.

Beispiel

Bestimmen Sie näherungsweise die Wahrscheinlichkeiten

a) $B_{0,3}^{8}(5)$

b) $B_{0,6}^{300}(170)$

Vergleichen Sie die Ergebnisse mit den exakten Werten.

Lösung:

a) $E(Z) = 8 \cdot 0{,}3 = 2{,}4$ und $\sigma(Z) = \sqrt{8 \cdot 0{,}3 \cdot 0{,}7}$.

Damit ist:

$$B_{0,3}^{8}(5) \approx \frac{1}{\sigma(Z)} \cdot \varphi\left(\frac{5-2{,}4}{\sigma(Z)}\right) \approx 0{,}0412$$

Mit der Bernoulli-Formel (oder dem GTR, siehe Screenshot) erhält man 0,0467.

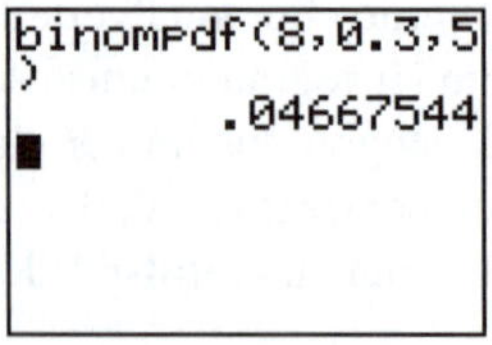

b) $E(Z) = 300 \cdot 0{,}6 = 180$ und $\sigma(Z) = \sqrt{300 \cdot 0{,}6 \cdot 0{,}4}$.

Damit ist:

$$B_{0,6}^{300}(170) \approx \frac{1}{\sigma(Z)} \cdot \varphi\left(\frac{170-180}{\sigma(Z)}\right) \approx 0{,}0235$$

Hier beträgt der exaktere Wert (ohne Näherungsformel; siehe auch nebenstehenden Screenshot) 0,0233. Die Faustformel $\sigma(Z) > 3$ ist im Gegensatz zu Aufgabenteil a erfüllt, und die Näherung ist besser.

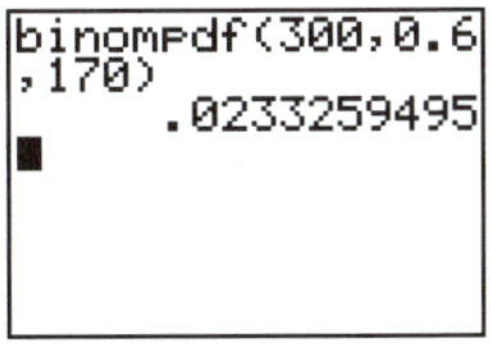

Die Fläche unter der Gauß'schen Glockenkurve kann durch Integration bestimmt werden. Es lässt sich zeigen, dass

$$\int_{-\infty}^{\infty} \varphi(t)\,dt = 1$$

gilt.

Definition

> Die folgende Integralfunktion von φ heißt **Gauß'sche Summenfunktion Φ**, wobei:
>
> $$\Phi(x) = \int_{-\infty}^{x} \varphi(t)\,dt = \frac{1}{\sqrt{2\pi}} \cdot \int_{-\infty}^{x} e^{-\frac{1}{2}t^2}\,dt$$

Für $\Phi(x)$ lässt sich kein Funktionsterm angeben, mit dem man Werte durch Einsetzen bestimmen könnte. Die Funktionswerte müssen mithilfe von Tabellen oder mit dem GTR bzw. PC bestimmt werden. So lässt sich auch die umgekehrte Frage, wie man zu einem gegebenen Wert von Φ den zugehörigen x-Wert findet, beantworten.

Beispiele

1. Bestimmen Sie $\Phi(1,5)$ mit dem GTR.

   Lösung:

   Man ruft die Funktion normalcdf über die Tastenfolge [DISTR] <DISTR – normalcdf(> auf. Als obere Grenze wird 1,5 eingegeben, als untere Grenze kann statt $-\infty$ eine „kleine" negative Zahl eingegeben werden. Das Ergebnis 93,32 % ist nicht davon abhängig, ob man hier –100 oder –10 wählt. Die Glockenkurve nähert sich so rasch der x-Achse, dass $\Phi(-100)$ und $\Phi(-10)$ beide einen Wert sehr nahe bei null haben.

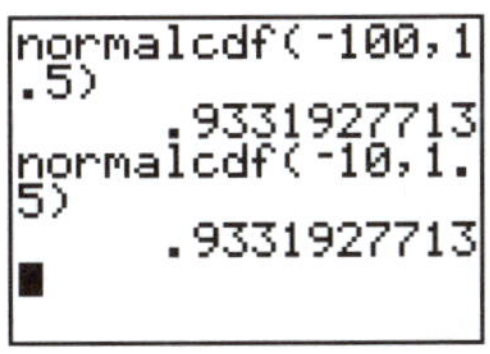

2. Bestimmen Sie eine Zahl z so, dass gilt:

   a) $\Phi(z) \approx 0,64$

   b) $\Phi(z) \approx 0,15$

Lösung:

a) Man liest $\Phi(0{,}36) \approx 0{,}64058$ in einer Tabelle ab und erhält so $z = 0{,}36$.
Mit dem GTR löst man die Aufgabe mithilfe der Funktion invNorm, die man über die Tastenfolge [DISTR] <DISTR – invNorm(> aufruft.

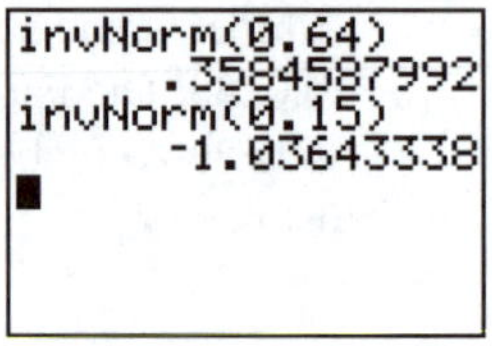

b) Meistens sind die Werte von Φ nur oberhalb von 0,5 tabelliert.
Es gilt aber $\Phi(-z) = 1 - \Phi(z) \approx 0{,}85$.
Wegen $\Phi(1{,}04) \approx 0{,}85083$ erhält man den Wert $z = -1{,}04$.
Auch hier kann man z mit dem GTR berechnen, wie im Screenshot zu Aufgabenteil a zu sehen ist.

Ähnlich wie bei der Approximation der Wahrscheinlichkeit für k Treffer durch φ lassen sich mithilfe von Φ näherungsweise Bereichswahrscheinlichkeiten angeben.

Regel

Globale Näherungsformel von Moivre/Laplace

Für die Binomialverteilung B_p^n gilt:

$$B_p^n(a \le Z \le b) = \sum_{k=a}^{b} B_p^n(k) \approx \int_{u_1}^{u_2} \varphi(t)\,dt = \Phi(u_2) - \Phi(u_1),$$

wobei $u_1 = \frac{a - n \cdot p - 0{,}5}{\sigma(Z)}$ und $u_2 = \frac{b - n \cdot p + 0{,}5}{\sigma(Z)}$.

Zur bekannten Transformation gemäß $Z \to U = \frac{Z - E(Z)}{\sigma(Z)}$ tritt die sogenannte **Stetigkeitskorrektur** $\pm 0{,}5$. Diese Korrektur vermeidet, dass die beiden äußeren Rechtecke des betrachteten Bereichs an den Stellen a bzw. b in der Mitte „durchgeschnitten" werden und so die Wahrscheinlichkeiten $B_p^n(a)$ und $B_p^n(b)$ nur zur Hälfte gezählt werden. Dies verbessert die Näherung.

Beispiel

Bestimmen Sie mit der globalen Näherungsformel sowie mit dem GTR die folgenden Bereichswahrscheinlichkeiten:

a) $B_{0{,}7}^{500}(330 \le Z \le 340)$

b) $B_{0{,}7}^{500}(Z \le 335)$

Lösung:

a) Gemäß der Näherungsformel gilt:

$$B_{0,7}^{500}(330 \le Z \le 340) \approx \Phi\left(\frac{340-350+0,5}{\sqrt{500 \cdot 0,7 \cdot 0,3}}\right) - \Phi\left(\frac{330-350-0,5}{\sqrt{500 \cdot 0,7 \cdot 0,3}}\right)$$

$$\approx \Phi(-0,9271) - \Phi(-2,0006) \approx 0,1769 - 0,0227$$

$$\approx 0,1542$$

Mit dem GTR erhält man das genauere Ergebnis 0,1530.

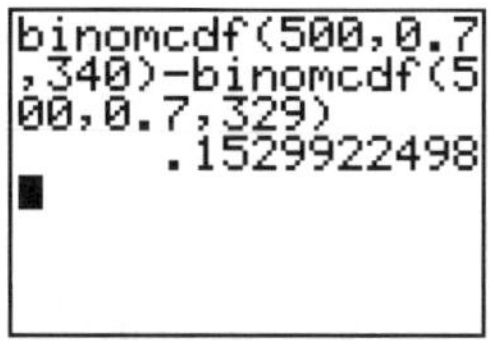

b) Analog ergibt sich:

$$B_{0,7}^{500}(Z \le 335) \approx \Phi\left(\frac{335-350+0,5}{\sqrt{500 \cdot 0,7 \cdot 0,3}}\right) \approx \Phi(-1,4151) \approx 0,0785$$

Hier liefert der GTR 0,0794.

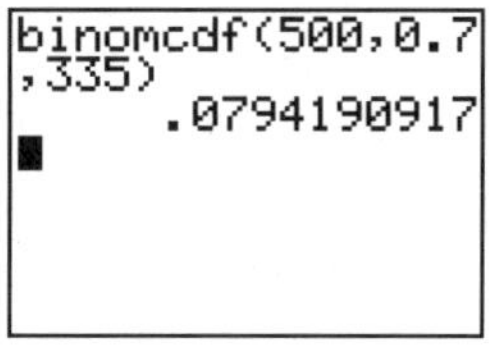

Wenn man ein Tabellenwerk verwendet, findet man meistens nur die Funktionswerte für positives x. Wegen der Symmetrie der Gauß'schen Glockenkurve kann man anstelle von $\varphi(-x)$ unter $\varphi(x)$ nachschauen.
Zur Bestimmung von $\Phi(-x)$ ergänzt man den Tabellenwert $\Phi(x)$ zu 100 Prozent, d. h., man verwendet die Beziehung $\Phi(-x) = 1 - \Phi(x)$.

Beispiel

X sei eine $B_{0,8}^{400}$-verteilte Zufallsgröße. Berechnen Sie mithilfe der Näherungsformel von Moivre/Laplace eine natürliche Zahl g, sodass $P(X < g) < 5\,\%$ gilt.

Lösung:

Es ist $E(X) = n \cdot p = 320$ und $\sigma(X) = \sqrt{320 \cdot 0,2} = 8$. Also gilt:

$$P(X < g) = P(X \le g-1) \approx \Phi\left(\frac{g-1-320+0,5}{8}\right) = \Phi\left(\frac{g-320,5}{8}\right)$$

Mit $z = \frac{g-320,5}{8}$ und $\Phi(z) = 0,05$ folgt $z \approx -1,64485$ und damit $g \approx 307,34$.

Die gesuchte Zahl lautet 307.

Aufgaben

132. Bestimmen Sie den Wert erst mit der Näherungsformel von Moivre/Laplace und dann exakt.
Geben Sie jeweils die prozentuale Abweichung vom exakten Wert an.

a) $B_{0,6}^{12}(9)$ b) $B_{0,8}^{20}(11)$

133. Eine B_p^n-verteilte Zufallsgröße soll unter Verwendung der Näherungsformeln von Moivre/Laplace einem Hypothesentest unterzogen werden. Es gelte $n = 1\,600$ und $H_0: p = 0{,}6$.

a) Bestimmen Sie den Ablehnungsbereich für einen linksseitigen Test mit $\alpha = 5\,\%$.

b) Bestimmen Sie den Ablehnungsbereich für einen zweiseitigen Test mit $\alpha = 6\,\%$.

134. Ein Mobilfunkanbieter lässt in einer Untersuchung 330 Personen befragen, ob sie sein aktuelles Flatrate-Angebot kennen. Die Nullhypothese lautet dabei, (höchstens) 20 % der Personen kennen das Angebot.
Im Folgenden soll die Näherungsformel von Moivre/Laplace verwendet werden.

a) Bestimmen Sie den Ablehnungsbereich zum Signifikanzniveau 1 %.

b) In der betreffenden Zielgruppe liegt der Anteil der Personen, die das Angebot kennen, in Wahrheit bei 30 %.
Bestimmen Sie das β-Risiko.

c) Beschreiben Sie, welche Folgen die Fehler 1. und 2. Art für den Mobilfunkunternehmer haben können.

135. Die Jahrgangsstufe 12 veranstaltet ein Grillfest, zu dem 140 Leute kommen. Man rechnet aufgrund von langjährigen Vorerfahrungen damit, dass jeder zweite ein Kotelett haben will.
Ermitteln Sie, wie viele Koteletts besorgt werden müssen, wenn die Wahrscheinlichkeit, dass sie für alle Interessenten ausreichen, mindestens 90 % betragen soll.
(Verwenden Sie die Näherungsformel von Moivre/Laplace.)

136. Ein Reiseveranstalter hat ein Kontingent von 200 Plätzen für einen All-Inclusive-Urlaub.
Er rechnet damit, dass 10 % der Reservierungen von den Urlaubern kurzfristig storniert werden, und nimmt daher 220 Reservierungen an.
Legen Sie für die folgenden Berechnungen $p = 0{,}9$ als Wahrscheinlichkeit zugrunde, dass ein Urlaubsinteressent die Buchung nicht storniert, und verwenden Sie die Näherungsformel von Moivre/Laplace.

a) Bestimmen Sie die Wahrscheinlichkeit dafür, dass der Veranstalter wegen der Überbuchung in Schwierigkeiten kommt.

b) Berechnen Sie, wie viele Plätze der Reiseveranstalter in seinem Kontingent haben müsste, um mit 95 % Wahrscheinlichkeit allen Interessenten, die gebucht haben, einen Platz bieten zu können.

c) Ermitteln Sie, wie viele Reservierungen der Veranstalter annehmen dürfte, um mit 95 % Wahrscheinlichkeit mit dem Kontingent von 200 Plätzen auszukommen.

3 Gauß-Funktion und Normalverteilung

Die Gauß-Funktion spielt nicht nur bei der Approximierung von Binomialverteilungen eine Rolle, sondern auch bei der Beschreibung vieler vom Zufall beeinflussten Vorgänge wie Messreihen bei naturwissenschaftlichen Experimenten, Datenerhebungen etc.
Zufallsvariablen, die Werte in einem Intervall annehmen, nennt man **stetige** Zufallsvariablen – im Gegensatz zu den bisher betrachteten **diskreten** Zufallsvariablen, bei denen nur endlich oder abzählbar viele Werte angenommen werden.
Eine stetige Zufallsvariable X kann man durch ihre **Verteilungsfunktion** F(x) beschreiben, mit der man Bereichswahrscheinlichkeiten berechnen kann, z. B. die Wahrscheinlichkeit, dass X einen Wert innerhalb des Intervalls [a; b] annimmt.
Hierbei gilt $P(a \le X \le b) = F(b) - F(a)$.

Definition

Die Zufallsvariable X heißt **normalverteilt mit den Parametern μ und σ**, wenn sie die (kumulative) Verteilungsfunktion F hat mit:

$$F(x) = \frac{1}{\sqrt{2\pi} \cdot \sigma} \cdot \int_{-\infty}^{x} e^{-\frac{(t-\mu)^2}{2\sigma^2}} dt = \Phi\left(\frac{x-\mu}{\sigma}\right)$$

Eine μ; σ-normalverteilte Zufallsvariable hat also als Verteilungsfunktion die Integralfunktion von:

$$f(x) = \frac{1}{\sqrt{2\pi} \cdot \sigma} \cdot e^{-\frac{(x-\mu)^2}{2\sigma^2}} = \frac{1}{\sigma} \cdot \varphi\left(\frac{x-\mu}{\sigma}\right)$$

Die Parameter μ und σ beschreiben die Maximalstelle sowie die Breite des glockenförmigen Schaubilds von f. Die Funktion f heißt auch (Wahrscheinlichkeits-) **Dichtefunktion** der betrachteten Zufallsvariablen. In der Abbildung sind drei solcher Funktionen mit verschiedenen Parametern zu sehen.

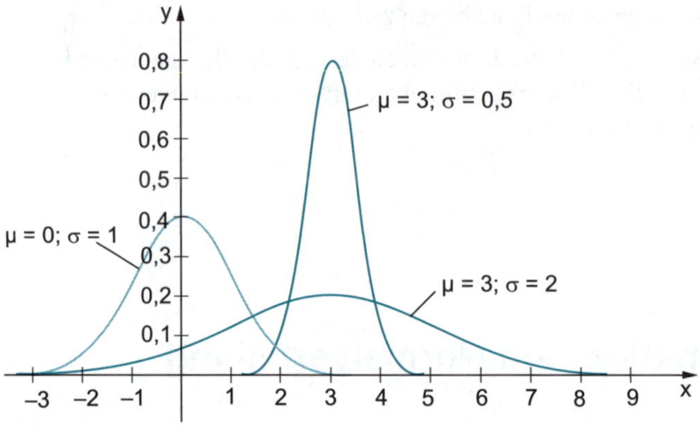

Im Falle $\mu = 0$ und $\sigma = 1$ gilt $f(x) = \varphi(x) = \frac{1}{\sqrt{2 \cdot \pi}} e^{-\frac{1}{2}x^2}$ und f hat als Schaubild die Gauß'sche Glockenkurve.

Bereichswahrscheinlichkeiten werden bei stetigen Zufallsvariablen über Integrale berechnet, während es bei diskreten Zufallsvariablen die entsprechenden Summen sind.
Dieser Unterschied gilt auch bei der Bestimmung von Erwartungswert, Varianz und Standardabweichung.

Definition

Für eine stetige Zufallsvariable X mit der Dichtefunktion f sind **Erwartungswert** und **Varianz** folgendermaßen festgelegt:

$$E(X) = \int_{-\infty}^{\infty} x \cdot f(x)\,dx \quad \text{und} \quad V(X) = \int_{-\infty}^{\infty} (x - E(X))^2 \cdot f(x)\,dx$$

Für normalverteilte Zufallsvariablen stimmen Erwartungswert und Varianz mit den Parametern überein.

Regel

Für eine μ; σ-normalverteilte Zufallsvariable gilt $E(X) = \mu$ und $\sigma(X) = \sigma$.

Jede normalverteilte Zufallsvariable lässt sich durch Standardisieren in eine Form bringen, die eine Berechnung mithilfe der Gauß-Funktion ermöglicht.

Regel

> Für Bereichswahrscheinlichkeiten einer μ; σ-normalverteilten Zufallsvariablen gilt:
>
> $P(X \le x) = \Phi\left(\frac{x-\mu}{\sigma}\right)$ und $P(a \le X \le b) = \Phi\left(\frac{b-\mu}{\sigma}\right) - \Phi\left(\frac{a-\mu}{\sigma}\right)$

Beispiel

Die Zufallsvariable X sei μ; σ-normalverteilt.
Bestimmen Sie jeweils die Wahrscheinlichkeit P mit einer Tabelle und mit dem GTR.

a) $\mu = 8;\ \sigma = 2;\ P = P(6 \le X \le 10)$

b) $\mu = 50;\ \sigma = 5;\ P = P(40{,}7 \le X \le 43{,}2)$

c) $\mu = 300;\ \sigma = 20;\ P = P(290 \le X \le 305)$

Lösung:

a) Es gilt:

$$P(6 \le X \le 10) = \Phi\left(\frac{10-8}{2}\right) - \Phi\left(\frac{6-8}{2}\right) = \Phi(1) - \Phi(-1) \approx 0{,}8413 - 0{,}1587 = 0{,}6826$$

```
normalcdf(6,10,8
,2)
        .6826894809
```

Der GTR bestätigt das Ergebnis.

b) Es gilt:

$$P(40{,}7 \le X \le 43{,}2) = \Phi\left(\frac{43{,}2-50}{5}\right) - \Phi\left(\frac{40{,}7-50}{5}\right) = \Phi(-1{,}36) - \Phi(-1{,}86) \approx 0{,}0869 - 0{,}0314 = 0{,}0555$$

```
normalcdf(40.7,4
3.2,50,5)
        .0554723206
```

Der GTR bestätigt das Ergebnis.

c) Es gilt:

$$P(290 \le X \le 305) = \Phi\left(\frac{305-300}{20}\right) - \Phi\left(\frac{290-300}{20}\right) = \Phi(0{,}25) - \Phi(-0{,}5) \approx 0{,}5987 - 0{,}3085 = 0{,}2902$$

```
normalcdf(290,30
5,300,20)
        .2901687421
```

Der GTR bestätigt das Ergebnis.

Aufgaben

137. Die Zufallsgröße X sei 12; 2-normalverteilt.
Bestimmen Sie:

a) $P(10 \le X \le 15)$

b) $P(X \le 8)$

c) $P(X > 11)$

138. Die Masse neugeborener Kaninchen ist normalverteilt mit den Parametern $\mu = 200$ (g) und $\sigma = 10$ (g).
Ermitteln Sie, mit welcher Wahrscheinlichkeit die Masse eines neugeborenen Kaninchens

a) zwischen 195 g und 205 g liegt.

b) über 220 g liegt.

139. Die beiden Zufallsgrößen X und Y seien 50; 5-normalverteilt bzw. 80; 2-normalverteilt.
Beweisen Sie $P(40 \le X \le 60) = P(76 \le Y \le 84)$.

140. Die Zufallsgröße X sei 120; 20-normalverteilt.
Bestimmen Sie k so, dass:

a) $P(X \le k) \approx 0{,}9$

b) $P(100 \le X \le k) \approx 0{,}5$

c) $P(120 - k \le X \le 120 + k) \approx 0{,}6$

141. Berechnen Sie die Wahrscheinlichkeit $P(58 \le X \le 64)$ für

a) eine $B_{0,6}^{100}$-verteilte Zufallsgröße mithilfe der Näherungsformel von Moivre/Laplace;

b) eine 60; $\sqrt{24}$-normalverteilte Zufallsgröße.

Interpretieren Sie die Ergebnisse.

142. Eine Maschine packt Karotten in Netze ab. Sie ist auf den Mittelwert 500 g eingestellt. Die Masse der Netze kann durch eine normalverteilte Zufallsgröße mit $\mu = 500$ (g) und $\sigma = 30$ (g) beschrieben werden.

a) Bestimmen Sie die Wahrscheinlichkeit dafür, dass ein zufällig gewählter Beutel über 540 g wiegt.

b) Bestimmen Sie die Wahrscheinlichkeit, dass die Masse eines zufällig ausgewählten Netzes um mehr als 15 g vom Wert 500 g abweicht.

c) Die Maschine wird nun so eingestellt, dass $\mu = 520$ (g) und $\sigma = 30$ (g) gilt.
Entscheiden Sie, ob man davon ausgehen kann, dass mehr als 95 % der Netze über 500 g wiegen. Begründen Sie Ihre Antwort.

d) Ermitteln Sie, auf welchen Wert μ die Maschine (bei $\sigma = 30$) einzustellen ist, damit die Wahrscheinlichkeit für ein Netz mit geringerer Masse als 500 g unter 1 % liegt.

Aufgaben zur Abiturvorbereitung

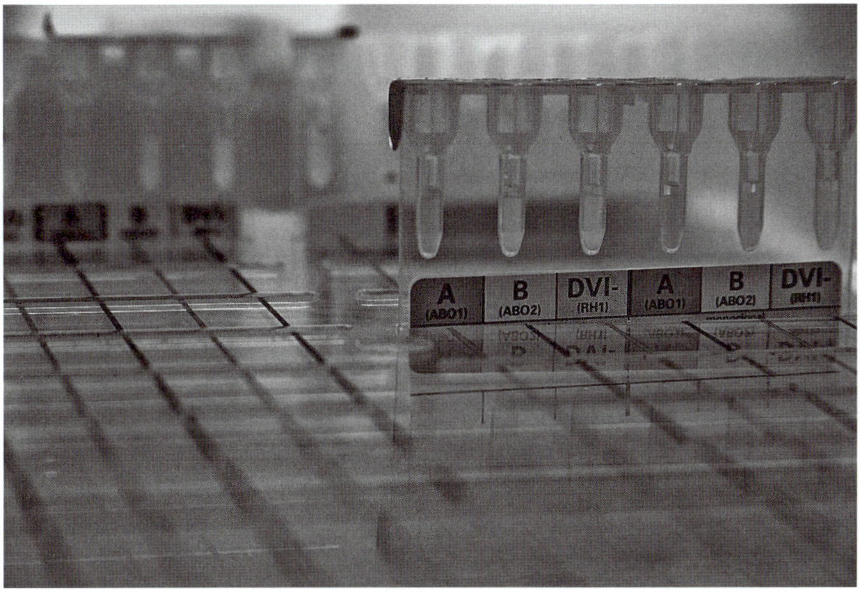

In diesem Kapitel stehen Sie wie in einem Labor vor komplexeren Aufgaben. Sie können so den gesamten Stoff der Stochastik intensiv üben. Sollten Sie beim Lösen eines Aufgabenteils Probleme haben, wiederholen Sie die entsprechenden Abschnitte des Buchs.

Da die Aufgaben speziell zur Abiturvorbereitung gedacht und geeignet sind, finden Sie hier – wie auch in der Prüfung – eine Unterscheidung in Pflichtteil- und Wahlteil-Aufgaben.

Pflichtteil

143. Hannah übt das Jonglieren mit drei Bällen. Dabei gelingen 75 % ihrer Versuche. Hannah probiert es achtmal.
Geben Sie einen Term an für die Wahrscheinlichkeit, dass

a) alle Versuche gelingen.

b) kein Versuch gelingt.

c) mindestens sechs Versuche, aber nicht alle Versuche gelingen.

Gehen Sie dabei von dem Vorliegen einer Binomialverteilung aus.

d) Begründen Sie, warum die Annahme einer Binomialverteilung kaum gerechtfertigt wäre, wenn Hannah 150 Versuche durchführen würde.

144. Ein Laplace-Würfel wird mehrfach geworfen. Geben Sie Ereignisse A, B und C an mit:

a) $P(A)=\left(\frac{5}{6}\right)^9$

b) $P(B)=1-\left(\frac{1}{6}\right)^3$

c) $P(C)=\binom{14}{3}\cdot\left(\frac{1}{3}\right)^3\cdot\left(\frac{5}{6}\right)^{11}$

145. Der Frühbus ist erfahrungsgemäß in 10 % der Fälle verspätet.

a) Geben Sie die Wahrscheinlichkeit dafür an, dass der Bus fünf Tage lang stets pünktlich kommt.

b) Berechnen Sie die Wahrscheinlichkeit in Prozent dafür, dass der Bus an drei von fünf Tagen verspätet ist.

146. Ein Glücksrad hat vier Sektoren, wovon die ersten beiden die Winkelgröße $\alpha=\beta=60°$ haben. Für die Winkelgrößen γ und δ des dritten und vierten Sektors gilt $\gamma=\delta$.

a) Bestimmen Sie γ und geben Sie die Wahrscheinlichkeit $P(\gamma)$ an, mit der das Rad so zu stehen kommt, dass der Pfeil in den dritten Sektor zeigt.

b) Bei 3 € Einsatz erhält man Auszahlungen gemäß folgender Tabelle:

α	β	γ	δ
1,00 €	2,00 €	3,00 €	4,00 €

Bestimmen Sie den Gewinnerwartungswert. Entscheiden Sie, ob das Spiel fair ist.

147. Ein Glücksrad hat drei Sektoren mit den Farben Rot, Gelb und Grün. Das Rad bleibt mit einer Wahrscheinlichkeit von 0,1 so stehen, dass der Zeiger in den roten Sektor zeigt, und mit einer Wahrscheinlichkeit von 0,3 so, dass der Zeiger in den gelben Sektor zeigt.

a) Bestimmen Sie die Mittelpunktswinkel der drei Sektoren.

b) Berechnen Sie, mit welcher Wahrscheinlichkeit beim dreimaligen Drehen die Farbfolge rot–gelb–grün auftritt.

c) Berechnen Sie auch, wie groß die Wahrscheinlichkeit ist, dass bei zweimaligem Drehen dieselbe Farbe auftritt.

148. a) Beweisen Sie, dass man die Funktionswerte der Binomialverteilung mit $n=3$ und $p=0{,}5$ erhält, indem man den entsprechenden Koeffizienten der dritten Zeile des Pascal-Dreiecks durch 8 dividiert.

b) Erstellen Sie für diese Binomialverteilung eine Wertetabelle und ein Schaubild.

149. Entscheiden Sie, welches der Schaubilder zu der Binomialverteilung mit $p=0{,}4$ und $n=12$ gehört. Begründen Sie Ihre Antwort.

A

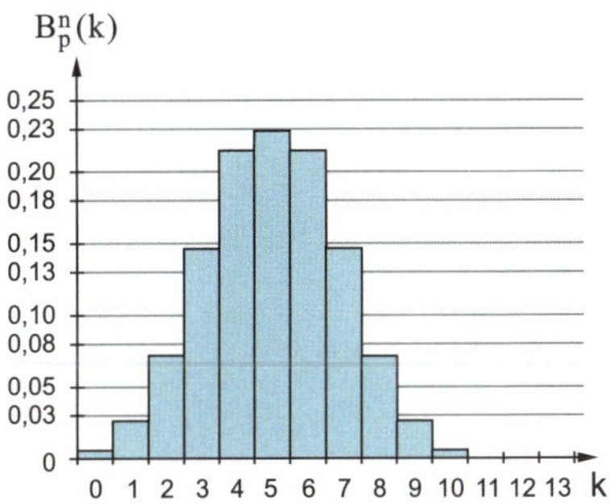

B

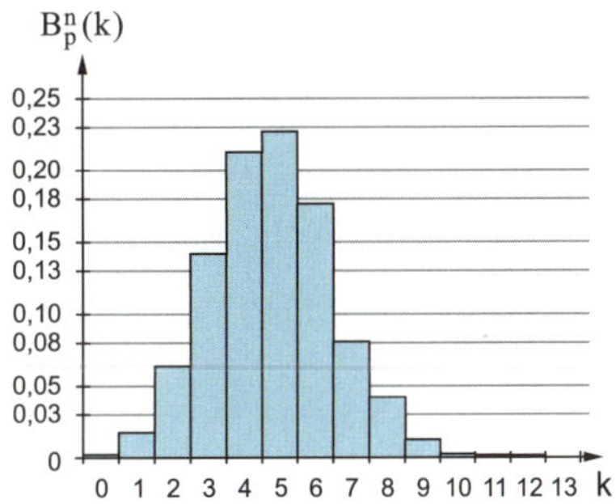

C

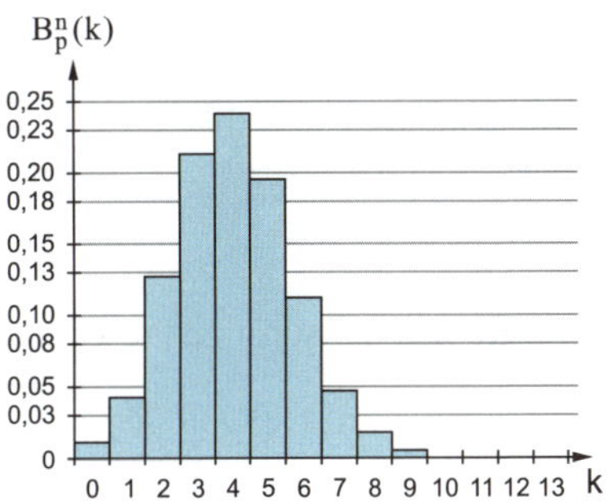

D

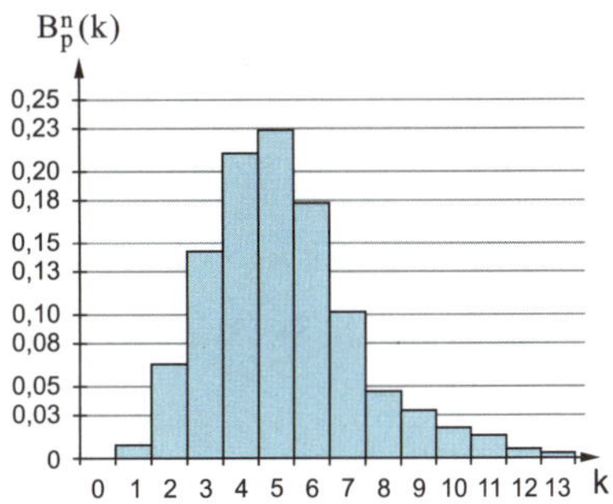

150. In einer Urne befinden sich drei weiße und fünf schwarze Kugeln. Es werden zwei Kugeln mit Zurücklegen gezogen.

a) Berechnen Sie, wie groß die Wahrscheinlichkeit ist, dass mindestens eine der gezogenen Kugeln weiß ist.

b) Ermitteln Sie, wie viele weiße Kugeln zusätzlich in die Urne getan werden müssen, damit die in Aufgabenteil a berechnete Wahrscheinlichkeit auf den Wert $\frac{8}{9}$ ansteigt.

151. In einer Lostrommel sind vier Nieten und zwei Gewinnlose. Ein Kunde kauft so lange Lose, bis er alle Gewinnlose besitzt. Berechnen Sie, wie groß die Wahrscheinlichkeit ist, dass er höchstens vier Käufe tätigen muss.

152. In einem Karton sind zwei Dosen mit je 20 Keksen. Dose I enthält zwölf Kekse mit Schokolade, Dose II nur vier. Es wird zufällig eine Dose ausgewählt und ein Keks herausgenommen.

a) Bestimmen Sie die Wahrscheinlichkeit für das Ereignis A „Der gewählte Keks ist ein Schokoladenkeks".

b) Beweisen Sie, dass P(A) gleich bleibt, wenn die vorhandenen Kekse anders auf die beiden Dosen verteilt werden, wobei aber jede Dose nach wie vor insgesamt 20 Kekse enthält.

153. Gegeben ist folgende Wahrscheinlichkeitsverteilung:

k	0	1	2	3	4	5	6
P(Z=k)	10 %	20 %	15 %	?	10 %	15 %	20 %

Bestimmen Sie $P(2 < Z \leq 5)$.

Wahlteil

154. Bei der letzten Landtagswahl lag die Wahlbeteiligung bei 70 %. Die vier größten Parteien A, B, C und D erzielten die folgenden Ergebnisse:

A	B	C	D
40 %	31 %	20 %	6 %

a) Ermitteln Sie, wie viel Prozent der Stimmen auf sonstige Parteien entfielen.

b) W bezeichne das Ereignis „Ein zufällig ausgewählter wahlberechtigter Bürger nimmt an der Wahl teil", A bezeichne das Ereignis „Ein zufällig ausgewählter wahlberechtigter Bürger wählt Partei A".
Geben Sie $P(A)$, $P(W)$, $P_W(A)$, $P_A(W)$ und $P(A \cap W)$ an. Beschreiben Sie jeweils, was die angegebene Wahrscheinlichkeit bedeutet.
Vergleichen Sie $P(A)$ mit $P(\overline{W})$ und kommentieren Sie das Ergebnis.

c) Zur konstituierenden Fraktionssitzung treffen sich die acht gewählten Parlamentarier der Partei D an einem runden Tisch.
Ermitteln Sie, wie viele Sitzordnungen möglich sind, wenn zwei Sitzordnungen als gleich gelten, bei denen jeder dieselben zwei Sitznachbarn hat.
Fünf der acht Fraktionsmitglieder sind Männer.
Ermitteln Sie, wie viele Möglichkeiten es gibt, einen Vorsitzenden und zwei Stellvertreter zu wählen, wenn diese drei Amtsträger nicht alle dem gleichen Geschlecht angehören sollen.

d) Partei C gibt eine Umfrage in Auftrag, nach der sich von 100 befragten Wahlberechtigten 14 für Partei C aussprechen.
Beurteilen Sie, ob sich aus diesem Ergebnis auf dem Signifikanzniveau 5 % schließen lässt, dass Partei C in der Wählergunst unter 20 % gesunken ist. Begründen Sie, dass man die Umfrage als Bernoulli-Kette auffassen kann.

155. Ein Spielwarenfabrikant stellt kleine Plastikbälle in den Farben gelb, blau, grün und rot her, wobei alle Farben in gleicher Stückzahl produziert werden.

a) Die Bälle werden in Netze von je 100 Stück abgepackt.
Berechnen Sie, wie viele rote Bälle pro Netz zu erwarten sind.
Berechnen Sie außer dem Erwartungswert auch die Standardabweichung.
Berechnen Sie, wie groß die Wahrscheinlichkeit ist, mehr als 30 rote Bälle in einem Netz zu haben.
Ermitteln Sie, mit welcher Wahrscheinlichkeit die Anzahl der roten Bälle um weniger als eine Standardabweichung vom Erwartungswert abweicht.

b) Die Bälle haben einen durchschnittlichen Durchmesser von 7,3 cm, wobei man von einer Normalverteilung mit der Standardabweichung 0,2 cm ausgehen kann.
Berechnen Sie die Wahrscheinlichkeit, dass ein zufällig ausgewählter Ball einen Durchmesser von weniger als 7 cm hat.

c) Herr Müller füllt einen Beutel mit 40 Bällen, von jeder Farbe 10. Nun werden 12 Bälle ohne Zurücklegen entnommen.
Bestimmen Sie die Wahrscheinlichkeit dafür, dass alle vier Farben vertreten sind.
Bestimmen Sie auch die Wahrscheinlichkeit dafür, dass alle vier Farben mit je drei Bällen vertreten sind.

d) Eine Modifikation des Herstellungsverfahrens soll die Ausschussquote bei den Bällen von 10 % auf einen niedrigeren Wert senken. Dazu werden 5 000 auf die neue Art gefertigte Bälle untersucht. Die Nullhypothese $p = 0{,}1$ wird nur abgelehnt, wenn die Anzahl der schadhaften Bälle eine bestimmte Grenze g unterschreitet.
Bestimmen Sie g für das Signifikanzniveau $\alpha = 5\,\%$.
Verwenden Sie dabei die Näherungsformel von Moivre/Laplace.
Geben Sie auch den Ablehnungsbereich an.

156. In einer bestimmten Region Europas verfügen 40 % der Jugendlichen über einen eigenen Fernseher, während 34 % ein eigenes Handy und einen eigenen Fernseher haben. Unter den Jugendlichen ohne eigenen Fernseher haben 55 % ein eigenes Handy.

a) Auf der Straße steht ein Jugendlicher und telefoniert mit seinem Handy. Ermitteln Sie, wie groß die Wahrscheinlichkeit ist, dass er daheim einen eigenen Fernseher hat.

b) Weisen Sie anhand der gegebenen Häufigkeiten nach, dass der Besitz von Handys und der Besitz von Fernsehern stochastisch abhängig ist, und geben Sie eine mögliche Begründung.

c) Stellen Sie alle zu erwartenden Häufigkeiten bei einer Stichprobe von 100 Jugendlichen in einer Vierfeldertafel dar.

157. In Deutschland verteilen sich die Blutgruppen entsprechend der folgenden Tabelle:

	0	A	B	AB
Rhesusfaktor positiv	35 %	37 %	9 %	4 %
Rhesusfaktor negativ	6 %	6 %	2 %	1 %

Ein Patient kann nur eine Bluttransfusion erhalten, wenn er rhesus-positiv ist oder das Spenderblut rhesus-negativ.

Außerdem verträgt ein Patient der Blutgruppe 0 nur die eigene Blutgruppe. Ein Patient der Blutgruppe A oder B verträgt nur die eigene Blutgruppe und die Blutgruppe 0, während ein Patient der Blutgruppe AB alle Blutgruppen verträgt.

a) Erläutern Sie, warum Menschen „Universalspender“ genannt werden, wenn sie die Blutgruppe 0 mit negativem Rhesusfaktor (kurz: 0–) haben.

b) Ermitteln Sie, bei wie vielen Patienten man Blut abnehmen müsste, bis man mit 99,9 %iger Wahrscheinlichkeit einen Universalspender findet.

c) Ermitteln Sie, mit welcher Wahrscheinlichkeit ein zufällig ausgewählter Patient Blut der Gruppe A+ verträgt und mit welcher Wahrscheinlichkeit er Blut der Gruppe B– verträgt.

d) Für den Patienten aus Aufgabenteil c passt Blut der Gruppe A+. Berechnen Sie, mit welcher Wahrscheinlichkeit er die Blutgruppe AB hat.

e) Bevor die Blutgruppen entdeckt waren und bei der medizinischen Versorgung berücksichtigt wurden, starben viele Menschen bei Transfusionen, da sie inkompatibles Blut erhielten. Nur mit Glück verliefen die Behandlungen erfolgreich.
Berechnen Sie auf Grundlage der obigen Tabellenwerte die Wahrscheinlichkeit, dass eine beliebige Transfusion durch Zufall den Blutempfänger mit kompatiblem Blut versorgt.

158. Beim Zahlenlotto „6 aus 49“ erzielt man einen Gewinn, wenn man in seiner Tippreihe mindestens drei der gezogenen Zahlen richtig angekreuzt hat. Der Gewinn fällt größer aus, wenn eine als siebente Zahl gezogene Zusatzzahl unter den „falsch angekreuzten“ Zahlen der Sechser-Tippreihe ist.

a) Berechnen Sie die Wahrscheinlichkeit für einen Gewinn in der niedrigsten Gewinnklasse.

b) Schätzen Sie ab, wie viele Tippreihen eingereicht wurden, wenn es 3 274 Gewinner in der Gewinnklasse „Vier Richtige mit Zusatzzahl“ gibt.

c) Die Wahrscheinlichkeit, drei oder mehr Richtige zu haben, liegt bei 2 %. Schätzen Sie ab, wie viele Tippreihen man spielen muss, bis man mit mindestens 50 %iger Wahrscheinlichkeit irgendeinen Gewinn erzielt.
Jan berichtet, er habe im Lotto gewonnen. Berechnen Sie, wie groß die Wahrscheinlichkeit ist, dass Jan den Gewinn in der niedrigsten Gewinnklasse erzielt hat.

d) Nach 4 633 Ziehungen war die Zahl 13 nur 505-mal gezogen worden. Berechnen Sie unter Verwendung der Näherungsformel von Moivre/Laplace die Wahrscheinlichkeit, dass die Zahl 13 in den kommenden 4 633 Ziehungen nur 505-mal oder seltener vorkommt.
Bestimmen Sie damit die Wahrscheinlichkeit, dass dies für irgendeine der 49 Zahlen gelten wird.

159. a) Bestimmen Sie den Hochpunkt und die Wendepunkte der Gauß-Funktion φ.

b) Bestimmen Sie die **Halbwertsbreite** der Gauß'schen Glockenkurve, d. h. den Abstand der beiden Stellen x_1 und x_2 mit $\varphi(x_1) = \varphi(x_2) = \frac{1}{2}\varphi(0)$.

c) Berechnen Sie die Wahrscheinlichkeit, mit der eine 0; 1-normalverteilte Zufallsvariable einen Wert innerhalb des Intervalls $[x_1; x_2]$ annimmt.

160. Gegeben sei eine Binomialverteilung mit $n = 9$ und $p = 0{,}5$. Im Folgenden soll ein rechtsseitiger Signifikanztest durchgeführt werden, bei dem die Nullhypothese abzulehnen ist, wenn die Testgröße Z die Grenze $g = 6$ überschreitet.

a) Geben Sie den Ablehnungsbereich des Tests an und bestimmen Sie die „Irrtumswahrscheinlichkeit" für diesen Test.

b) Beschreiben Sie den Zusammenhang zwischen den Begriffen „Irrtumswahrscheinlichkeit" und „Signifikanzniveau".

c) Erläutern Sie, inwiefern der Begriff „Irrtumswahrscheinlichkeit" missverständlich ist.

d) Jemand nennt die Menge {1, 2, 3, 4, 5, 6} den „Annahmebereich" des Tests. Nehmen Sie Stellung zu der Frage, ob dieser Begriff gut gewählt ist. Schlagen Sie gegebenenfalls einen besseren Begriff vor.

161. Eine Testgröße Z sei $B_{0,7}^{15}$-verteilt.

a) Bestimmen Sie die Grenze g, bei deren Unterschreitung die Nullhypothese abzulehnen ist (Signifikanzniveau 10 %). Geben Sie an, welche Art von Signifikanztest vorliegt.

b) Angenommen, H_0 ist gültig. Ermitteln Sie, wie groß dann die Wahrscheinlichkeit ist, dass Z Werte außerhalb des Ablehnungsbereichs annimmt. Erläutern Sie, in welcher Beziehung diese Wahrscheinlichkeit zur „Irrtumswahrscheinlichkeit" des Tests steht.

162. Meerschweinchen Jimmy soll als Fußballexperte acht WM-Ergebnisse voraussagen, indem er jeweils zwischen zwei Fressnäpfen wählt, die mit den Nationalfarben der betreffenden Länder gekennzeichnet sind.
Bei mehr als fünf richtigen Vorhersagen soll die Nullhypothese, dass Jimmys Wahl des Fressnapfes nur vom Zufall abhängt, abgelehnt werden.

a) Bestimmen Sie die „Irrtumswahrscheinlichkeit" des Tests.

b) Berechnen Sie die Wahrscheinlichkeit dafür, dass Jimmy durch Zufall alle acht Ergebnisse richtig voraussagt.

163. In einer Kneipe finden Würfelspiele statt. Dabei kommt der Verdacht auf, dass einer der Würfel so präpariert ist, dass er zu häufig Sechsen zeigt. Deshalb soll der Würfel mit einem Signifikanztest überprüft werden, bei dem 60-mal gewürfelt wird.

a) Entscheiden Sie, wie die Nullhypothese festzulegen ist. Begründen Sie Ihre Antwort.

b) Bestimmen Sie den Ablehnungsbereich des Tests ($\alpha = 5\ \%$).

c) Der Würfel ist tatsächlich so präpariert, dass er mit der Wahrscheinlichkeit 0,3 eine Sechs zeigt. Bestimmen Sie, wie groß die Wahrscheinlichkeit ist, dass die Testgröße trotzdem einen Wert außerhalb des Ablehnungsbereichs annimmt.

164. Bei einem Spielwürfel liegt der Schwerpunkt nicht genau im Schnittpunkt der Raumdiagonalen, sodass die Wahrscheinlichkeit für eine 1 gegenüber einem Laplace-Würfel um 60 % erhöht ist. Die Zahlen 2, 3, 4 und 5 fallen mit der Wahrscheinlichkeit $\frac{1}{6}$.

a) Bestimmen Sie die Wahrscheinlichkeiten für Einsen und Sechsen.

b) Fertigen Sie ein Schrägbild des Würfels an, in dem die ungefähre Lage des Schwerpunkts eingezeichnet ist.
Beschreiben Sie eine Möglichkeit, einen solchen Würfel herzustellen.

c) Auf einer Werbeveranstaltung bietet eine Firma mit einem solchen Würfel folgendes Spiel an: Man zahlt drei Euro als Einsatz und darf einmal würfeln. Die Firma zahlt so viele Euro aus, wie der Würfel Augen zeigt. Berechnen Sie den Gewinnerwartungswert. Entscheiden Sie, ob sich die Firma korrekt verhält. Begründen Sie Ihre Meinung.

d) Die Polizei stellt den verwendeten Würfel sicher. Beschreiben Sie eine Methode, wie man nachweisen kann, dass der Würfel im beschriebenen Sinne manipuliert ist.

* **165.** Gegeben sei eine Binomialverteilung mit den Parametern p und n. Für ein beliebiges k mit $0 \leq k < n$ gilt die Rekursionsformel

$$B_p^n(k+1) = r \cdot B_p^n(k), \text{ wobei } r = \frac{p}{1-p} \cdot \frac{n-k}{k+1}.$$

a) Beweisen Sie die Formel.

b) Bestimmen Sie eine Bedingung für k, sodass $B_p^n(k+1) > B_p^n(k)$ gilt. Leiten Sie daraus eine Aussage über das Schaubild der Binomialverteilung ab.

c) Jemand vermutet:
„Wenn $k = p(n+1) - 1$ gilt, so ist das Schaubild der Binomialverteilung symmetrisch zur Geraden $x = np$."
Begründen oder wiederlegen Sie diese Vermutung. Korrigieren Sie sie gegebenenfalls.

d) Nun gelte $p = 0{,}25$. Untersuchen Sie, für welche Werte von n der Term $k = p(n+1) - 1$ ganzzahlig ist.

166. Die Standardabweichung σ einer Binomialverteilung mit den Parametern n und p soll als Funktion von p aufgefasst werden. Es gilt:
$\sigma(p) = \sqrt{n \cdot p \cdot (1-p)}$

a) Bestimmen Sie für $n = 36$ den Punkt des Schaubildes von $\sigma(p)$, an dem die Tangente waagerecht verläuft.

b) Skizzieren Sie den Verlauf des Schaubilds im Bereich $0 < p < 1$ mithilfe des GTR. Untersuchen Sie das Grenzverhalten der Ableitung $\sigma'(p)$ an den Rändern des Definitionsbereichs. Beschreiben Sie die geometrische Bedeutung Ihres Ergebnisses.

c) Es wird nun $\sigma_n(p) = \sqrt{n \cdot p \cdot (1-p)}$, $n \in \mathbb{N} \setminus \{0\}$, als Funktionenschar aufgefasst. Berechnen Sie die Hochpunkte der Scharfunktionen in Abhängigkeit von n. Beschreiben Sie, wo die Hochpunkte der Schaubilder von $\sigma_n(p)$ liegen. Geben Sie an, ob die Hochpunkte auf dem Schaubild einer Funktion liegen und begründen Sie Ihre Antwort.
(Anleitung: Die Funktion $V_n(p) = (\sigma_n(p))^2$ hat für alle $n \in \mathbb{N}$ die gleichen Maximalstellen wie $\sigma_n(p)$.)

167. Ein Boot kann 60 Fahrgäste befördern. Der Kapitän des Bootes verspricht, dass jeder Fahrgast den vollen Fahrpreis von 10 Euro zurückerhält, wenn das Boot mit Verspätung am Zielhafen anlegt.
Der Kapitän befindet sich eines Tages in folgender Situation: Bereits die Hälfte aller Fahrkarten sind verkauft. Ab diesem Zeitpunkt kann er damit rechnen, dass pro Minute ein Fahrgast dazukommt. Gleichzeitig erhöht sich die Wahrscheinlichkeit einer Verspätung mit jeder Minute linear um 5 %.
Die Anzahl der Minuten vom aktuellen Zeitpunkt bis zum Ablegen des Bootes werde mit x bezeichnet.

a) Bestimmen Sie die relevanten Erwartungswerte in Abhängigkeit von x und geben Sie an, für welche Werte von x es sich für den Kapitän um ein faires Spiel im Sinne der Wahrscheinlichkeitsrechnung handelt. Interpretieren Sie das Ergebnis.

b) Entscheiden Sie, wann für den Kapitän der günstigste Zeitpunkt zum Ablegen ist.

168. In Lostopf A befinden sich ein Gewinnlos und zwei Nieten, in Lostopf B sind zwölf Gewinnlose und drei Nieten. Es wird zufällig ein Lostopf gewählt und einmal gezogen.

a) Berechnen Sie die Wahrscheinlichkeit für einen Gewinn.

b) Lostopf A wird mit x zusätzlichen Gewinnlosen aufgefüllt, Lostopf B mit x zusätzlichen Nieten. Bestimmen Sie den Wert von x, für den die Gewinnwahrscheinlichkeit maximal ist, unter der Bedingung, dass x höchstens den Wert 20 annehmen soll.

c) Bestimmen Sie die Antworten für die Aufgabenteile a und b für den Fall, dass Lostopf A nur mit der Wahrscheinlichkeit 0,25 gewählt wird.

169. Astrid spielt abwechselnd gegen zwei Freundinnen Schach, zuerst gegen Beate, dann gegen Lea. Gegen Beate gewinnt sie mit der Wahrscheinlichkeit $P(B) = 0{,}6$ und gegen Lea mit der Wahrscheinlichkeit $P(C) = 0{,}8$. Die Mädchen spielen so lange, bis Astrid eine Partie verliert.

a) Berechnen Sie, wie groß die Wahrscheinlichkeit ist, dass Astrid die ersten sechs Partien gewinnt.

b) Berechnen Sie die Wahrscheinlichkeit, dass höchstens drei Partien gespielt werden.

c) Ermitteln Sie, wie groß P(B) sein müsste, damit die Wahrscheinlichkeit für höchstens drei Partien 95 % beträgt.

d) Untersuchen Sie, wie sich die Lösungen der Aufgabenteile a und b verändern, wenn Astrid die erste Partie gegen Lea spielt statt gegen Beate. Begründen Sie Ihre Antwort.

Lösungen

Die hier ausgeführten vollständigen Lösungen dienen Ihnen zur Selbstkontrolle und helfen Ihnen, Probleme beim Lösen der Aufgaben zu beheben.

1. Betrachtet man die möglichen Ausgänge „Wappen" und „Zahl", so liegt ein Zufallsexperiment vor. Betrachtet man die Ausgänge „Münze fällt herunter" und „Münze bleibt in der Luft", so liegt kein Zufallsexperiment vor.

2. a) Beim Wählen der Farben Schwarz und Weiß vor Beginn einer Schachpartie herrscht der Zufall, da ein Spieler sich zwischen einem schwarzen und einem weißen Bauern entscheidet, die sich in den geschlossenen Händen des anderen befinden.

   b) Beim Skatspiel spielt der Zufall mit eine Rolle, da die Karten verdeckt ausgeteilt werden. Danach sind zusätzlich Strategie und ein gutes Gedächtnis wichtig.

   c) Wirft man eine Bleikugel in ein Wasserglas, ist der Zufall irrelevant für die Frage, ob die Kugel untergeht.

3. a) Werfen eines Dodekaeders und schauen, auf welcher der zwölf Seiten er liegen bleibt.

   b) Ziehen eines Loses aus einem Hut mit sechs Losen und die Losnummer feststellen.

   c) Ein unbekanntes Restaurant aufsuchen und prüfen, ob das Essen schmeckt oder nicht.

   d) Nein. Ein Zufallsexperiment hat mehrere mögliche Ausgänge, nicht nur einen.

4. Der Ergebnisraum ist $\{AB; AC; AD; BC; BD; CD\}$.

5. Man erhält den Ergebnisraum durch systematisches Aufschreiben der Möglichkeiten. Dabei werden die fünf Bälle mit den Buchstaben a, b, c, d und e bezeichnet. Da die Reihenfolge der Bälle keine Rolle spielt, wird jede Dreiergruppe alphabetisch geordnet:
   $\{abc; abd; abe; acd; ace; ade; bcd; bce; bde; cde\}$

6. Peter wird mit P, die übrigen sechs Spieler mit den Buchstaben A, B, C, D, E und F bezeichnet, wobei A für Andreas und B für Bernd stehen. Es gibt dann vier Möglichkeiten, bei denen Andreas und Bernd in Peters Mannschaft sind. Zu P, A und B tritt einer der vier übrigen Buchstaben:
PABC, PABD, PABE, PABF
Weiter gibt es vier Möglichkeiten, bei denen die beiden in der gegnerischen Mannschaft sind:
PCDE; PCDF, PCEF; PDEF
Somit gibt es acht Möglichkeiten.

7. Es gilt:
$\Omega = \{1111; 1112; 1113; 1114; 1115; 1116; 1121; 1122; \ldots; 6665; 6666\}$
Dabei handelt es sich um ein vierstufiges Zufallsexperiment, das durch ein Urnenexperiment mit Zurücklegen ersetzt werden könnte.

8. In der Aufgabe ist die Unterscheidung mit/ohne Zurücklegen nicht vorgegeben. Dennoch muss sie vorgenommen werden, weil sich unterschiedliche Ergebnisräume ergeben.
Mit Zurücklegen: $\Omega = \{rr; rg; rb; gr; gg; gb; br; bg; bb\}$
Ohne Zurücklegen: $\Omega = \{rg; rb; gr; gb; br; bg\}$

Bei der Lösung wurde davon ausgegangen, dass es auf die Reihenfolge der Kugeln ankommt. Soll es darauf nicht ankommen, reduziert sich der Ergebnisraum auf
$\Omega = \{rr; rg; rb; gg; gb; bb\}$ (mit Zurücklegen) bzw.
$\Omega = \{rg; rb; gb\}$ (ohne Zurücklegen).

9. Man kann die drei Kugeln auf einmal herausgreifen, wenn es sich um ein dreistufiges Urnenexperiment ohne Zurücklegen handelt, bei dem es nicht auf die Reihenfolge der gezogenen Kugeln ankommt. Letzteres ist z. B. beim Zahlenlotto „6 aus 49" der Fall.

10. Mit dem vierstufigen Verfahren wird versucht, jeder Person in der betreffenden Stadt die gleiche Chance zu geben, für die Befragung ausgewählt zu werden. Dies ist Bedingung dafür, dass eine Umfrage repräsentativ ist.

11. Baumdiagramm:

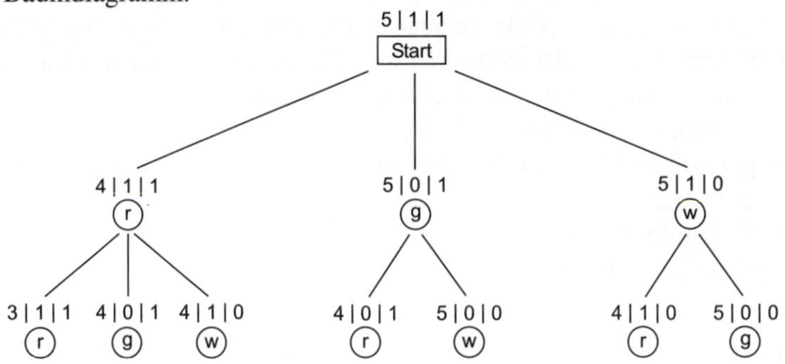

Ergebnisraum:
$\Omega = \{rr; rg; rw; gr; gw; wr; wg\}$

12. Baumdiagramm zu **Aufgabe 4**:

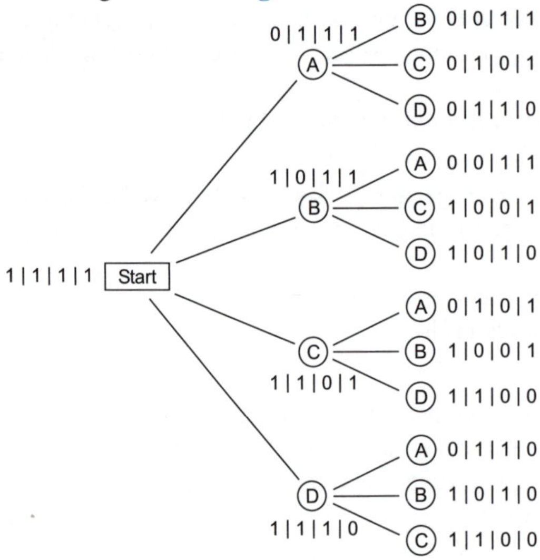

Da es bei der Aufgabe 4 nicht auf die Reihenfolge ankommt, müssen Ergebnisse mit gleichen Urneninhalten zusammengefasst werden: ab und ba führen beide zum Urneninhalt 0|0|1|1.

Zu **Aufgabe 8** wird nur das Baumdiagramm für das Ziehen ohne Zurücklegen unter Berücksichtigung der Reihenfolge dargestellt:

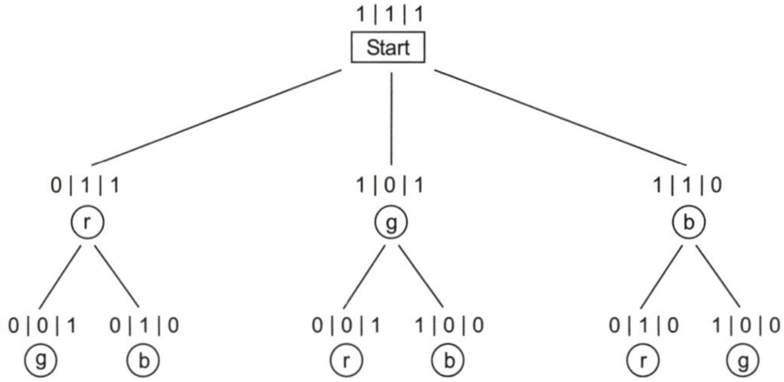

13. Ein äquivalentes Zufallsexperiment ist das zweimalige Werfen einer Münze. Von den beiden Ereignissen A = {ss; ww} und B = {sw; ws; ww} hat B die größere Mächtigkeit (3 > 2).

14. Baumdiagramm:

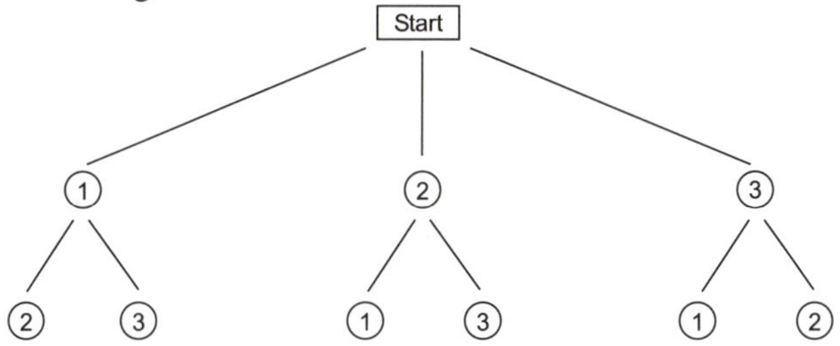

Ergebnisraum: Ω = {12; 13; 21; 23; 31; 32}
Ereignis A = {13; 31; 21; 23}

15. a) Bezeichnet man einen deutschen Sieg mit D und einen französischen mit F, können A, B und C als Mengen von Ergebnissen dieses dreistufigen Zufallsexperiments geschrieben werden:
A = {DDD}
B = {FFD; FDF; DFF; FFF}
C = {FDD; DFD; DDF; DFF; FDF; FFD}
Man sieht, dass A ein Elementarereignis ist.

b) B und C lassen sich – wie alle Ereignisse – als Vereinigung von Elementarereignissen schreiben:
B = {FFD} ∪ {FDF} ∪ {DFF} ∪ {FFF}
C = {FDD} ∪ {DFD} ∪ {DDF} ∪ {DFF} ∪ {FDF} ∪ {FFD}

c) A ist mit B nicht vereinbar. A und C sind ebenfalls unvereinbar. B ist mit C vereinbar, da die Schnittmenge von B und C nicht leer ist.

d) Wegen $A \cap B \cap C = \varnothing$ sind A, B und C unvereinbar.

16. Die Gegenereignisse lauten:
$\overline{A} = \{ssw; sws; sww; wss; wsw; wws\}$:
„Beide Farben werden gezogen."

$\overline{B} = \{sss; ssw; sws; wss\}$:
„Höchstens eine weiße Kugel wird gezogen."

$\overline{C} = \{sss; ssw; sws; wss; wsw; wws\}$:
„Die zweite und die dritte Kugel sind nicht beide weiß."
Alternativ: „Die zweite oder dritte Kugel ist schwarz."

$\overline{D} = \{www\}$:
„Alle drei Kugeln sind weiß."

17. *Beachten Sie:* Zur vollständigen Lösung gehört auch die Angabe eines geeigneten Ergebnisraums Ω.

a) Zur Frage „Wer wird Weltmeister?" passt $\Omega = \{A; B; C; D\}$. Damit lautet das Gegenereignis:
$\overline{E} = \{B; C; D\}$: „Mannschaft A wird nicht Weltmeister."

b) Für die Frage „Wer bestreitet das Finale?" eignet sich der Ergebnisraum $\Omega = \{AB; AC; AD; BC; BD; CD\}$. Für das Gegenereignis folgt:
$\overline{E} = \{AC; AD; BC; BD; CD\}$: „Die beiden Endspielteilnehmer sind nicht A und B."

c) Mit demselben Ergebnisraum wie in Aufgabenteil b gilt für das Gegenereignis:
$\overline{E} = \{AC\}$: „Die Mannschaften A und C bestreiten das Finale."

18. a) A: „Die geworfene Zahl ist kleiner als 3."
B: „Die geworfene Zahl ist eine Quadratzahl."

b) $A \cap B = \{1\}$ und $A \cup B = \{1; 2; 4\}$

c) $\overline{A \cap B} = \{2; 3; 4\}$ und $\overline{A \cup B} = \{3\}$

d) $\overline{A} \cap B = \{4\}$ und $\overline{A} \cap \overline{B} = \{3\}$

e) Für $C = \{1\}$ und $D = \{3; 4\}$ gilt $C \cap D = \varnothing$

19. $B = A_1 \cap A_2 \cap A_3 \cap A_4 \cap A_5$
$C = A_1 \cup A_2 \cup A_3 \cup A_4 \cup A_5$
$D = \overline{A_1} \cap \overline{A_2} \cap \overline{A_3} \cap \overline{A_4} \cap \overline{A_5}$ oder $D = \overline{A_1 \cup A_2 \cup A_3 \cup A_4 \cup A_5}$

20. Der Ereignisraum $\{\varnothing; \{a\}; \{b\}; \{c\}; \{a; b\}; \{a; c\}; \{b; c\}; \{a; b; c\}\}$ hat die Mächtigkeit 8.

21. Ein Ereignis A kann die Mächtigkeit 0, 1, 2, …, n haben. $|A| = 0$ gilt für das unmögliche Ereignis, $|A| = n$ für das sichere Ereignis. Die Mächtigkeit des Ereignisraums entspricht der Anzahl der Teilmengen, die man aus der Menge Ω auswählen kann.
Für n = 2, 3, 4 werden die möglichen Teilmengen angegeben:

Mächtigkeit von Ω	Teilmengen von Ω
$n = 2, \Omega = \{a, b\}$	$\varnothing, \{a\}, \{b\}, \{a; b\}$
$n = 3, \Omega = \{a, b, c\}$	$\varnothing, \{a\}, \{b\}, \{a; b\},$ $\{c\}, \{a; c\}, \{b; c\}, \{a; b; c\}$
$n = 4, \Omega = \{a, b, c, d\}$	$\varnothing, \{a\}, \{b\}, \{a; b\},$ $\{c\}, \{a; c\}, \{b; c\}, \{a; b; c\},$ $\{d\}, \{a; d\}, \{b; d\}, \{a; b; d\},$ $\{c; d\}, \{a; c; d\}, \{b; c; d\}, \{a; b; c; d\}$

Man sieht, wie sich mit jedem zusätzlichen Element in Ω die Zahl der Teilmengen verdoppelt: 4, 8, 16. Erhöht man nämlich die Zahl der Elemente um eins, so kann man dieselben Teilmengen wie vorher bilden und zusätzlich zu jeder bisherigen Teilmenge eine neue, die sich durch Hinzufügen des neuen Elements ergibt. Die Zahl der Ereignisse im Ereignisraum ist daher 2^n.

22. Ein mögliches Zufallsexperiment ist das Ziehen aus einer Urne mit 5 Losen:
$\Omega = \{a; b; c; d; e\}$
Der Ereignisraum hat die Mächtigkeit $2^5 = 32$. Jedes der 32 Ereignisse zerlegt zusammen mit seinem Gegenereignis Ω disjunkt. Da bei dieser Betrachtung jedes Paar doppelt gezählt wird, lautet die Antwort 16.

23. 1. De Morgan'sches Gesetz

$\overline{A \cap B} = \overline{\{1; 2\}} = \{3; 4; 5; 6\}$

$\overline{A} \cup \overline{B} = \{4; 5; 6\} \cup \{3; 4; 5\} = \{3; 4; 5; 6\}$

2. De Morgan'sches Gesetz

$\overline{A \cup B} = \overline{\{1; 2; 3; 6\}} = \{4; 5\}$

$\overline{A} \cap \overline{B} = \{4; 5; 6\} \cap \{3; 4; 5\} = \{4; 5\}$

24. a)

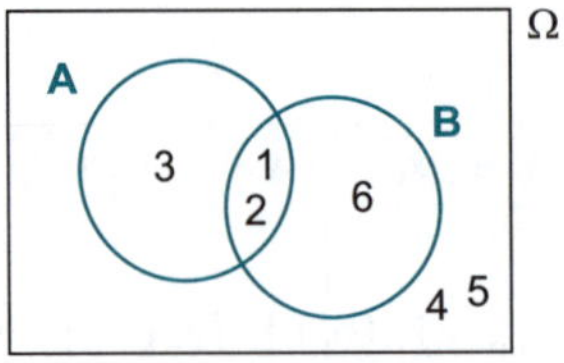

b)

	B	$\overline{B}$	
A	1; 2	3	Ω
$\overline{A}$	6	4; 5	

25. a) $\mathbb{N}$ ist abgeschlossen bezüglich des Quadrierens, da jede natürliche Zahl als Quadratzahl stets wieder eine natürliche Zahl hat.
$\mathbb{R}^-$ ist nicht abgeschlossen bezüglich des Quadrierens, da die Quadratzahl einer negativen reellen Zahl sogar niemals in $\mathbb{R}^-$ liegt.

b) $\mathbb{R}^+$ ist bezüglich des Wurzelziehens abgeschlossen, da die Wurzel einer positiven reellen Zahl stets wieder in $\mathbb{R}^+$ liegt.
$\mathbb{N}$ ist bezüglich des Wurzelziehens nicht abgeschlossen, da die Quadratwurzel einer natürlichen Zahl keine natürliche Zahl sein muss.

26. Wenn man den Anteil der Treffer bestimmt, kommt man bei Daniel auf $\frac{12}{25}$ oder 48 % und bei Alex auf $\frac{10}{20}$ oder 50 %. Man kann also sagen, dass Alex die größere relative Trefferhäufigkeit hatte.

27. Insgesamt werden $3+5+7+6+4=25$ Sitze verteilt. Die relativen Häufigkeiten betragen somit:

Partei	A	B	C	D	E
relative Häufigkeit	$\frac{3}{25}$	$\frac{1}{5}$	$\frac{7}{25}$	$\frac{6}{25}$	$\frac{4}{25}$

28. a) Es gilt: $h_{20}(A)=\frac{3+2}{20}=\frac{1}{4}$

b) Das Gegenereignis $\overline{A}$ lässt sich beschreiben durch „Die erzielte Note ist vier oder besser“ bzw. durch: „Die erzielte Note ist besser als fünf.“
Nach dem Satz vom Gegenereignis gilt: $h_{20}(\overline{A})=1-\frac{1}{4}=\frac{3}{4}$

29. a) Für die verbale Beschreibung ist jeweils eine von mehreren möglichen Lösungen angegeben:

$\emptyset$	Das vorbeikommende Fahrzeug ist kein Fahrzeug.
$A=\{a\}$	Das vorbeikommende Fahrzeug ist ein Auto.
$F=\{f\}$	Das vorbeikommende Fahrzeug ist ein Fahrrad.
$K=\{m\}$	Das vorbeikommende Fahrzeug ist ein Motorrad.
$G=\{a;\ f\}$	Das vorbeikommende Fahrzeug ist kein Motorrad.
$Z=\{f;\ m\}$	Das vorbeikommende Fahrzeug ist ein Zweirad.
$M=\{a;\ m\}$	Das vorbeikommende Fahrzeug ist ein Motorfahrzeug.
$\Omega=\{a;\ f;\ m\}$	Das vorbeikommende Fahrzeug ist ein Fahrzeug.

Damit ist der Ereignisraum $\{\emptyset;\ A;\ F;\ K;\ G;\ Z;\ M;\ \Omega\}$.

b) Die Häufigkeitsverteilung hat folgende Gestalt:

Ereignis	$\emptyset$	A	F	K	G	Z	M	Ω
relative Häufigkeit	0	0,72	0,21	0,07	0,93	0,28	0,79	1

Die relative Häufigkeit von G ergibt sich z. B. so:
$h_{100}(G)=h_{100}(A)+h_{100}(F)=72\ \%+21\ \%=93\ \%$

30. Ein Netz des verwendeten Quaders könnte etwa so aussehen:

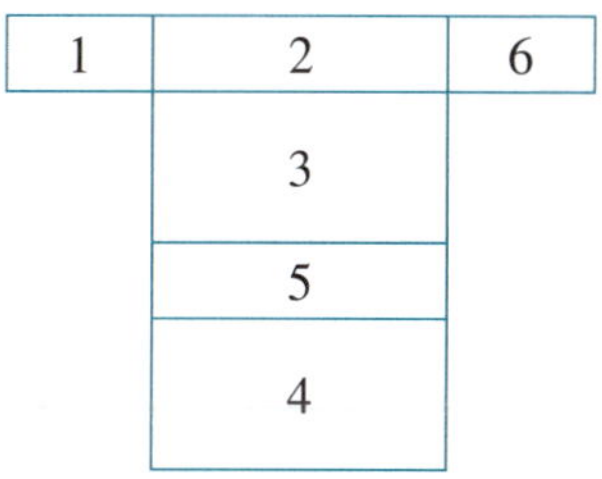

Sei $x=P(\{1\})=P(\{6\})$. Dann gilt:
$P(\{2\})=P(\{5\})=2x$ und $P(\{3\})=P(\{4\})=2\cdot P(\{2\})=2\cdot 2x=4x$
Alle Wahrscheinlichkeiten zusammen müssen 1 ergeben:
$x+x+2x+2x+4x+4x=1 \quad\Rightarrow\quad x=\frac{1}{14}$
Für die Wahrscheinlichkeitsverteilung ergibt sich:

ω	1	2	3	4	5	6
$P(\{\omega\})$	$\frac{1}{14}$	$\frac{1}{7}$	$\frac{2}{7}$	$\frac{2}{7}$	$\frac{1}{7}$	$\frac{1}{14}$

31. Bezeichne A die Fläche eines der beiden gleichseitigen Dreiecke. Dann gilt:

$$A = \frac{\sqrt{3}}{4} a^2$$

Das kleine Dreieck, in dem sich beide überlappen, hat drei gleiche Winkel und ist daher gleichseitig (mit Seitenlänge $\frac{1}{2}a$ und Fläche $\frac{1}{4}A$). Deshalb ist die von den Dreiecken überdeckte Fläche:

$$F = A + A - \frac{1}{4}A = \frac{7}{4}A$$

Die gesuchte Wahrscheinlichkeit ist der Anteil an der Gesamtfläche. Also gilt:

$$P = \frac{\frac{7}{4}A}{(2a)^2} = \frac{\frac{7}{4} \cdot \frac{\sqrt{3}}{4} a^2}{4a^2} = \frac{7\sqrt{3}}{64} \approx 0{,}18944$$

Dies entspricht ca. 19 %.

32. a) Die gesuchte Wahrscheinlichkeit ist das Flächenverhältnis $\frac{A_{Kreis}}{A_{Quadrat}}$.
Wegen $A_{Kreis} = \pi r^2$ und $A_{Quadrat} = (2r)^2$ gilt:

$$\frac{A_{Kreis}}{A_{Quadrat}} = \frac{\pi r^2}{4r^2} = \frac{\pi}{4} \approx 78{,}54\ \%$$

b) Das Fallen einer Schneeflocke wird 10 000-mal simuliert, statt des ganzen Kreises wird nur ein Viertel-Einheitskreis betrachtet (siehe Skizze).

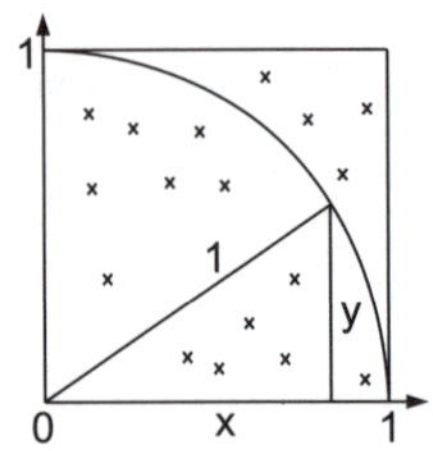

x und y sind Zufallszahlen zwischen 0 und 1, die die x- und y-Koordinate einer ins Einheitsquadrat gefallenen Schneeflocke angeben.
Die IF-Abfrage überprüft, ob der Abstand der Schneeflocke zum Ursprung (Pythagoras-Satz) kleiner als der Radius 1 ist, ob also die Schneeflocke im Viertelkreis gelandet ist. Ist dies der Fall, wird die Zählvariable K um 1 erhöht. Am Ende liefert der Anteil $\frac{K}{10\,000}$ den Schätzwert für $\frac{\pi}{4}$.

c) Je nach verwendeter Programmiersprache sind individuelle Lösungen möglich.

Hinweis: Das angewendete Verfahren trägt den Namen stochastische Integration und kann auch zur näherungsweisen Bestimmung beliebig geformter Flächen benutzt werden.

33. a) Nein, bei einem Quader mit verschieden großen Seitenflächen ist die Wahrscheinlichkeit nicht für alle Seiten gleich, oben zu liegen.

b) Aufgrund der Symmetrie des Oktaeders sind alle 8 Zahlen gleichwahrscheinlich, es liegt also ein Laplace-Experiment vor.

34. a) Die Wahrscheinlichkeit, im Dezember, Januar oder Februar Geburtstag zu haben, beträgt $\frac{3}{12} = 0,25$.

b) Da die Sommerferien 6 Wochen dauern und das Jahr 52 Wochen hat, beträgt die Wahrscheinlichkeit für einen Feriengeburtstag $\frac{6}{52} \approx 0{,}1154$.

Setzt man diesen Wert für die relative Häufigkeit an und multipliziert ihn mit 25, erhält man gerundet 3. Es haben also wahrscheinlich drei Schüler in den Sommerferien Geburtstag.

35. Von den verbliebenen 5 Socken wird jede mit gleicher Wahrscheinlichkeit gewählt. Der Quotient „Zahl der günstigen Fälle durch Zahl der möglichen Fälle" hat somit den Wert $\frac{1}{5}$.

36. Gemäß der Laplace-Annahme (Gleichwahrscheinlichkeit aller Karten) gilt:

$$P(A) = \frac{|A|}{|\Omega|} = \frac{5}{8}$$

37. Das Baumdiagramm hat folgende Gestalt:

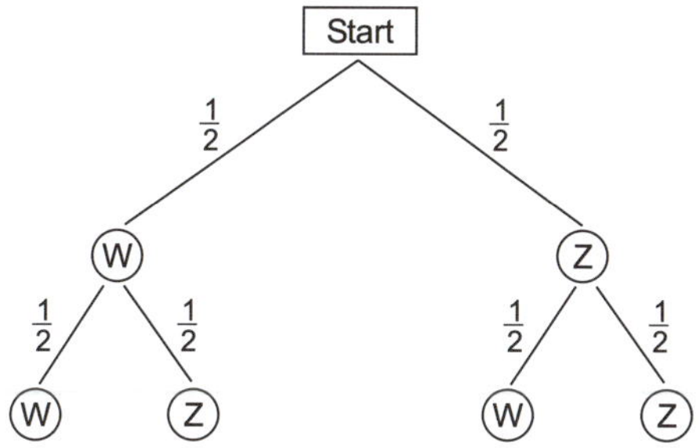

Also gilt:

$P(\text{„Zwei gleiche Ergebnisse"}) = P(WW) + P(ZZ) = \frac{1}{2} \cdot \frac{1}{2} + \frac{1}{2} \cdot \frac{1}{2} = \frac{1}{2}$

und

$P(\text{„Zwei verschiedene Ergebnisse"}) = P(WZ) + P(ZW) = \frac{1}{2} \cdot \frac{1}{2} + \frac{1}{2} \cdot \frac{1}{2} = \frac{1}{2}$

Beides ist demnach gleichwahrscheinlich.

38. Man kann die Urlaubsreise des Touristen als dreistufiges Zufallsexperiment auffassen. Nach der 1. Pfadregel multiplizieren sich dabei die drei Wahrscheinlichkeiten. Die Wahrscheinlichkeit für einen schweren Krankheitsverlauf beträgt daher $0{,}2 \cdot 0{,}25 \cdot 0{,}5 = 0{,}025 = 2{,}5\ \%$.

39. Anhand eines reduzierten Baumdiagramms erkennt man:

a) $P(KKKKK) = 0{,}1 \cdot 0{,}1 \cdot 0{,}1 \cdot 0{,}1 \cdot 0{,}1 = 0{,}001\ \%$

b) $P(\overline{KKKKK}) = 0{,}9^5 = 59{,}049\ \%$

c) $P(KK\overline{K}\overline{K}\overline{K}) = 0{,}1 \cdot 0{,}1 \cdot 0{,}9 \cdot 0{,}9 \cdot 0{,}9 = 0{,}729\ \%$

d) $P(\overline{K}KKKK) + P(K\overline{K}KKK) + P(KK\overline{K}KK) + P(KKK\overline{K}K) + P(KKKK\overline{K})$
$= 5 \cdot 0{,}1^4 \cdot 0{,}9 = 0{,}045\ \%$

e) P(„mindestens 4“) = P(„4“) + P(„5“) = 0,045 % + 0,001 % = 0,046 %

40. Beim Aufstellen des (reduzierten) Baumdiagramms muss beachtet werden, dass die gezogenen Kugeln nicht zurückgelegt werden. Das bedeutet, dass sich die Wahrscheinlichkeiten ändern, wenn zweimal aus derselben Urne gezogen wird.

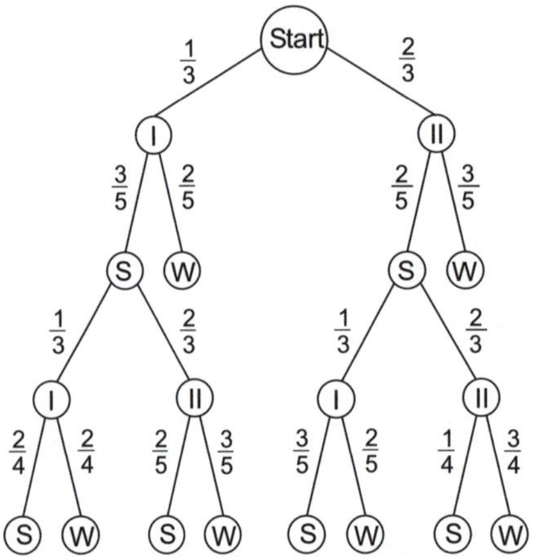

Für die gesuchte Wahrscheinlichkeit ergibt sich nach den Pfadregeln:

$P(SS) = \frac{1}{3} \cdot \frac{3}{5} \cdot \frac{1}{3} \cdot \frac{2}{4} + \frac{1}{3} \cdot \frac{3}{5} \cdot \frac{2}{3} \cdot \frac{2}{5} + \frac{2}{3} \cdot \frac{2}{5} \cdot \frac{1}{3} \cdot \frac{3}{5} + \frac{2}{3} \cdot \frac{2}{5} \cdot \frac{2}{3} \cdot \frac{1}{4} = \frac{83}{450} \approx 18{,}44\ \%$

41. Aus dem Ansatz $P(A) = 3 \cdot P(\overline{A})$ ergibt sich:

$P(A) = 3 \cdot (1 - P(A))$

$P(A) = 3 - 3 \cdot P(A)$

$4 \cdot P(A) = 3$

Es folgt:

$P(A) = \frac{3}{4}$ und $P(\overline{A}) = \frac{1}{4}$

42. Wegen P(„mindestens einmal Sechs") = 1 – P(„keinmal Sechs") ergibt sich folgende Gleichung für die Anzahl n der nötigen Würfe:

$$0,95 = 1 - \left(\tfrac{5}{6}\right)^n$$

$$\left(\tfrac{5}{6}\right)^n = 0,05$$

$$n = \frac{\log 0,05}{\log \frac{5}{6}} \approx 16,43$$

Nach 17 Würfen hat man mit einer Wahrscheinlichkeit von 95 % mindestens eine Sechs geschafft.

43.

	B	$\overline{B}$	
A	**0,25**	0,15	**0,4**
$\overline{A}$	0,55	**0,05**	**0,6**
	0,8	**0,2**	**1**

44. Es bezeichne R: „Raucher" und G: „Gesetzesbefürworter". Dann gilt:

$$P(R \cap \overline{G}) = 0,3 \cdot 0,4 = 0,12$$

$$P(\overline{R}) = 1 - P(R) = 0,7$$

$$P(\overline{R} \cap G) = 0,7 \cdot 0,9 = 0,63$$

Diese Werte trägt man in die Vierfeldertafel ein. Dann wird die Tafel ergänzt, die entsprechenden Werte sind in grün eingetragen.

	R	$\overline{R}$	
G	**0,18**	0,63	**0,81**
$\overline{G}$	0,12	**0,07**	**0,19**
	0,3	0,7	1

Der Anteil der Gesetzesgegner liegt mit 19 % knapp unter $\frac{1}{5}$.

45. a) Die erste Stelle kann mit den Ziffern 1 bis 9, die zweite und die dritte mit den Ziffern 0 bis 9 besetzt werden. Somit ergeben sich $9 \cdot 10 \cdot 10 = 900$ Möglichkeiten, es sind die Zahlen 100 bis 999.

b) Da es im Fünfersystem 5 verschiedene Ziffern gibt, lautet die Lösung $4 \cdot 5 \cdot 5 = 100$.

46. Bezeichnet x die gesuchte Anzahl, so gilt nach dem allgemeinen Zählprinzip $3 \cdot 5 \cdot x = 120$. Daraus folgt $x = \frac{120}{15} = 8$. Also gibt es von jeder Automarke acht Modelle.

47. a) Es gilt $3! = 6$, dies ist die Anzahl der möglichen Aufstellungen bei drei Schülern.

b) $10! = 3\,628\,800$

48. Die vier Antworten lassen sich auf $4! = 24$ Arten in eine Reihenfolge bringen, die „Zahl der möglichen Fälle" ist also 24. Nur eine Reihenfolge bildet die richtige Lösung, also ist die „Zahl der günstigen Fälle" eins. Für die gesuchte Wahrscheinlichkeit ergibt sich $\frac{1}{24} \approx 4{,}2\ \%$.

49. a) Die Anordnung der 14 Stühle ist unerheblich. Man kann sie sich in einer Reihe aufgestellt vorstellen. Also lautet die Lösung $14! \approx 8{,}72 \cdot 10^{10}$.

b) Die 6 Jungen haben 6! Möglichkeiten, sich in der letzten Reihe zu verteilen. Für jede dieser Möglichkeiten gibt es 8! mögliche Sitzordnungen der Mädchen auf den übrigen Stühlen. Nach dem allgemeinen Zählprinzip ergibt sich $6! \cdot 8! = 29\,030\,400$ für die Zahl der möglichen Sitzordnungen.

50. a) Es gibt $9! = 362\,880$ Möglichkeiten, in welcher Reihenfolge die 9 Personen auf der anderen Straßenseite ankommen können.

b) Wenn zusätzlich die Bedingung gegeben ist, dass die Gruppe der Erwachsenen zuerst drüben ist, können diese auf 5! verschiedene Arten ankommen, und die Kinder auf 4! verschiedene Arten. Durch die zusätzliche Bedingung reduziert sich die Zahl der Möglichkeiten, nach dem allgemeinen Zählprinzip beträgt sie also $5! \cdot 4! = 120 \cdot 24 = 2\,880$.

51. Für den Gewinner der Wahl gibt es 7 Möglichkeiten, der zweite Sieger stammt aus dem Kreise der 6 übrigen Kandidaten. Nach dem allgemeinen Zählprinzip gibt es für das Gespann Kurssprecher/Stellvertreter daher $7 \cdot 6 = 42$ Möglichkeiten.
Dasselbe Ergebnis erhält man, wenn man die Zahl der 2-Permutationen in einer 7-Menge mithilfe der Formel bestimmt:
$\frac{7!}{(7-2)!} = 42$

52. Für das „schönste" Tor gibt es 12 Möglichkeiten. Da es nicht auch noch auf Platz 2 gewählt werden kann, gibt es für das zweite Tor nur noch 11 Möglichkeiten, während das dritte Tor aus den verbliebenen 10 Vorschlägen stammt. Nach dem allgemeinen Zählprinzip gibt es also $12 \cdot 11 \cdot 10 = 1\,320$ verschiedene Tipps.
Dies ist auch die Zahl der 3-Permutationen in einer 12-Menge:
$\frac{12!}{(12-3)!} = 1\,320$

53. Es gibt $\frac{10!}{(10-3)!} = \frac{10!}{7!} = 720$ Möglichkeiten der Verteilung.

54. Für den ersten sind noch alle 7 Wochentage „frei", für den zweiten 6, für den dritten 5 und für den vierten noch 4. Da alle Wochentage für einen Geburtstag gleichwahrscheinlich sind, gilt für die gesuchte Wahrscheinlichkeit:
$\frac{7 \cdot 6 \cdot 5 \cdot 4}{7^4} = \frac{120}{7^3} \approx 35\,\%$

55. Es gibt $\binom{49}{6} = 13\,983\,816$ Arten, 6 Zahlen aus 49 möglichen auszuwählen.

56. Es bezeichne n die gesuchte Zeile. Wegen $\binom{n}{2} = \frac{n \cdot (n-1)}{2}$ gilt $91 = \frac{n \cdot (n-1)}{2}$.
Dieser Ansatz führt auf die quadratische Gleichung
$n^2 - n - 182 = 0$
mit den Lösungen:
$n_{1;\,2} = \frac{1}{2} \pm \sqrt{\frac{1}{4} + 182} \quad \Rightarrow \quad n_1 = 14,\ n_2 = -13$
Da die negative Lösung hier entfällt, folgt $n = 14$.
$\binom{14}{2} = 91$ lässt sich auch durch Probieren bzw. fortgesetztes zeilenweises Notieren des Pascal-Dreiecks herausfinden.

57. a) Da die zehnte Zeile vorliegt, lässt sich bequem das Bildungsgesetz
$\binom{10}{k} + \binom{10}{k+1} = \binom{11}{k+1}$
anwenden. Die elfte Zeile des Pascal-Dreiecks lautet damit:
1 11 55 165 330 462 462 330 165 55 11 1
Man kann auch die Definition der Binomialkoeffizienten $\binom{11}{k} = \frac{11!}{k! \cdot (11-k)!}$ benutzen.
Eine dritte Möglichkeit ist das Erzeugen des Pascal-Dreiecks mithilfe eines Tabellenkalkulationsprogramms.

b) Die ersten 6 Zahlen bilden die erste Hälfte der Zeile, die sich dann wegen $\binom{11}{k} = \binom{11}{11-k}$ wiederholt. Deshalb ist ihre Summe die Hälfte der Zeilensumme, die 2^{11} beträgt. Die gesuchte Summe hat daher den Wert:
$\frac{1}{2} \cdot 2^{11} = 1\,024$

58. Aufgrund der Definition der Binomialkoeffizienten gilt:

$$\binom{n}{n-k} = \frac{n!}{(n-k)! \cdot (n-(n-k))!} = \frac{n!}{(n-k)! \cdot k!} = \binom{n}{k}$$

59. Man schreibt die Binomialkoeffizienten gemäß ihrer Definition als Brüche und addiert diese, indem man sie auf den gleichen Nenner erweitert:

$$\binom{n}{k} + \binom{n}{k+1} = \frac{n!}{(n-k)! \cdot k!} + \frac{n!}{(n-(k+1))! \cdot (k+1)!}$$

$$= \frac{n! \cdot (k+1)}{(n-k)! \cdot (k+1)!} + \frac{n! \cdot (n-k)}{(n-k) \cdot (n-k-1)! \cdot (k+1)!}$$

$$= \frac{n! \cdot (k+1+n-k)}{(n-k)! \cdot (k+1)!}$$

$$= \frac{(n+1)!}{((n+1)-(k+1))! \cdot (k+1)!}$$

$$= \binom{n+1}{k+1}$$

60. a) Insgesamt werden $\binom{6}{2} = 15$-mal Hände geschüttelt, da sich jeweils zwei aus sechs für einen Händedruck zusammenfinden müssen. Es werden zweielementige Mengen gebildet.

b) Für das Huckepack-Training gibt es dreißig mögliche Gespanne. Es werden Paare im mathematischen Sinne (d. h. 2-Tupel) gebildet, wofür es $\frac{6!}{(6-2)!} = 30$ Möglichkeiten gibt.
Die Verdoppelung der Anzahl der Möglichkeiten kommt dadurch zustande, dass etwa Fritz und Bernd nur auf eine Art einen Händedruck austauschen, sich aber auf zwei Arten Huckepack nehmen können.

61. Es gibt $\binom{10}{5} = 252$ Möglichkeiten.

62. Aus mathematischer Sicht spielt es keine Rolle, wie die Karten ausgeteilt werden. Der erste Spieler bekommt 10 von 32 Karten, der zweite 10 von den verbliebenen 22 und der dritte 10 der restlichen 12 Karten. Die beiden letzten Karten bilden den „Skat". Nach dem allgemeinen Zählprinzip ergibt sich:

$$\binom{32}{10} \cdot \binom{22}{10} \cdot \binom{12}{10} = 64\,512\,240 \cdot 646\,646 \cdot 66 \approx 2{,}75 \cdot 10^{15}$$

63. a) Die Reihenfolge spielt für den Kartenverkäufer keine Rolle, er unterscheidet die Plätze nur nach der Kategorie besetzt/unbesetzt. Es gibt

$\binom{7}{4} = 35$ Möglichkeiten, vier Besucher auf sieben Plätze zu verteilen.

b) Für die Kinobesucher ist auch relevant, welcher Platz von wem besetzt wird. Es gibt entsprechend

$$\frac{7!}{(7-4)!} = 840$$

Möglichkeiten, 4 der 7 Plätze zu belegen. Also gibt es 839 Möglichkeiten für die vier Besucher, sich umzusetzen.

64. a) Für einen Flush muss der Spieler 2 Herzkarten kaufen. Die Wahrscheinlichkeit dafür beträgt

$$P(Z=2) = \frac{\binom{2}{2} \cdot \binom{4}{0}}{\binom{6}{2}} \approx 6{,}67\,\%,$$

da zwei Karten aus dem Vorrat der Herzkarten und keine aus dem Vorrat der Nicht-Herzkarten gezogen werden müssen. Man kommt über die Pfadregeln leicht zum selben Ergebnis.

b) Die Wahrscheinlichkeit für einen „Four Flush" (hier: vier Karten der Farbe Herz) beträgt:

$$P(Z=1) = \frac{\binom{2}{1} \cdot \binom{4}{1}}{\binom{6}{2}} \approx 53{,}33\,\%$$

Auch dies ist mithilfe der Pfadregeln berechenbar, was aber mühsamer ist.

65. Es gilt:

$$P(Z \geq 1) = P(Z=1) + P(Z=2) + P(Z=3) + P(Z=4)$$

$$= \frac{\binom{6}{1} \cdot \binom{8}{3}}{\binom{14}{4}} + \frac{\binom{6}{2} \cdot \binom{8}{2}}{\binom{14}{4}} + \frac{\binom{6}{3} \cdot \binom{8}{1}}{\binom{14}{4}} + \frac{\binom{6}{4} \cdot \binom{8}{0}}{\binom{14}{4}} \approx 93{,}01\,\%$$

Zum gleichen Ergebnis führt die Berechnung über das Gegenereignis:

$$P(Z \geq 1) = 1 - P(Z=0) = 1 - \frac{\binom{6}{0} \cdot \binom{8}{4}}{\binom{14}{4}} \approx 1 - 6{,}99\,\% = 93{,}01\,\%$$

66. Damit genau zwei Gewinne erzielt werden, müssen zwei der Lose aus dem Vorrat der drei Gewinnlose und die restlichen drei aus dem Vorrat der neun Nieten stammen. Es ergibt sich:

$$P(Z=2)=\frac{\binom{3}{2}\cdot\binom{9}{3}}{\binom{12}{5}}\approx 31{,}82\ \%$$

67. a) Z kann die Werte 0, 1 und 2 annehmen. Die zugehörigen Wahrscheinlichkeiten berechnen sich nach dem Urnenmodell zu:

$$P(Z=0)=\frac{\binom{4}{0}\cdot\binom{6}{2}}{\binom{10}{2}}=\frac{1}{3};\quad P(Z=1)=\frac{\binom{4}{1}\cdot\binom{6}{1}}{\binom{10}{2}}=\frac{8}{15};\quad P(Z=2)=\frac{\binom{4}{2}\cdot\binom{6}{0}}{\binom{10}{2}}=\frac{2}{15}$$

Somit hat die Wahrscheinlichkeitsverteilung folgende Gestalt:

k	0	1	2
P(Z=k)	$\frac{5}{15}$	$\frac{8}{15}$	$\frac{2}{15}$

b) Der Kunde merkt den Betrug, wenn er mindestens eine Flasche mit vergorenem Wein testet. Dies ist für $Z=1$ und $Z=2$ der Fall.

Es gilt: $P(Z\geq 1)=P(Z=1)+P(Z=2)=\frac{8}{15}+\frac{2}{15}=\frac{2}{3}$

Zum selben Ergebnis kommt man über das Gegenereignis:

$P(Z\geq 1)=1-P(Z=0)=1-\frac{5}{15}=\frac{2}{3}$

68. a) Mit der Bernoulli-Formel ergibt sich:

$$P(Z=4)=\binom{10}{4}\cdot\left(\frac{5}{16}\right)^4\cdot\left(\frac{11}{16}\right)^6\approx 21{,}15\ \%$$

b) Es gilt:

$$\begin{aligned}P(\text{„mindestens einmal rot“})&=1-P(\text{„keinmal rot“})=1-P(Z=0)\\&=1-\binom{n}{0}\cdot\left(\frac{5}{16}\right)^0\cdot\left(\frac{11}{16}\right)^n=1-\left(\frac{11}{16}\right)^n\end{aligned}$$

Aus der Bedingung $1-\left(\frac{11}{16}\right)^n\geq 0{,}99$ folgt $\left(\frac{11}{16}\right)^n\leq 0{,}01$, also

$$n\geq\frac{\log 0{,}01}{\log\frac{11}{16}}\approx 12{,}29$$

Es muss mindestens 13-mal gezogen werden.

69. Gesucht ist $P(Z>7)=P(Z=8)+P(Z=9)+P(Z=10)$.

Mit der Bernoulli-Formel gilt:

$$P(Z>7)=\binom{10}{8}\cdot 0{,}8^8\cdot 0{,}2^2+\binom{10}{9}\cdot 0{,}8^9\cdot 0{,}2^1+\binom{10}{10}\cdot 0{,}8^{10}\cdot 0{,}2^0\approx 67{,}78\ \%$$

70. Mit $A \cap B = \{2; 3\}$ ergibt sich: $P_B(A) = \frac{P(A \cap B)}{P(B)} = \frac{\frac{2}{6}}{\frac{4}{6}} = \frac{1}{2}$

Weiter ist: $P_A(B) = \frac{P(A \cap B)}{P(A)} = \frac{\frac{2}{6}}{\frac{3}{6}} = \frac{2}{3}$

71. Es bezeichne x den Anteil der weißen Kugeln in Urne II. Dann sieht das Baumdiagramm für ein Spiel folgendermaßen aus:

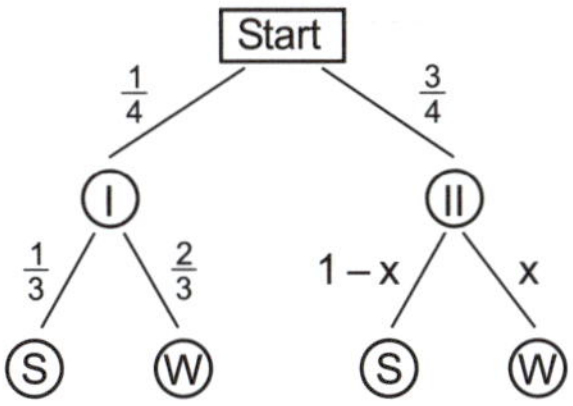

Da Hans in 40 % der Fälle eine weiße Kugel zieht, erhält man den Ansatz:

$0{,}4 = \frac{1}{4} \cdot \frac{2}{3} + \frac{3}{4} \cdot x$

Umgeformt ergibt sich:

$x = \frac{4}{3} \cdot \left(0{,}4 - \frac{1}{6}\right) \approx 0{,}31111$

Wegen $x \cdot 6 \approx 1{,}87$ lässt sich vermuten, dass unter den sechs Kugeln in der zweiten Urne zwei weiße sind.

72. Der zu schätzende Anteil staatlich unterstützter Familien sei mit x bezeichnet. W sei das Ereignis „Der betreffende Schüler antwortet wahrheitsgemäß“, U sei das Ereignis „Die Familie des Schülers erhält staatliche Förderung“. Das Baumdiagramm hat dann folgende Gestalt:

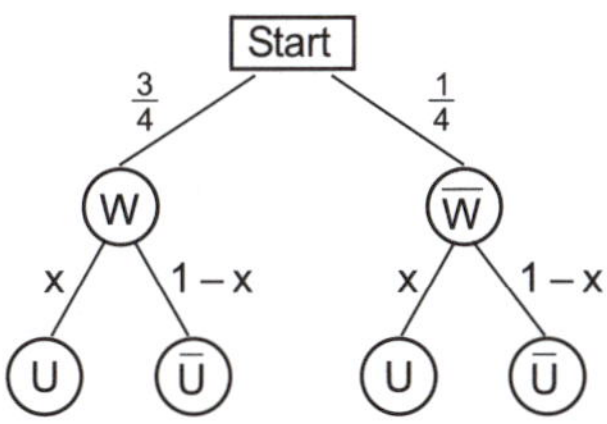

Die 30 % der Schülerschaft, die ihre Hand heben, setzt sich aus „Wahrheitssagern“ zusammen, deren Familien tatsächlich Unterstützung beziehen, und aus „Lügnern“, deren Familien dies nicht tun.

Es ergibt sich der Ansatz:

$0{,}3 = \frac{3}{4} \cdot x + \frac{1}{4} \cdot (1 - x)$

Auflösen nach x führt auf $x = 0{,}1$. Der gesuchte Anteil ist also auf 10 % zu schätzen.

73. Die gegebenen Zahlen sind schwarz, die berechneten grün in die Vierfeldertafel eingetragen.

	M	$\overline{M}$	
I	120	**430**	**550**
$\overline{I}$	**80**	**370**	450
	200	**800**	1 000

Damit ist $P_M(I) = \frac{120}{200} = 0,6$ und $P_{\overline{M}}(I) = \frac{430}{800} = 0,5375.$

Die Wahrscheinlichkeit für überdurchschnittliche Intelligenz ist hier also in der Gruppe der Musiker höher.

74. Die Vierfeldertafel hat folgende Form:

	A	$\overline{A}$	
B	**0,3**	0,1	**0,4**
$\overline{B}$	0,5	**0,1**	**0,6**
	0,8	**0,2**	1

Also gilt $P_B(A) = \frac{P(A \cap B)}{P(B)} = \frac{0,3}{0,4} = 0,75.$

75. a) Nach der Definition der bedingten Wahrscheinlichkeit gilt
$P(A \cap B) = P(B) \cdot P_B(A).$
Wegen $P_B(A) < 1$ folgt $P(A \cap B) < P(B).$
Die Wahrscheinlichkeit, dass A **und** B eintreten, ist stets kleiner als die Wahrscheinlichkeit, dass B eintritt.

b) Die erste Aussage ist wahrscheinlicher. Wenn A das Ereignis „Lisa wählt die Grünen" und B „Lisa arbeitet in einer Bank" bezeichnet, so gilt:
$P(A \cap B) < P(B)$
$P(A \cap B) = P(B)$ ist wegen $P_B(A) \neq 1$ ausgeschlossen: Nicht jeder Bankangestellte wählt grün.

Die Information, dass Lisa sich für die Umwelt engagiert, ist im Hinblick auf die Lösung der Aufgabe irrelevant und daher irreführend.

76. Wegen der stochastischen Unabhängigkeit gilt $P(A \cap B) = P(A) \cdot P(B).$
Es folgt:
$P(B) = \frac{P(A \cap B)}{P(A)} = \frac{0,1}{0,4} = 0,25$

77. Die Vierfeldertafel der absoluten Häufigkeiten hat folgende Gestalt:

	V	$\overline{V}$	
Ü	10 800	**19 200**	**30 000**
$\overline{\text{Ü}}$	**7 200**	**12 800**	20 000
	18 000	**32 000**	50 000

Für die interessierenden Wahrscheinlichkeiten ergibt sich:

$$P(\text{Ü} \cap V) = \frac{10\,800}{50\,000} = 0{,}216$$

$$P(\text{Ü}) \cdot P(V) = \frac{30\,000}{50\,000} \cdot \frac{18\,000}{50\,000} = \frac{3}{5} \cdot \frac{18}{50} = 0{,}216$$

Somit sind die beiden Merkmale stochastisch unabhängig.

78. Wegen $A \cap \Omega = A$ und $P(\Omega) = 1$ gilt:

$$P_\Omega(A) = \frac{P(A \cap \Omega)}{P(\Omega)} = \frac{P(A)}{1} = P(A)$$

Somit hängt die Wahrscheinlichkeit von A nicht vom Eintreten von Ω ab.
Ω ist von jedem beliebigen Ereignis A stochastisch unabhängig.

79. Es gilt $A \cap B = \{1\}$, also sind A und B vereinbar und es gilt $P(A \cap B) = \frac{1}{4}$.
Weiter ist $P(A) \cdot P(B) = \frac{1}{4} \cdot \frac{2}{4} = \frac{1}{8} \neq \frac{1}{4}$, also sind A und B abhängig.

Wegen $B \cap C = \{2\}$ sind B und C vereinbar mit $P(B \cap C) = \frac{1}{4}$.
Weiter ist $P(B) \cdot P(C) = \frac{2}{4} \cdot \frac{2}{4} = \frac{1}{4}$, also sind B und C unabhängig.

Es gilt $A \cap C = \varnothing$, also sind A und C unvereinbar und es gilt $P(A \cap C) = 0$.
Weiter ist $P(A) \cdot P(C) = \frac{1}{4} \cdot \frac{2}{4} = \frac{1}{8} \neq 0$, also sind A und C abhängig.

80. Damit die Ereignisse A und B jeweils miteinander in Beziehung gesetzt werden können, muss für beide derselbe Ergebnisraum Ω zugrunde gelegt werden. Beim zweimaligen Werfen eines Würfels ist dies:
$\Omega = \{11;\ 12;\ 13,\ \ldots,\ 64;\ 65;\ 66\}$

a) Es ist
$A = \{11;\ 12;\ 13;\ 14;\ 15;\ 16;\ 31;\ 32;\ 33;\ 34;\ 35;\ 36;\ 51;\ 52;\ 53;\ 54;\ 55;\ 56\}$
und $B = \{13;\ 22;\ 31\}$. Also ist

$$P(A) \cdot P(B) = \frac{3 \cdot 6}{36} \cdot \frac{3}{36} = \frac{1}{24},$$

während wegen $A \cap B = \{13;\ 31\}$

$$P(A \cap B) = \frac{2}{36} = \frac{1}{18}$$

gilt. A und B sind somit stochastisch abhängig.

b) Nun gilt $A=\{11; 21; 31; 41; 51; 61; 14; 24; 34; 44; 54; 64\}$ und $B=\{16; 25; 34; 43; 52; 61\}$. Also ist:

$P(A)\cdot P(B)=\frac{2}{6}\cdot\frac{6}{36}=\frac{1}{18}$

Mit $A\cap B=\{34; 61\}$ ergibt sich:

$P(A\cap B)=\frac{2}{36}=\frac{1}{18}$

A und B sind somit stochastisch unabhängig.

81. Wegen der stochastischen Unabhängigkeit von A und B lässt sich die Formel anwenden:

$P(A\cup B)=P(A)+P(B)-P(A)\cdot P(B)=0{,}3+0{,}4-0{,}3\cdot 0{,}4=0{,}58$

82. Wegen $P(B)=\frac{P(A\cap B)}{P(A)}=\frac{0{,}13}{0{,}65}=0{,}2$ gilt $P(A\cup B)=0{,}65+0{,}2-0{,}13=0{,}72$.

83. Wird P(A) mit x abgekürzt, ergibt sich aus der Formel die Gleichung:

$0{,}58=x+0{,}25-x\cdot 0{,}25$

Es folgt:

$x=\frac{0{,}33}{1-0{,}25}=0{,}44$

84. P(A) sei mit x abgekürzt, P(B) mit y. Dann gilt:

$0{,}76=x+y-0{,}14$ und $x\cdot y=0{,}14$

Wegen $0{,}9=x+y$ und $0{,}14=x\cdot y$ folgt:

$0{,}14=x\cdot(0{,}9-x)$

Die daraus resultierende quadratische Gleichung

$x^2-0{,}9x+0{,}14=0$

hat die Lösungen $x_1=0{,}7$ und $x_2=0{,}2$. Es folgt $x=0{,}7$ und $y=0{,}2$ bzw. umgekehrt.

85. a) Sei A das Ereignis „Die erste Bahn kommt zu spät" und B „Die zweite Bahn kommt zu spät".
Wegen der Unabhängigkeit der Ereignisse A und B gilt für die gesuchte Wahrscheinlichkeit:

$P(A\cup B)=\frac{1}{5}+\frac{1}{3}-\frac{1}{5}\cdot\frac{1}{3}\approx 46{,}67\ \%$

b) Es gilt $P(A\cap\overline{B})=P(A)\cdot P(\overline{B})=\frac{1}{5}\cdot\frac{2}{3}\approx 13{,}33\ \%$.

86. Sind A und B unvereinbar, so ist Ihr Schnitt die leere Menge und damit $P(A \cap B) = 0$.
Da A und B unabhängig sind, gilt $P(A \cap B) = P(A) \cdot P(B)$.
Also ist $P(A) \cdot P(B) = 0$ und damit $P(A) = 0$ oder $P(B) = 0$.

87. Es gilt $P_A(B) = 1 - P_A(\overline{B}) = 1 - 0{,}11 = 0{,}89$ und $P_{\overline{A}}(B) = 1 - P_{\overline{A}}(\overline{B}) = 0{,}76$.
Mit dem Satz von Bayes folgt:
$$P_B(A) = \frac{P(A) \cdot P_A(B)}{P(A) \cdot P_A(B) + P(\overline{A}) \cdot P_{\overline{A}}(B)} = \frac{0{,}37 \cdot 0{,}89}{0{,}37 \cdot 0{,}89 + (1 - 0{,}37) \cdot 0{,}76} \approx 40{,}75\ \%$$

88. a)

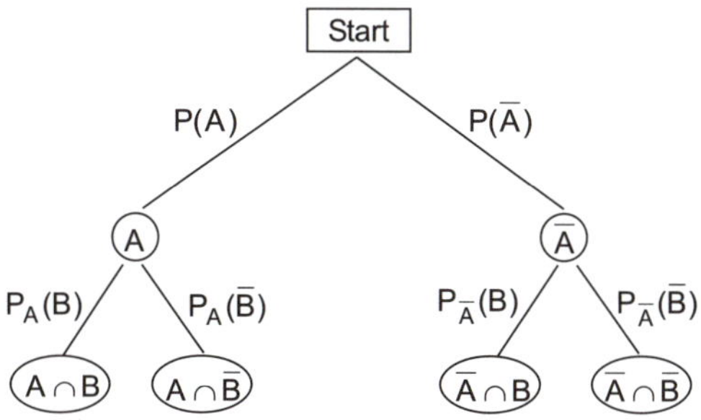

und

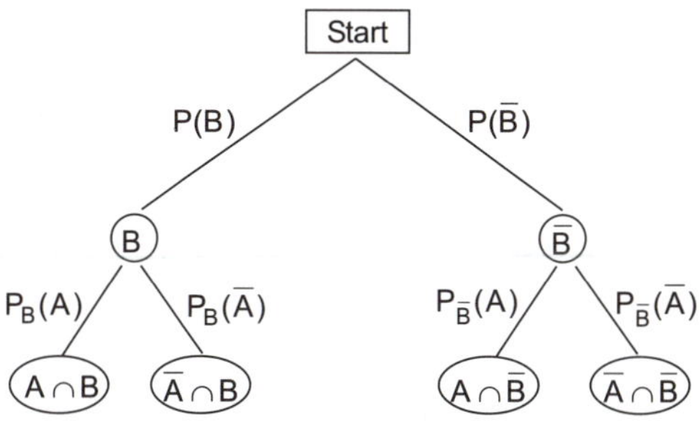

b) Die Pfade ganz links in den beiden Baumdiagrammen liefern:
$P(A \cap B) = P(A) \cdot P_A(B) = P(B) \cdot P_B(A)$
Daraus folgt im Falle $P(B) \neq 0$:
$$P_B(A) = \frac{P(A) \cdot P_A(B)}{P(B)}$$
Mit dem Satz von der totalen Wahrscheinlichkeit ergibt sich weiter:
$$P(B) = P(A \cap B) + P(\overline{A} \cap B) = P(A) \cdot P_A(B) + P(\overline{A}) \cdot P_{\overline{A}}(B)$$
Es folgt:
$$P_B(A) = \frac{P(A) \cdot P_A(B)}{P(A) \cdot P_A(B) + P(\overline{A}) \cdot P_{\overline{A}}(B)}$$

89. E bezeichne das Ereignis, dass die Mischung des betreffenden Tages „Extra" ist, F bezeichne das Ereignis „Das gewählte Bonbon ist gefüllt".
Dann ist $P(E)=0{,}2$ und $P_E(F)=0{,}7$ sowie $P_{\overline{E}}(F)=0{,}3$.

Die Wahrscheinlichkeit des Ereignisses E, gegeben F ist nach dem Satz von Bayes:

$$P_F(E)=\frac{P(E)\cdot P_E(F)}{P(E)\cdot P_E(F)+P(\overline{E})\cdot P_{\overline{E}}(F)}=\frac{0{,}2\cdot 0{,}7}{0{,}2\cdot 0{,}7+0{,}8\cdot 0{,}3}\approx 36{,}84\ \%$$

90. a) Sei A „Das untersuchte Kleinteil ist Ausschuss" und S „Das untersuchte Kleinteil wird aussortiert". Dann gilt $P(A)=8\ \%$, $P_A(S)=0{,}98$ sowie $P_{\overline{A}}(S)=0{,}01$.

Mit dem Satz von Bayes gilt für die Wahrscheinlichkeit, dass ein nicht aussortiertes Teil Ausschuss ist:

$$P_{\overline{S}}(A)=\frac{P(A)\cdot P_A(\overline{S})}{P(A)\cdot P_A(\overline{S})+P(\overline{A})\cdot P_{\overline{A}}(\overline{S})}=\frac{0{,}08\cdot 0{,}02}{0{,}08\cdot 0{,}02+0{,}92\cdot 0{,}99}\approx 0{,}18\ \%$$

b) Analog ergibt sich für die Wahrscheinlichkeit, dass ein aussortiertes Teil fehlerlos ist:

$$P_S(\overline{A})=\frac{P(\overline{A})\cdot P_{\overline{A}}(S)}{P(\overline{A})\cdot P_{\overline{A}}(S)+P(A)\cdot P_A(S)}=\frac{0{,}92\cdot 0{,}01}{0{,}92\cdot 0{,}01+0{,}08\cdot 0{,}98}\approx 10{,}50\ \%$$

91. Die Vierfeldertafel sieht folgendermaßen aus:

	S	$\overline{S}$	
F	12	1	13
$\overline{F}$	6	2	8
	18	3	21

a) Es gilt $P(F\cap S)=\frac{12}{21}\approx 0{,}5714$ und $P(F)\cdot P(S)=\frac{13}{21}\cdot\frac{18}{21}\approx 0{,}5306$.
Wegen $P(F\cap S)\neq P(F)\cdot P(S)$ sind F und S stochastisch abhängig.

b) Es gilt $P_{\overline{F}}(\overline{S})=\frac{P(\overline{F}\cap\overline{S})}{P(\overline{F})}=\frac{\frac{2}{21}}{\frac{8}{21}}=\frac{1}{4}$.

Dies entspricht dem Anteil der Pfleger am „unfreundlichen Personal". Die Frau des Patienten hat also nur mit einer Wahrscheinlichkeit von 25 % recht.

Wegen $P(S) = \frac{18}{21}$, $P_S(\overline{F}) = \frac{1}{3}$ und $P_{\overline{S}}(\overline{F}) = \frac{2}{3}$ führt der Satz von Bayes zum gleichen Ergebnis:

$$P_{\overline{F}}(\overline{S}) = \frac{P(\overline{S}) \cdot P_{\overline{S}}(\overline{F})}{P(\overline{S}) \cdot P_{\overline{S}}(\overline{F}) + P(S) \cdot P_S(\overline{F})} = \frac{\frac{1}{7} \cdot \frac{2}{3}}{\frac{1}{7} \cdot \frac{2}{3} + \frac{6}{7} \cdot \frac{1}{3}} = \frac{1}{4}$$

92. a) Es liegt keine Bernoulli-Kette vor. Die Wahrscheinlichkeit für einen Sieg variiert von Spiel zu Spiel.

b) Wenn man davon ausgeht, dass Janine jedes Mal unter gleichen Bedingungen wirft, kann man den Vorgang als Bernoulli-Kette auffassen. Dazu muss festgelegt werden, was bei diesem Zufallsexperiment unter „Treffer" zu verstehen ist. Mögliche Beispiele: „Pfeil trifft Scheibe" oder „Pfeil trifft ein Feld, das mindestens den Wert 7 hat".

c) Dies ist eine Bernoulli-Kette der Länge 10, wenn man als „Treffer" festlegt: „Andreas hat 6 Richtige." Hierfür ist die Wahrscheinlichkeit bei jeder Ziehung gleich (nämlich 1 : 13 983 816).

d) Eine Bernoulli-Kette läge nur vor, wenn für alle Fragen die Wahrscheinlichkeit des richtigen Beantwortens gleich groß wäre. Dies wäre z. B. der Fall, wenn Bea bei jeder Frage raten müsste. Davon ist realistischerweise nicht auszugehen.

93. Ein angemessenes Modell zu dieser Aufgabe ist eine Urne mit einer weißen Kugel für „Wappen" und einer schwarzen für „Zahl", aus der mit Zurücklegen zehnmal gezogen wird. Ebenso angemessen ist ein Urnenmodell mit 12 weißen und 12 schwarzen Kugeln; entscheidend ist, dass die Anteile der weißen und schwarzen Kugeln gleich sind und sich nicht von Zug zu Zug verändern.
Nach der Bernoulli-Formel gilt:

$$P(Z=7) = \binom{10}{7} \cdot \left(\frac{1}{2}\right)^7 \cdot \left(\frac{1}{2}\right)^3 \approx 11{,}72\,\%$$

94. a) Es ist $p = \frac{2}{7}$, $n = 7$ und $k = 2$. Mit der Bernoulli-Formel folgt:

$$P(Z=2) = \binom{7}{2} \cdot \left(\frac{2}{7}\right)^2 \cdot \left(\frac{5}{7}\right)^5 \approx 31{,}87\,\%$$

b) Es gilt:

$$P(Z=0) = \binom{4}{0} \cdot \left(\frac{2}{7}\right)^0 \cdot \left(\frac{5}{7}\right)^4 \approx 26{,}03\,\%$$

c) Es soll
$0{,}95 \leq P(Z \geq 1)$
gelten, wobei
$P(Z \geq 1) = 1 - P(Z = 0)$,
also muss
$P(Z = 0) \leq 0{,}05$
erfüllt sein. Wegen
$\binom{n}{0} \cdot \left(\frac{2}{7}\right)^0 \cdot \left(\frac{5}{7}\right)^n = \left(\frac{5}{7}\right)^n$
gilt dann:
$\left(\frac{5}{7}\right)^n \leq 0{,}05$
Durch Logarithmieren folgt
$n \cdot \log\frac{5}{7} \leq \log 0{,}05$
und hieraus wegen $\log\frac{5}{7} < 0$ als Bedingung für n:
$n \geq \frac{\log 0{,}05}{\log\frac{5}{7}} \approx 8{,}90$, also $n \geq 9$

95. Die Zufallsvariable Z gibt an, wie viele Festplatten im Laufe der Woche versagen. Damit die Datensicherheit in Gefahr gerät, müssen mehr als drei Festplatten ausfallen. Die Wahrscheinlichkeit hierfür ergibt sich zu:

$$P(Z > 3) = P(Z = 4) + P(Z = 5) = \binom{5}{4} \cdot 0{,}001^4 \cdot 0{,}999^1 + \binom{5}{5} \cdot 0{,}001^5 \cdot 0{,}999^0$$
$$= 5 \cdot 0{,}001^4 \cdot 0{,}999 + 0{,}001^5 \approx 5 \cdot 10^{-12}\ \%$$

96. a) Es gilt: $B_{0,5}^{20}(7) = \binom{20}{7} \cdot 0{,}5^7 \cdot 0{,}5^{13} \approx 0{,}07393$

b) Es gilt:
$$B_{0,5}^{20}(Z > 17) = B_{0,5}^{20}(Z = 18) + B_{0,5}^{20}(Z = 19) + B_{0,5}^{20}(Z = 20)$$
$$= \binom{20}{18} \cdot 0{,}5^{18} \cdot 0{,}5^2 + \binom{20}{19} \cdot 0{,}5^{19} \cdot 0{,}5^1 + \binom{20}{20} \cdot 0{,}5^{20} \cdot 0{,}5^0$$
$$\approx 0{,}0002012 \approx 0{,}02\ \%$$

97. Das Ereignis „Martina gewinnt spätestens die dritte Partie" sei mit A bezeichnet. Es wird eine Bernoulli-Kette mit dem Parameter $p = 0{,}3$ angenommen, „Treffer" bedeutet, Martina gewinnt die Partie, „Niete" steht für Remis oder Niederlage.
Das Ereignis A tritt ein, wenn Martina die erste, die zweite oder die dritte Partie gewinnt.

Am Baumdiagramm liest man ab:

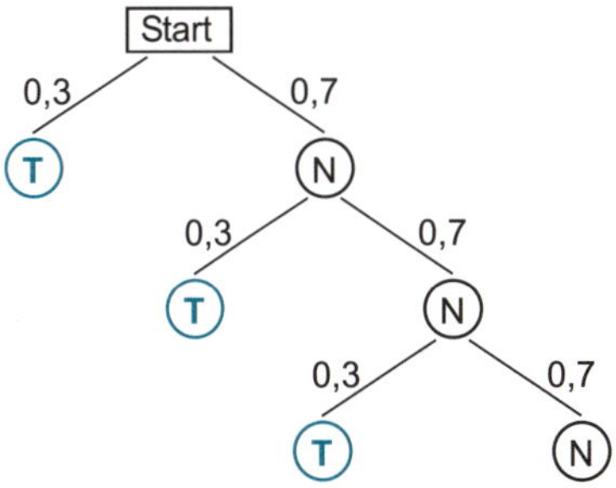

$P(A) = 0{,}3 + 0{,}7 \cdot 0{,}3 + 0{,}7 \cdot 0{,}7 \cdot 0{,}3 = 0{,}657$

Man kann auch rechnen $P(A) = 1 - P(\overline{A}) = 1 - 0{,}7^3 = 0{,}657$.

98. a) Damit der Junge im zehnten Versuch den Hauptgewinn erzielt, müssen dem Treffer 9 Nieten vorausgehen. Die Wahrscheinlichkeit dieses Ereignisses beträgt $0{,}9^9 \cdot 0{,}1 \approx 0{,}0387$.

b) Der Junge erzielt den Hauptgewinn frühestens im fünften Versuch, wenn die ersten vier Versuche Nieten sind. Die Wahrscheinlichkeit dafür ist $0{,}9^4 = 0{,}6561$.

c) Die Wahrscheinlichkeit, dass der Junge mehr als 15 Versuche benötigt, beträgt $0{,}9^{15}$. Die Wahrscheinlichkeit, rechtzeitig fertig zu werden, ist also $1 - 0{,}9^{15} \approx 0{,}7941$.

99. Ein Bernoulli-Experiment hat zwei mögliche Ergebnisse. Das mehrfache Ausführen erhöht die Anzahl der Ergebnisse auf 4, 8, 16, 32 usw.
Der Ergebnisraum einer Bernoulli-Kette der Länge hat also die Mächtigkeit 2^n.

100. Es gilt:

$B_p^n(k) = B_{0,25}^5(k) = \binom{5}{k} \cdot 0{,}25^k \cdot 0{,}75^{5-k}$

Man erhält:

k	0	1	2	3	4	5
P(Z = k)	0,2373	0,3955	0,2637	0,0879	0,0146	0,00098

101. Da die Werte für k bis 4 reichen, ist n = 4. Wegen

$$P(Z=0)=\binom{4}{0}\cdot p^0\cdot(1-p)^4=0{,}0256$$

folgt $(1-p)^4=0{,}0256$ und daraus $1-p=0{,}4$.

Die gesuchte Verteilung ist also $B_{0,6}^4$. Es ergibt sich:

k	0	1	2	3	4
P(Z = k)	0,0256	0,1536	0,3456	0,3456	0,1296

102. Es gilt:

$$B_p^n(k)=B_{0,5}^8(k)=\binom{8}{k}\cdot 0{,}5^k\cdot 0{,}5^{8-k}=\binom{8}{k}\cdot\frac{1}{256}$$

Für die Verteilung erhält man:

k	0	1	2	3	4	5	6	7	8
P(Z = k)	0,0039	0,0313	0,1094	0,2188	0,2734	0,2188	0,1094	0,0313	0,0039

103. Da alle sechs Seiten des Würfels mit gleicher Wahrscheinlichkeit fallen, ergibt sich folgende Wahrscheinlichkeitsverteilung:

k	1	3	5	6
P(Z = k)	$\frac{1}{6}$	$\frac{2}{6}$	$\frac{1}{6}$	$\frac{2}{6}$

Damit sieht das Histogramm so aus:

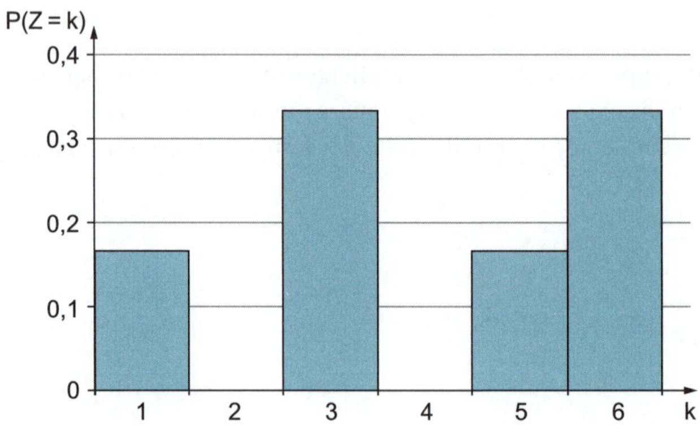

104. a)

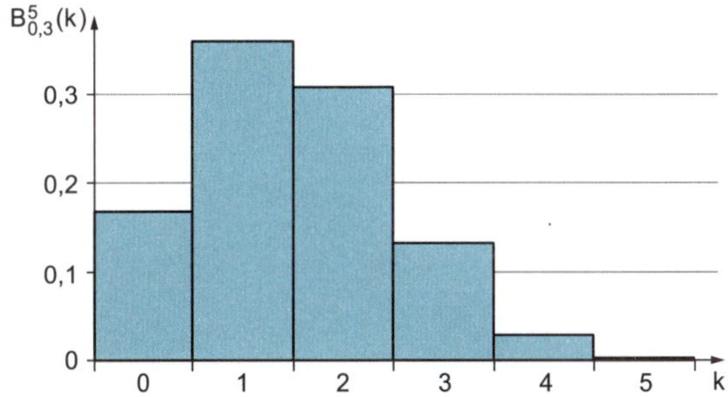

b)

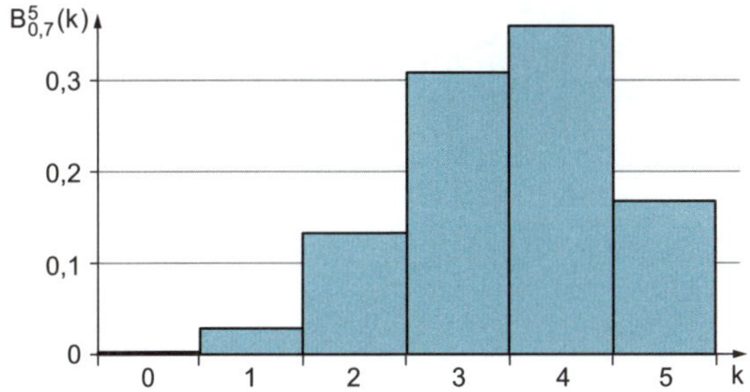

Das eine Schaubild entsteht aus dem anderen durch Spiegelung an der Geraden $x = 2{,}5$.

105. Aufgrund der Symmetrie des Pascal-Dreiecks gilt: $\binom{n}{k} = \binom{n}{n-k}$
Damit folgt:

$$B^n_p(k) = \binom{n}{k} \cdot p^k \cdot (1-p)^{n-k} = \binom{n}{n-k} \cdot (1-p)^{n-k} \cdot p^k = B^n_{1-p}(n-k)$$

106.

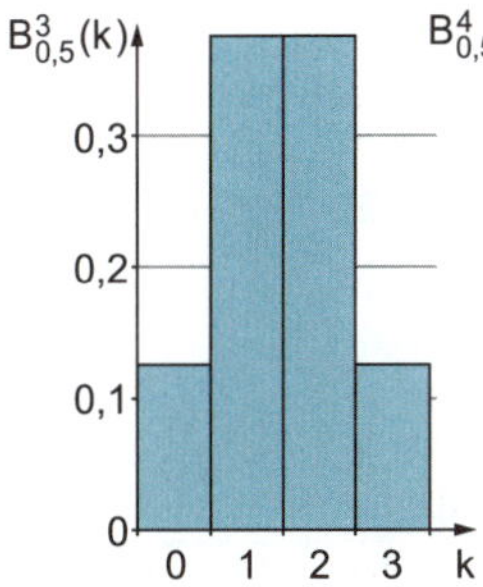

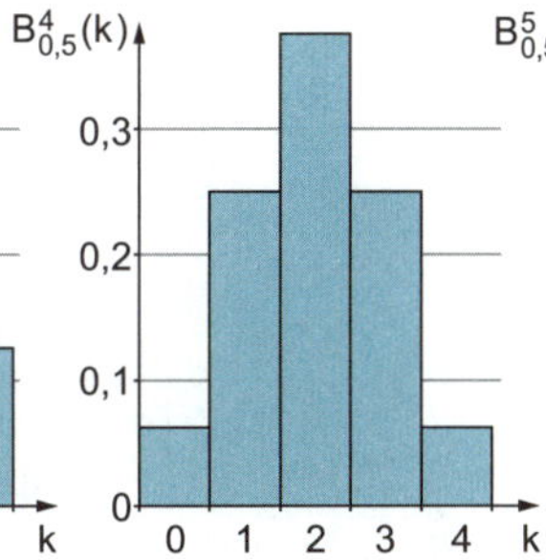

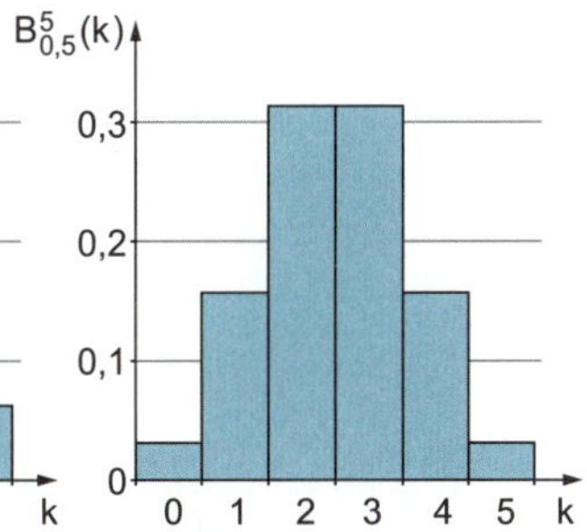

Wegen $p = 0{,}5$ sind k Rechtsablenkungen genauso wahrscheinlich wie k Linksablenkungen. Letzteres entspricht $n - k$ Rechtsablenkungen, sodass die Schaubilder jeweils achsensymmetrisch zur Geraden $x = \frac{n}{2}$ verlaufen. Unabhängig von k hat zu dieser Geraden die Gerade $x = k$ den gleichen Abstand wie die Gerade $x = n - k$.

107. Wegen $3a + 2a + 0{,}2 + 3a = 1$ muss $a = 0{,}1$ gelten.
Verteilung und Histogramm sehen folgendermaßen aus:

k	0	1	2	3
P(Z = k)	0,3	0,2	0,2	0,3

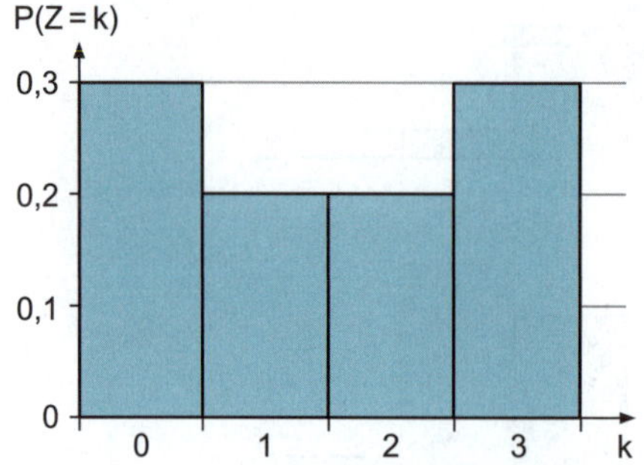

108. Für **p = 0,4** ergibt sich:

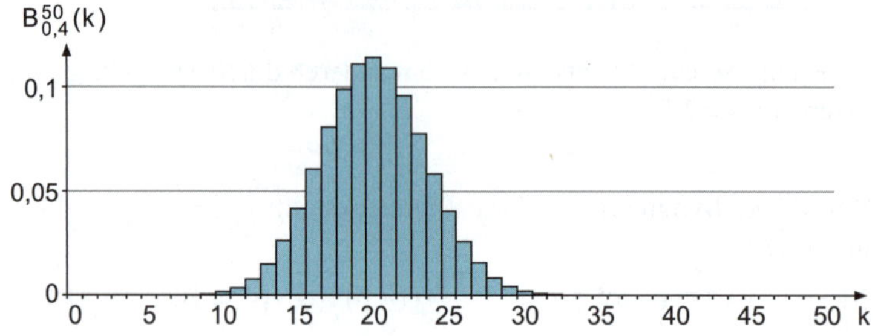

Spiegelung an der Geraden $x = 25$ liefert das Histogramm für **p = 0,6**:

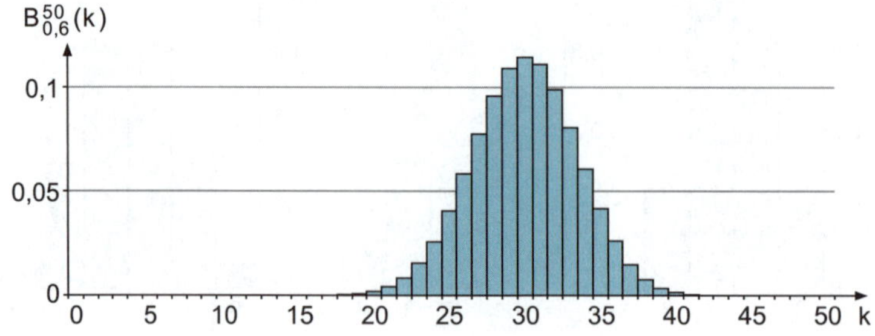

109. a) $F_{0,4}^{10}(8) \approx 0{,}9983$

b) $F_{0,65}^{15}(7) \approx 0{,}1132$

c) $B_{0,2}^{20}(Z \geq 4) = 1 - F_{0,2}^{20}(3) \approx 0{,}5886$

110. a) $B_{0,4}^{9}(5 \leq Z \leq 7) = F_{0,4}^{9}(7) - F_{0,4}^{9}(4) \approx 0{,}2628$

b) $B_{0,4}^{9}(Z \leq 3) = F_{0,4}^{9}(3) \approx 0{,}4826$

c) $B_{0,4}^{9}(Z > 8) = 1 - F_{0,4}^{9}(8) = B_{0,4}^{9}(Z = 9) \approx 0{,}0003$

Das Histogramm hat folgende Gestalt:

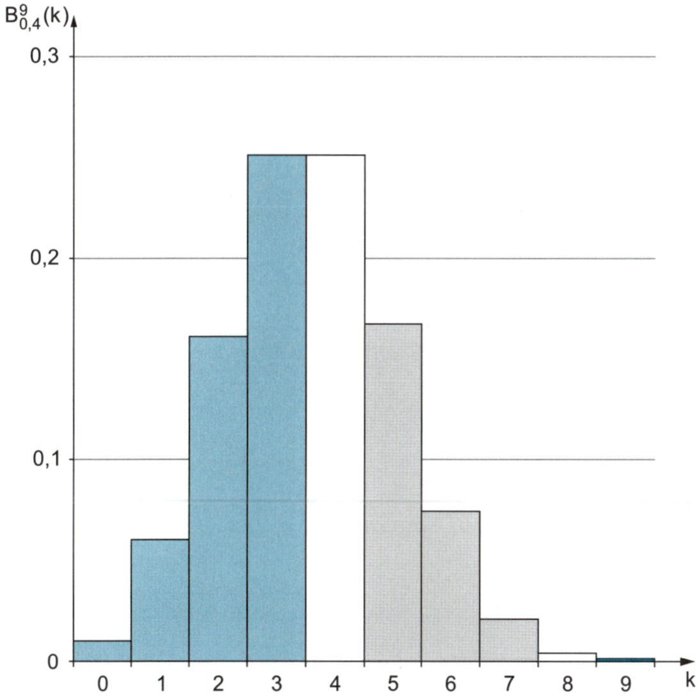

Die Wahrscheinlichkeit für a ist im Histogramm grau, die für b hellgrün und die für c grün markiert.

111. $B_{0,3}^{10}(Z > 4) = 1 - F_{0,3}^{10}(4) \approx 0{,}1503$

112. Bei einer Laplace-Münze ist $p = 0{,}5$. Damit folgt:

$P(40 \leq Z \leq 60) = P(Z \leq 60) - P(Z \leq 39) = F_{0,5}^{100}(60) - F_{0,5}^{100}(39) \approx 0{,}9648$

113. a) $B_{0,4}^{12}(Z \leq 7) = F_{0,4}^{12}(7) \approx 0,9427$

b) $B_{0,4}^{12}(Z < 4) = B_{0,4}^{12}(Z \leq 3) = F_{0,4}^{12}(3) \approx 0,2253$

c) $B_{0,4}^{12}(Z \geq 4) = 1 - B_{0,4}^{12}(Z \leq 3) \approx 0,7747$

d) $B_{0,4}^{12}(Z > 7) = 1 - B_{0,4}^{12}(Z \leq 7) \approx 0,0573$

In Aufgabenteil a und d werden Gegenereignisse beschrieben, ebenso in Aufgabenteil b und c.

114. Die Zufallsvariable Z bezeichne die Anzahl der geworfenen Sechsen. Dann lässt sich das Spiel als eine Bernoulli-Kette der Länge 3 mit dem Parameter $\frac{1}{6}$ auffassen.
Mit der Bernoulli-Formel erhält man die folgende Verteilung von Z:

z_i	0	1	2	3
$P(Z=z_i)$	$\frac{125}{216}$	$\frac{75}{216}$	$\frac{15}{216}$	$\frac{1}{216}$

Für den Erwartungswert ergibt sich:

$$E(Z) = \sum_{i=0}^{3} z_i \cdot P(Z=z_i) = 0 \cdot \frac{125}{216} + 1 \cdot \frac{75}{216} + 2 \cdot \frac{15}{216} + 3 \cdot \frac{1}{216} = 0,5$$

Da der Auszahlungserwartungswert 0,50 € ist, wäre das Spiel mit dem Einsatz 0,50 € fair.

115. Die Zufallsvariablen Z bzw. $(Z-E(Z))^2$ haben folgende Verteilungen:

z_i	0	1	2	3	4
$P(Z=z_i)$	$\frac{1}{16}$	$\frac{4}{16}$	$\frac{6}{16}$	$\frac{4}{16}$	$\frac{1}{16}$
$(z_i-E(Z))^2$	4	1	0	1	4

Damit ergibt sich für den Erwartungswert

$$E(Z) = \sum_{i=0}^{4} z_i \cdot P(Z=z_i) = 0 \cdot \frac{1}{16} + 1 \cdot \frac{4}{16} + 2 \cdot \frac{6}{16} + 3 \cdot \frac{4}{16} + 4 \cdot \frac{1}{16} = \frac{32}{16} = 2$$

und für die Varianz:

$$V(Z) = \sum_{i=0}^{4} (z_i - E(Z))^2 \cdot P(Z=z_i) = 4 \cdot \frac{1}{16} + 1 \cdot \frac{4}{16} + 0 \cdot \frac{6}{16} + 1 \cdot \frac{4}{16} + 4 \cdot \frac{1}{16}$$
$$= \frac{16}{16} = 1$$

Der Erwartungswert ist 2, die Varianz beträgt 1.

116. Es gelte $q = 1 - p$.

Für den Erwartungswert ergibt sich:

$$E(X) = 0 \cdot q^3 + 1 \cdot 3 \cdot pq^2 + 2 \cdot 3 \cdot p^2q + 3 \cdot p^3 = 3p \cdot (q^2 + 2pq + p^2)$$
$$= 3p \cdot (q+p)^2 = 3p,$$

da $q + p = 1$.

Für die Varianz gilt:

$$V(X) = (0-3p)^2 \cdot q^3 + (1-3p)^2 \cdot 3 \cdot pq^2 + (2-3p)^2 \cdot 3 \cdot p^2q + (3-3p)^2 \cdot p^3$$
$$= 9p^2 \cdot q^3 + (1-6p+9p^2) \cdot 3 \cdot pq^2 + (4-12p+9p^2) \cdot 3 \cdot p^2q$$
$$+ (9-18p+9p^2) \cdot p^3$$
$$= 9p^2 \cdot (1-p)^3 + (1-6p+9p^2) \cdot 3 \cdot p(1-p)^2$$
$$+ (4-12p+9p^2) \cdot 3 \cdot p^2(1-p) + (9-18p+9p^2) \cdot p^3$$
$$= 9p^2 \cdot (1-3p+3p^2-p^3) + (3p-18p^2+27p^3)(1-2p+p^2)$$
$$+ (4-12p+9p^2) \cdot (3p^2-3p^3) + 9p^3 - 18p^4 + 9p^5$$
$$= 9p^2 - 27p^3 + 27p^4 - 9p^5 + 3p - 6p^2 + 3p^3 - 18p^2 + 36p^3 - 18p^4$$
$$+ 27p^3 - 54p^4 + 27p^5 + 12p^2 - 36p^3 + 27p^4 - 12p^3 + 36p^4 - 27p^5$$
$$+ 9p^3 - 18p^4 + 9p^5$$
$$= -3p^2 + 3p = 3p \cdot (1-p) = 3pq$$

117. $E(Z) = n \cdot p = 40 \cdot 0{,}35 = 14$

$V(Z) = n \cdot p \cdot (1-p) = 40 \cdot 0{,}35 \cdot 0{,}65 = 9{,}1$

$\sigma(Z) = \sqrt{V(Z)} \approx 3{,}02$

118. Wegen $E(Z) = n \cdot p$ und $V(Z) = n \cdot p \cdot (1-p)$ vervierfachen sich der Erwartungswert sowie die Varianz. Weil die Standardabweichung die Wurzel aus der Varianz ist, verdoppelt diese sich.

119. Die Schätzung für den Marktanteil des Senders lautet:

$$\frac{k}{n} = \frac{1\,240}{5\,500} \approx 22{,}55\,\%$$

120. 12 % von 6,25 Millionen sind 750 000.

121. Aus $k = 14$ und $\frac{k}{n} = 0{,}28$ ergibt sich $n = 50$.

122. Es gilt:

$B(x) = B_x^n(k) = \binom{n}{k} \cdot x^k \cdot (1-x)^{n-k}$

Zunächst wird gezeigt, dass in den Fällen $k=0$ und $k=n$ jeweils ein Randextremum an der Stelle $x=0$ bzw. $x=1$ vorliegt.

Für $k=0$ vereinfacht sich B(x) zu:

$B_x^n(0) = \binom{n}{0} \cdot x^0 \cdot (1-x)^{n-0} = (1-x)^n$

Da B(x) Werte zwischen 0 und 1 annimmt, ist B(x) für $x=0$ maximal.

Für $k=n$ gilt

$B(x) = B_x^n(n) = \binom{n}{n} \cdot x^n \cdot (1-x)^{n-n} = x^n$

und B(x) wird für $x=1$ maximal.

Sei im Folgenden also $0<k<n$. Durch Bestimmen der ersten Ableitung von B nach x erhält man mit der Produktregel:

$(B_x^n(k))' = \left(\binom{n}{k} \cdot x^k \cdot (1-x)^{n-k}\right)'$

$= \binom{n}{k} \cdot (kx^{k-1} \cdot (1-x)^{n-k} + x^k \cdot (n-k)(1-x)^{n-k-1} \cdot (-1))$

$= \binom{n}{k} \cdot (kx^{k-1} \cdot (1-x) \cdot (1-x)^{n-k-1} - x \cdot x^{k-1} \cdot (n-k)(1-x)^{n-k-1})$

$= \binom{n}{k} \cdot x^{k-1} \cdot (1-x)^{n-k-1} \cdot (k \cdot (1-x) - x \cdot (n-k))$

$= \binom{n}{k} \cdot x^{k-1} \cdot (1-x)^{n-k-1} \cdot (k - n \cdot x)$

Die Ableitung ist genau dann null, wenn der letzte Faktor null ist, d. h. bei:

$x = \frac{k}{n}$

Die notwendige Bedingung für ein lokales Maximum ist erfüllt.

Zum Überprüfen der hinreichenden Bedingung stellen Sie fest, dass

$k - nx > 0 \;\Leftrightarrow\; x < \frac{k}{n}$ sowie $k - nx < 0 \;\Leftrightarrow\; x > \frac{k}{n}$

Demnach erfährt B'(x) an der Stelle $x = \frac{k}{n}$ einen Vorzeichenwechsel von + nach –, die hinreichende Bedingung für ein lokales Maximum ist somit auch erfüllt.

Mit der Vorbetrachtung zum Randextremum ist damit bewiesen, dass die Funktion B(x) an der Stelle $x = \frac{k}{n}$ ihr globales Maximum annimmt.

Damit ist bestätigt: Die Wahrscheinlichkeit, bei einer Bernoulli-Kette mit dem Parameter p bei n Versuchen k Treffer zu erzielen, ist am größten, wenn der Parameter den Wert $p = \frac{k}{n}$ hat. (In der Rechnung ist jeweils p durch x ersetzt.)

Dies rechtfertigt die Regel zum Schätzen von p über die relative Häufigkeit.

123. Dem Fehler erster Art entspricht, dass Bianca den Türrahmen nicht weit genug abklebt und versehentlich Wandfarbe auf den Türrahmen streicht. Dem Fehler zweiter Art entspricht dann, dass sie den Rahmen zu großzügig abklebt und beim Streichen einen Teil der Wand frei lässt. Letzteres ließe sich vermutlich leichter korrigieren als der Fehler erster Art.
Das Bemühen, den ersten Fehler zu vermeiden, macht den zweiten Fehler wahrscheinlicher; umgekehrt gilt dasselbe. Dies ist auch beim Alternativtest der Fall.

124. Gesucht sind die Wahrscheinlichkeiten für Fehler erster und zweiter Art in Abhängigkeit von g. Es ergibt sich:

a) $\alpha = P_{H_1}(Z > g) = B^{50}_{\frac{1}{6}}(Z > g) = 1 - B^{50}_{\frac{1}{6}}(Z \le g)$ und

$\beta = P_{H_2}(Z \le g) = B^{50}_{\frac{1}{4}}(Z \le g)$

g	8	9	10	11	12
α	0,4579	0,3170	0,2014	0,1173	0,0627
β	0,0916	0,1637	0,2622	0,3816	0,5110

b) $\alpha = P_{H_1}(Z > g) = B^{100}_{\frac{1}{6}}(Z > g) = 1 - B^{100}_{\frac{1}{6}}(Z \le g)$ und

$\beta = P_{H_2}(Z \le g) = B^{100}_{\frac{1}{4}}(Z \le g)$

g	18	19	20	21	22
α	0,3035	0,2197	0,1519	0,1002	0,0631
β	0,0630	0,0995	0,1488	0,2114	0,2864

c) Der erhöhte Stichprobenumfang macht die Trennung der beiden Hypothesen leichter, da das empirische Gesetz der großen Zahlen sich stärker auswirken kann.

125. a) Die Behauptung der Anwohner voreilig abzulehnen, hätte für die Verkehrssicherheit in diesem Gebiet so negative Folgen, dass man H_1: $p = 0{,}4$ und H_2: $p = 0{,}2$ wählen sollte. Auf diese Weise wird α durch 5 % begrenzt.

b) Die Entscheidungsgrenze g ist so zu wählen, dass $P_{H_1}(Z < g) < 5\,\%$ gilt.
Wegen
$B_{0,4}^{30}(Z < 8) \approx 4{,}35\,\%$ und $B_{0,4}^{30}(Z < 9) \approx 9{,}4\,\%$
wird $g = 8$ gewählt. So ergibt sich:
$\beta = P_{H_2}(Z \geq 8) = B_{0,2}^{30}(Z \geq 8) = 1 - B_{0,2}^{30}(Z \leq 7) \approx 23{,}92\,\%$

c)

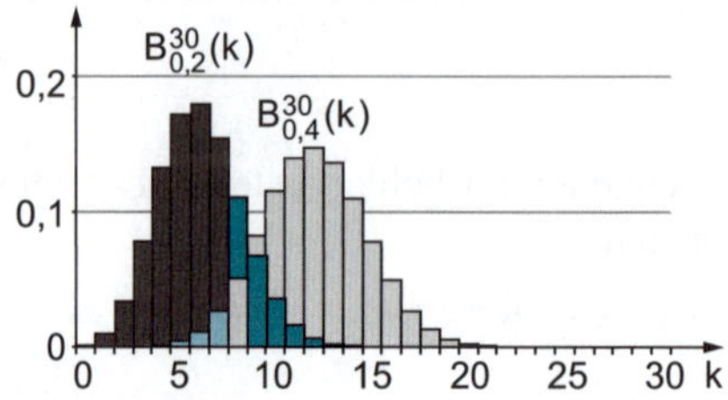

d) Wegen $B_{0,4}^{60}(Z < 18) \approx 4{,}13\,\%$ und $B_{0,4}^{60}(Z < 19) \approx 7{,}19\,\%$ wird $g = 18$ gewählt.
So ergibt sich:
$\beta = P_{H_2}(Z \geq 18) = B_{0,2}^{60}(Z \geq 18) = 1 - B_{0,2}^{60}(Z \leq 17) \approx 4{,}27\,\%$

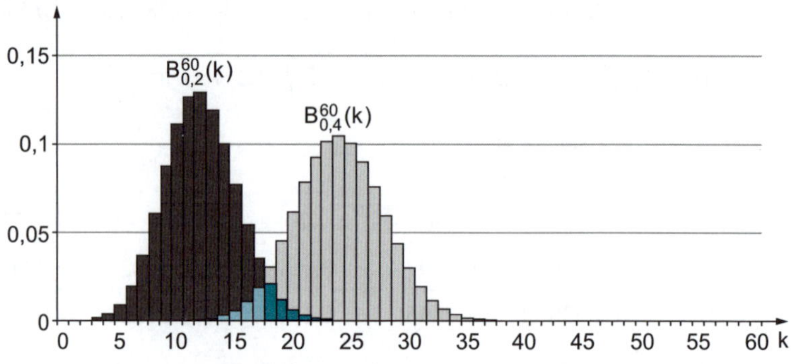

126. a) Der Fehler erster Art ist das Verurteilen eines Unschuldigen, da dies dem Zurückweisen der Nullhypothese (in diesem Falle der Unschuldsvermutung) entspricht.
Der Fehler zweiter Art besteht darin, einen Schuldigen laufen zu lassen.

b) Der Rechtsgrundsatz „Im Zweifel für den Angeklagten" wertet den Fehler erster Art als gewichtiger. Somit wird angestrebt, das α-Risiko niedriger zu halten als das β-Risiko.

127. Um eine mathematische Aussage indirekt zu beweisen, macht man die Annahme, das Gegenteil der Aussage wäre richtig. Hieraus wird dann mithilfe von Umformungen oder anderen logischen Schlüssen ein Widerspruch abgeleitet. Die Gemeinsamkeit mit dem Signifikanztest liegt darin, dass auch dort mit der Gültigkeit der Nullhypothese angenommen wird, das Gegenteil des zu Zeigenden wäre richtig. Es wird dann zwar kein logischer Widerspruch hergestellt. Wenn aber die Testvariable Z einen Wert im Ablehnungsbereich annimmt, wird sehr wohl die Nullhypothese stark in Zweifel gezogen und als nur schwerlich mit dem Testergebnis verträglich zurückgewiesen.

128. Aus $B^{50}_{\frac{1}{6}}(Z > g) < 5\ \%$ ergibt sich wegen $B^{50}_{\frac{1}{6}}(Z > g) = 1 - B^{50}_{\frac{1}{6}}(Z \leq g)$ für die Grenze $g = 13$, da $B^{50}_{\frac{1}{6}}(Z > 13) \approx 0{,}0307$ und $B^{50}_{\frac{1}{6}}(Z > 12) \approx 0{,}0627$.

Für den Ablehnungsbereich gilt daher:

$\overline{A} = \{14; 15; 16; \ldots; 49; 50\}$

H_0 wird also verworfen, falls 14 oder mehr Dioden defekt sind.

Der entsprechende Teil des Histogramms ist in der Abbildung grün getönt.

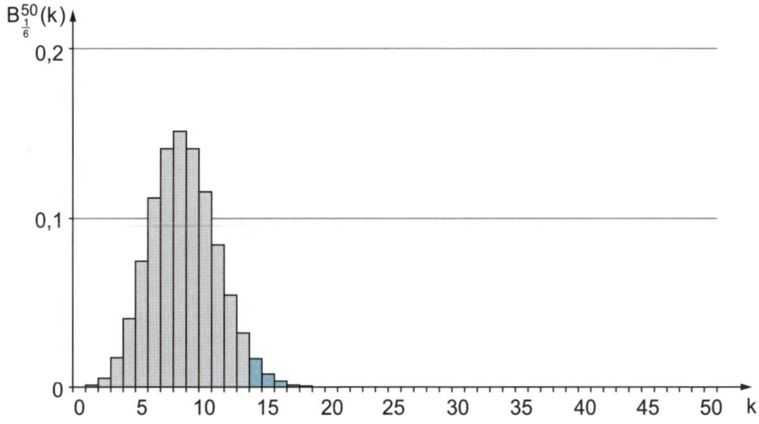

Wenn der Produzent mit der Behauptung H_0 recht hat, kann es ihm trotzdem passieren, dass aufgrund des Testergebnisses seine Lieferung abgelehnt wird. Dies erfolgt dann höchstens mit der „Irrtumswahrscheinlichkeit" $\alpha = 5\ \%$. Deshalb heißt die Wahrscheinlichkeit für den Fehler erster Art auch **Produzentenrisiko**.

Das β-Risiko, eine Lieferung mit zu hohem Ausschussanteil zu akzeptieren, nennt man entsprechend **Konsumentenrisiko**.

129. a) Zu bestimmen ist die Grenze g, unterhalb derer sich der Ablehnungsbereich $\overline{A}$ befindet.
Es muss gelten:
$P(Z \in \overline{A}) < 0{,}1$, also $P(Z < g) < 0{,}1$ bzw. $B_{0,3}^{80}(Z \le g-1) < 0{,}1$
Wegen $B_{0,3}^{80}(Z \le 18) \approx 0{,}0873$ und $B_{0,3}^{80}(Z \le 19) \approx 0{,}1352$ folgt $g = 19$ und $\overline{A} = \{0; 1; 2; \ldots; 18\}$.

b) $\overline{A}$ soll oberhalb von g liegen, d. h. $P(Z > g) < 0{,}1$. Es folgt:
$1 - P(Z \le g) < 0{,}1$ bzw. $B_{0,3}^{80}(Z \le g) > 0{,}9$
Damit ist $g = 29$ und $\overline{A} = \{30; 31; \ldots; 80\}$.

c) Wegen $B_{0,3}^{80}(Z < g_1) < 0{,}05$ und $B_{0,3}^{80}(Z > g_2) < 0{,}05$ folgt aus
$B_{0,3}^{80}(Z \le 16) \approx 0{,}0302$ und $B_{0,3}^{80}(Z \le 31) \approx 0{,}9640$
für die Grenzen $g_1 = 17$ und $g_2 = 31$. Der Ablehnungsbereich $\overline{A}$ ist somit das Komplement der Menge $A = \{17; 18; \ldots; 31\}$, es gilt also:
$\overline{A} = \{0; 1; 2; \ldots; 15; 16; 32; 33; \ldots; 79; 80\}$

130. Es ergibt sich folgende Tabelle mit dem zugehörigen Histogramm:

u_k	y_k
−4,0000	0,0000
−3,5000	0,0005
−3,0000	0,0037
−2,5000	0,0171
−2,0000	0,0555
−1,5000	0,1333
−1,0000	0,2444
−0,5000	0,3491
0,0000	0,3928
0,5000	0,3491
1,0000	0,2444
1,5000	0,1333
2,0000	0,0555
2,5000	0,0171
3,0000	0,0037
3,5000	0,0005
4,0000	0,0000

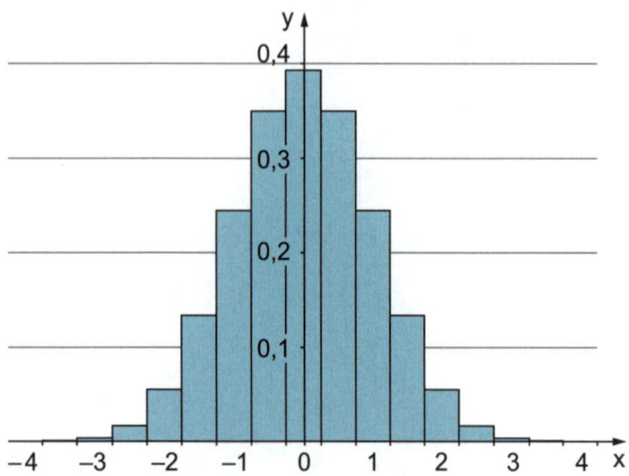

131. a) Die Binomialverteilung nimmt ihr Maximum an der Stelle k = 2 an mit $B_{0,2}^{11}(Z=2) \approx 0,2953$. Damit liegt das Maximum der standardisierten Zufallsvariablen bei $\frac{2-11\cdot 0,2}{\sqrt{11\cdot 0,2\cdot 0,8}} \approx -0,1508$. Sein Wert beträgt:
$\sqrt{11\cdot 0,2\cdot 0,8}\cdot B_{0,2}^{11}(Z=2) \approx 0,3917$

b) Es gilt $B_{0,6}^{60}(Z=36) \approx 0,1047$. Damit liegt das Maximum der standardisierten Zufallsvariablen bei $\frac{36-60\cdot 0,6}{\sqrt{60\cdot 0,6\cdot 0,4}} = 0$. Sein Wert beträgt
$\sqrt{60\cdot 0,6\cdot 0,4}\cdot B_{0,6}^{60}(Z=36) \approx 0,3972$

c) Es gilt $B_{0,9}^{60}(Z=54) \approx 0,1693$. Damit liegt das Maximum der standardisierten Zufallsvariablen bei $\frac{54-60\cdot 0,9}{\sqrt{60\cdot 0,9\cdot 0,1}} = 0$. Sein Wert beträgt:
$\sqrt{60\cdot 0,9\cdot 0,1}\cdot B_{0,6}^{60}(Z=54) \approx 0,3934$

Alle Maxima liegen knapp unter 0,4.

132. a) Wegen $E(Z) = 12\cdot 0,6 = 7,2$ und $\sigma(Z) = \sqrt{12\cdot 0,6\cdot 0,4} = \sqrt{2,88}$ gilt mit der Näherungsformel von Moivre/Laplace:

$$B_{0,6}^{12}(9) \approx \frac{1}{\sqrt{2,88}}\cdot\varphi\left(\frac{9-7,2}{\sqrt{2,88}}\right) \approx \frac{1}{\sqrt{2,88}}\cdot\varphi(1,06066) \approx 0,1339$$

Da der mit der Bernoulli-Formel bestimmte Wert 0,1419 ist, beträgt die prozentuale Abweichung –5,6 %.

b) Wegen $E(Z) = 20\cdot 0,8 = 16$ und $\sigma(Z) = \sqrt{20\cdot 0,8\cdot 0,2} = \sqrt{3,2}$ gilt

$$B_{0,8}^{20}(11) \approx \frac{1}{\sqrt{3,2}}\cdot\varphi\left(\frac{11-16}{\sqrt{3,2}}\right) \approx 0,004486,$$

während die Bernoulli-Formel zu 0,007387 führt. Die prozentuale Abweichung beträgt –39,27 %.

Bei kleinen Wahrscheinlichkeiten kann die Näherungsformel von Moivre/Laplace sehr ungenaue Werte liefern, zumal in dieser Aufgabe die Faustformeln $\sigma(Z) > 3$ bzw. $\sigma(Z) > 2$ nicht erfüllt sind.

133. a) Aus n = 1 600 und p = 0,6 folgt E(X) = 960 und $\sigma(X) = \sqrt{384}$.
Wegen $P_{0,6}(X < g) < 0,05$ folgt:

$$P_{0,6}(X \le g-1) = \Phi\left(\frac{g-1-960+0,5}{\sqrt{384}}\right) = \Phi\left(\frac{g-960,5}{\sqrt{384}}\right) < \Phi(z) = 0,05$$

Mit $z \approx -1,64485$ folgt $g < \sqrt{384}\cdot z + 960,5 \approx 928,27$, also g = 928.
Es gilt $\overline{A} = \{0, 1, \ldots, 927\}$.

b) Sei $P(X < g_1) < 0{,}03$ und $P(X > g_2) < 0{,}03$. Dann ist

$$0{,}03 > P(X \le g_1 - 1) \approx \Phi\left(\frac{g_1 - 1 - 960 + 0{,}5}{\sqrt{384}}\right) = \Phi\left(\frac{g_1 - 960{,}5}{\sqrt{384}}\right)$$

Aus $\Phi(z_1) = 0{,}03$ folgt $z_1 \approx -1{,}8808$. Damit gilt:

$g_1 < \sqrt{384} \cdot z_1 + 960{,}5 \approx 923{,}64$, also $g_1 = 923$.

Weiter gilt:

$$0{,}03 > P(X \ge g_2 + 1) = 1 - P(X \le g_2) \approx 1 - \Phi\left(\frac{g_2 - 960 + 0{,}5}{\sqrt{384}}\right)$$

Aus $\Phi(z_2) = 0{,}97$ folgt $z_2 \approx 1{,}8808$. Damit gilt:

$g_1 > \sqrt{384} \cdot z_2 + 959{,}5 \approx 996{,}36$.

Also ist $g_2 = 997$ und für den Ablehnungsbereich ergibt sich:

$\overline{A} = \{0, 1, 2, \ldots, 921, 922, 998, 999, \ldots, 1\,600\}$

134. a) Mit H_0 gilt $p = 0{,}2$, $E(X) = 330 \cdot 0{,}2 = 66$ und $\sigma(X) = \sqrt{52{,}8}$.

Es soll gelten $P(X > g) < 0{,}01$. Mit

$$P(X > g) = 1 - P(X \le g) \approx 1 - \Phi\left(\frac{g - 66 + 0{,}5}{\sqrt{52{,}8}}\right)$$

folgt

$$0{,}99 < \Phi\left(\frac{g - 65{,}5}{\sqrt{52{,}8}}\right), \text{ also } 2{,}326 < \frac{g - 65{,}5}{\sqrt{52{,}8}} \text{ bzw. } 82{,}4 < g.$$

Mit $g = 83$ ergibt sich der Ablehnungsbereich $\overline{A} = \{84, 85, \ldots, 330\}$.

b) Mit H_1 gilt $p = 0{,}3$. Weiter ist nun $E(X) = 330 \cdot 0{,}3 = 99$ und $\sigma(X) = \sqrt{69{,}3}$. Damit ergibt sich für das β-Risiko, dass die Zahl der Treffer im Bereich $A = \{0, \ldots, 83\}$ liegt:

$$\beta \approx \Phi\left(\frac{83 - 99 + 0{,}5}{\sqrt{69{,}3}}\right) = \Phi\left(\frac{-15{,}5}{\sqrt{69{,}3}}\right) \approx \Phi(-1{,}862) \approx 0{,}0313$$

c) Der Fehler 1. Art tritt ein, wenn (höchstens) 20 % der Personen das Angebot kennen, der Test aber aufgrund der Stichprobe zum Ergebnis kommt, dass das Angebot bekannter ist. Die Folge könnte sein, dass der Mobilfunkanbieter weniger Werbung macht, weil er sich in der falschen Sicherheit wiegt, das Angebot sei bei mehr als 20 % der Personen des Adressatenkreises bekannt. So könnten dem Unternehmer potenzielle Kunden entgehen.

Der Fehler 2. Art tritt ein, wenn etwa in Wahrheit 30 % der Adressaten das Angebot kennen, aufgrund des Testergebnisses die Hypothese H_0 aber nicht abgelehnt wird, dass es nur 20 % sind.

Mögliche Folgen für den Mobilfunkanbieter wären erhöhte Kosten durch fortgesetzte bzw. verstärkte Anstrengungen in der Werbung.

135. Man kann annehmen, dass die Zahl der Interessenten einer Binomialverteilung mit den Parametern $n = 140$ und $p = 0{,}5$ folgt. Also gilt $E(X) = 70$ und $\sigma(X) = \sqrt{35}$.

Für die Zahl k der zu besorgenden Koteletts soll $P(X > k) \le 0{,}1$ gelten, d. h. $0{,}1 \ge P(X > k) = 1 - P(X \le k)$, also $P(X \le k) \ge 0{,}9$.

Mit der Näherungsformel von Moivre/Laplace folgt:

$$0{,}9 \le P(X \le k) \approx \Phi\left(\frac{k - 70 + 0{,}5}{\sqrt{35}}\right)$$

Aus $\Phi(z) = 0{,}9$ folgt $z \approx 1{,}2816$ und damit:

$$z \le \frac{k - 69{,}5}{\sqrt{35}} \quad \Leftrightarrow \quad k \ge 69{,}5 + \sqrt{35} \cdot z \approx 77{,}08 \quad \Rightarrow \quad k = 78$$

Zu den erwarteten 70 Koteletts kommen 8 als Reserve, um die gewünschte Wahrscheinlichkeit garantieren zu können.

136. a) Die Zahl derjenigen, die ihren gebuchten Urlaub tatsächlich antreten, ist binomialverteilt mit $n = 220$ und $p = 0{,}9$.

Damit gilt $E(X) = n \cdot p = 220 \cdot 0{,}9 = 198$ sowie $\sigma(X) = \sqrt{19{,}8}$ und es ist:

$$P(X > 200) = 1 - P(X \le 200) \approx 1 - \Phi\left(\frac{200 - 198 + 0{,}5}{\sqrt{19{,}8}}\right) = 1 - \Phi\left(\frac{2{,}5}{\sqrt{19{,}8}}\right) \approx 0{,}2871$$

b) Mit $P(X > g) < 0{,}05$ folgt $1 - P(X \le g) < 0{,}05$ und damit:

$$0{,}95 < P(X \le g) \approx \Phi\left(\frac{g - 198 + 0{,}5}{\sqrt{19{,}8}}\right) = \Phi\left(\frac{g - 197{,}5}{\sqrt{19{,}8}}\right)$$

Aus $\Phi(z) = 0{,}95$ folgt $z \approx 1{,}6449$ und damit:

$$z < \frac{g - 197{,}5}{\sqrt{19{,}8}} \quad \Leftrightarrow \quad g > 197{,}5 + \sqrt{19{,}8} \cdot z \approx 204{,}82 \quad \Rightarrow \quad g = 205$$

205 Plätze wären nötig.

c) Mit $P(X > 200) < 0{,}05$ folgt

$$0{,}95 < P(X \le 200) \approx \Phi\left(\frac{200 - 0{,}9n + 0{,}5}{\sqrt{0{,}9 \cdot 0{,}1 \cdot n}}\right) = \Phi\left(\frac{200{,}5 - 0{,}9n}{\sqrt{0{,}09n}}\right),$$

wobei n die gesuchte Anzahl der zu akzeptierenden Reservierungen ist.

Mit $\Phi(z) = 0{,}95$ folgt $z \approx 1{,}64485$ sowie:

$$z < \frac{200{,}5 - 0{,}9n}{\sqrt{0{,}09n}}$$

Ersetzt man das „<" durch ein „=", so erhält man durch Umformen eine Gleichung für den zu unterschreitenden Schrankenwert von n:

$$0{,}9n + 0{,}3 \cdot z \cdot \sqrt{n} - 200{,}5 = 0$$

Die Substitution $\sqrt{n} = u$ führt auf die quadratische Gleichung $0{,}9u^2 + 0{,}3 \cdot z \cdot u - 200{,}5 = 0$.

Diese hat die Lösungen $u_1 \approx 14{,}654$ und $u_2 \approx -15{,}202$. Die erste Lösung ergibt $n_1 = u_1^2 \approx 214{,}74$. Da nur die positive Lösung sinnvoll ist, lautet die gesuchte Zahl der maximal zu akzeptierenden Reservierungen 214.

137. a) Es gilt:

$$P(10 \le X \le 15) = \Phi\left(\frac{15-12}{2}\right) - \Phi\left(\frac{10-12}{2}\right) = \Phi(1{,}5) - \Phi(-1)$$
$$\approx 0{,}93319 - 0{,}15866 \approx 0{,}7745$$

b) $P(X \le 8) = \Phi\left(\frac{8-12}{2}\right) = \Phi(-2) \approx 0{,}0228$

c) $P(X > 11) = 1 - P(X \le 11) = 1 - \Phi\left(\frac{11-12}{2}\right) = 1 - \Phi(-0{,}5) \approx 0{,}6915$

138. a) $P(195 \le X \le 205) = \Phi\left(\frac{205-200}{10}\right) - \Phi\left(\frac{195-200}{10}\right)$
$$= \Phi(0{,}5) - \Phi(-0{,}5) \approx 0{,}3829$$

b) $P(X > 220) = 1 - P(X \le 220) = 1 - \Phi\left(\frac{220-200}{10}\right) = 1 - \Phi(2) \approx 0{,}0228$

139. Es gilt $P(40 \le X \le 60) = \Phi\left(\frac{60-50}{5}\right) - \Phi\left(\frac{40-50}{5}\right) = \Phi(2) - \Phi(-2)$

und $P(76 \le Y \le 84) = \Phi\left(\frac{84-80}{2}\right) - \Phi\left(\frac{76-80}{2}\right) = \Phi(2) - \Phi(-2)$.

140. a) Aus $\Phi(z) = 0{,}9$ folgt $z \approx 1{,}2816$.

Wegen $0{,}9 \approx P(X \le k) = \Phi\left(\frac{k-120}{20}\right)$ folgt damit:

$$z = \frac{k-120}{20} \quad \Leftrightarrow \quad k = 120 + 20z \approx 145{,}63$$

b) Mit

$$0{,}5 \approx P(100 \le X \le k) = P(X \le k) - P(X \le 100)$$
$$= \Phi\left(\frac{k-120}{20}\right) - \Phi\left(\frac{100-120}{20}\right) = \Phi\left(\frac{k-120}{20}\right) - \Phi(-1)$$

folgt $\Phi\left(\frac{k-120}{20}\right) \approx 0{,}5 + 0{,}1587 = 0{,}6587$.

Aus $\Phi(z) = 0{,}6587$ folgt $z \approx 0{,}4090$. Damit gilt:

$$z = \frac{k-120}{20} \quad \Leftrightarrow \quad k = 120 + 20z \approx 128{,}18$$

c) Es ist:

$$0,6 \approx P(120-k \le X \le 120+k) = \Phi\left(\frac{120+k-120}{20}\right) - \Phi\left(\frac{120-k-120}{20}\right)$$
$$= \Phi\left(\frac{k}{20}\right) - \Phi\left(-\frac{k}{20}\right)$$
$$= \Phi\left(\frac{k}{20}\right) - \left[1-\Phi\left(\frac{k}{20}\right)\right] = 2\cdot\Phi\left(\frac{k}{20}\right) - 1$$

Also $\Phi\left(\frac{k}{20}\right) \approx 0,8$. Aus $\Phi(z) = 0,8$ folgt $z \approx 0,8416$. Damit gilt: $k \approx 16,83$

141. a) Es gilt $E(X) = 60$ und $\sigma(X) = \sqrt{100\cdot 0,6\cdot 0,4} = \sqrt{24}$. Damit folgt:

$$P(58 \le X \le 64) \approx \Phi\left(\frac{64-60+0,5}{\sqrt{24}}\right) - \Phi\left(\frac{58-60-0,5}{\sqrt{24}}\right)$$
$$= \Phi\left(\frac{4,5}{\sqrt{24}}\right) - \Phi\left(\frac{-2,5}{\sqrt{24}}\right) \approx 0,5159$$

b) Es gilt:

$$P(58 \le X \le 64) = \Phi\left(\frac{64-60}{\sqrt{24}}\right) - \Phi\left(\frac{58-60}{\sqrt{24}}\right) = \Phi\left(\frac{4}{\sqrt{24}}\right) - \Phi\left(\frac{-2}{\sqrt{24}}\right) \approx 0,4513$$

Die Wahrscheinlichkeit bei Aufgabenteil a liegt höher, da der erfasste Bereich der Normalverteilung aufgrund der Stetigkeitskorrektur größer ist.

142. a) $P(X > 540) = 1 - P(X \le 540) = 1 - \Phi\left(\frac{540-500}{30}\right) \approx 0,0912$

b) $P(|X-500| > 15) = 1 - P(|X-500| \le 15) = 1 - P(485 \le X \le 515)$

$$= 1 - \left[\Phi\left(\frac{515-500}{30}\right) - \Phi\left(\frac{485-500}{30}\right)\right]$$
$$= 1 - \left[\Phi\left(\tfrac{1}{2}\right) - \Phi\left(-\tfrac{1}{2}\right)\right] = 1 - \left[\Phi\left(\tfrac{1}{2}\right) - \left(1-\Phi\left(\tfrac{1}{2}\right)\right)\right]$$
$$= 1 - \left[2\Phi\left(\tfrac{1}{2}\right) - 1\right] = 2 - 2\Phi\left(\tfrac{1}{2}\right) = 2\left(1-\Phi\left(\tfrac{1}{2}\right)\right)$$
$$\approx 0,6171$$

c) $P(X > 500) = 1 - P(X \le 500) = 1 - \Phi\left(\frac{500-520}{30}\right) = 1 - \Phi\left(-\frac{2}{3}\right)$

$$= 1 - \left[1 - \Phi\left(\tfrac{2}{3}\right)\right] = \Phi\left(\tfrac{2}{3}\right) \approx 0,7475$$

Daher lautet die Antwort nein, nur ca. 75 % der Netze wiegen über 500 g.

d) Es gilt $0,01 > P(X < 500) \approx \Phi\left(\frac{500-\mu}{30}\right)$. Aus $\Phi(z) = 0,01$ folgt $z \approx -2,3263$. Damit gilt:

$$\frac{500-\mu}{30} < z \quad\Leftrightarrow\quad \mu > 500 - 30z \approx 579,79$$

143. a) Die gesuchte Wahrscheinlichkeit ist durch $\left(\frac{3}{4}\right)^8$ gegeben.

b) Die Wahrscheinlichkeit für acht Misserfolge ist $\left(\frac{1}{4}\right)^8$.

c) Die gesuchte Wahrscheinlichkeit berechnet sich zu:
$P(X=6)+P(X=7)=\binom{8}{6}\cdot\left(\frac{3}{4}\right)^6\cdot\left(\frac{1}{4}\right)^2+\binom{8}{7}\cdot\left(\frac{3}{4}\right)^7\cdot\left(\frac{1}{4}\right)^1$

d) Bei 150 Versuchen kann man davon ausgehen, dass die Erfolgswahrscheinlichkeit nicht konstant bleibt, da Hannah z. B. durch den Trainingseffekt immer besser oder durch Ermüdung immer schlechter wird. Jedenfalls wird die Erfolgswahrscheinlichkeit schwanken und es liegt somit keine Bernoulli-Kette vor.

144. a) Beim neunmaligen Werfen des Würfels erfüllt das Ereignis A „Es fällt keine Sechs“ die vorgegebene Gleichung.

b) Beim dreimaligen Werfen des Würfels erfüllt das Ereignis B „Nicht jeder Wurf ergibt eine Sechs“ die vorgegebene Gleichung.

c) Beim vierzehnmaligen Werfen des Würfels erfüllt das Ereignis C „Es fallen genau drei Sechsen“ die vorgegebene Gleichung.

Anstelle der Zahl Sechs kann in der Antwort auch jede andere Anzahl von Augen eines Würfels angegeben werden.

145. a) Der Frühbus kommt jeden Tag mit 90 %iger Wahrscheinlichkeit pünktlich. Damit ist die Wahrscheinlichkeit dafür, dass der Bus fünfmal hintereinander pünktlich kommt, $P(A)=0{,}9^5$.

b) Es bezeichne B das in der Aufgabenstellung beschriebene Ereignis. Dann gilt:
$P(B)=\binom{5}{3}\cdot 0{,}1^3\cdot 0{,}9^2=\frac{5!}{3!\cdot 2!}\cdot 0{,}001\cdot 0{,}81=\frac{5\cdot 4}{2}\cdot 0{,}00081=0{,}81\ \%$

146. a) Es gilt $\gamma=\frac{1}{2}\cdot(360°-2\cdot 60°)=120°$ und somit $P(\gamma)=\frac{120°}{360°}=\frac{1}{3}$.

b) Für den Erwartungswert μ der Auszahlung gilt:
$\mu=1\cdot\frac{1}{6}+2\cdot\frac{1}{6}+3\cdot\frac{1}{3}+4\cdot\frac{1}{3}=\frac{1}{6}+\frac{2}{6}+\frac{6}{6}+\frac{8}{6}=\frac{17}{6}$
Der Gewinnerwartungswert ist somit $\mu-3=-\frac{1}{6}$.
Das Spiel ist nicht fair, da $\mu\neq 3$.

147. a) Der rote Sektor hat den Mittelpunktswinkel $0{,}1 \cdot 360° = 36°$ und der gelbe Sektor den Mittelpunktswinkel $0{,}3 \cdot 360° = 108°$. Damit hat der grüne Sektor den Mittelpunktswinkel $360° - 36° - 108° = 216°$.

b) Die gesuchte Wahrscheinlichkeit ist $0{,}1 \cdot 0{,}3 \cdot 0{,}6 = 0{,}018$.

c) Die gesuchte Wahrscheinlichkeit ist $0{,}1^2 + 0{,}3^2 + 0{,}6^2 = 0{,}46$.

148. a) Die Einträge des Pascal-Dreiecks haben die Form des Binomialkoeffizienten „k aus n“, wobei n die Zeile und k die Spalte des Dreiecks angibt ($n, k \in \mathbb{N}, k \leq n$). In dem hier betrachteten Fall ist $n = 3$. Für $0 \leq k \leq 3$ ergibt sich der Funktionswert der entsprechenden Binomialverteilung mit $p = 0{,}5$ zu:

$$B_{0,5}^3(k) = \binom{3}{k} \cdot \left(\frac{1}{2}\right)^k \cdot \left(\frac{1}{2}\right)^{3-k} = \binom{3}{k} \cdot \left(\frac{1}{2}\right)^3 = \frac{1}{8} \cdot \binom{3}{k}$$

b) Die dritte Zeile des Pascal-Dreiecks besteht aus den Einträgen 1, 3, 3 und 1. Es ergibt sich folgende Wertetabelle:

k	0	1	2	3
$B_{0,5}^3(k)$	$\frac{1}{8}$	$\frac{3}{8}$	$\frac{3}{8}$	$\frac{1}{8}$

Das Schaubild hat folgendes Aussehen:

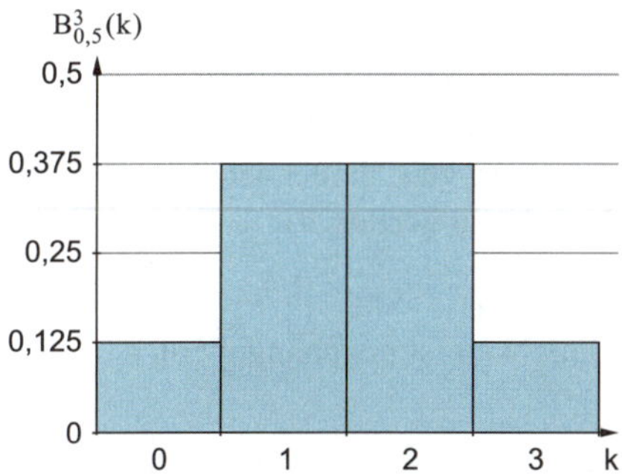

149. Schaubild A kann nicht zur vorgegebenen Binomialverteilung gehören, da es symmetrisch (zur Geraden $x = 5$) ist und dies nur für $p = 0{,}5$ möglich ist. Schaubild C passt nicht, da es sein Maximum bei $k = 4$ hat. Der Erwartungswert beträgt aber $12 \cdot 0{,}4 = 4{,}8$.
Die Schaubild D zugrunde liegende Binomialverteilung hat für $k = 13$ einen Funktionswert ungleich null. Die vorgegebene Binomialverteilung ist jedoch für $k > 12$ gar nicht definiert.
Nach dem Ausschlussverfahren bleibt somit nur noch Schaubild B übrig.

150. a) Es gilt: $P(Z \geq 1) = 1 - P(Z = 0) = 1 - \left(\frac{5}{8}\right)^2 = 1 - \frac{25}{64} = \frac{39}{64}$

b) Sei x die Anzahl der weißen Kugeln in der Urne. Der Ansatz

$$\frac{8}{9} = 1 - \left(\frac{5}{5+x}\right)^2$$

führt auf

$$\frac{1}{3} = \frac{5}{5+x},$$

es ergibt sich $x = 10$, da x positiv sein muss. Also müssen zusätzlich sieben weiße Kugeln in die Urne gelegt werden.

151. Es bezeichne G das Ereignis „Der Kunde kauft ein Gewinnlos" und N das Ereignis „Der Kunde kauft eine Niete". Gesucht sind die Wahrscheinlichkeiten aller Kombinationen, bei denen von höchstens vier Ereignissen stets zweimal Ereignis G eintritt. Die Summe dieser Wahrscheinlichkeiten ist dann die gesuchte Wahrscheinlichkeit:

$$P(GG) + P(GNG) + P(GNNG) + P(NGG) + P(NGNG) + P(NNGG)$$

$$= \frac{2}{6} \cdot \frac{1}{5} + \frac{2}{6} \cdot \frac{4}{5} \cdot \frac{1}{4} + \frac{2}{6} \cdot \frac{4}{5} \cdot \frac{3}{4} \cdot \frac{1}{3} + \frac{4}{6} \cdot \frac{2}{5} \cdot \frac{1}{4} + \frac{4}{6} \cdot \frac{2}{5} \cdot \frac{3}{4} \cdot \frac{1}{3} + \frac{4}{6} \cdot \frac{3}{5} \cdot \frac{2}{4} \cdot \frac{1}{3} = \frac{1}{15} \cdot 6 = 0{,}4$$

Die gesuchte Wahrscheinlichkeit beträgt demnach 40 %.
Bei der Lösung kann ein (reduziertes) Baumdiagramm hilfreich sein.

152. a) Es gilt: $P(A) = \frac{1}{2} \cdot \frac{12}{20} + \frac{1}{2} \cdot \frac{4}{20} = \frac{3}{10} + \frac{1}{10} = 0{,}4$

b) Sei x die Anzahl der Schokoladenkekse in Dose I. Da es 16 Schokoladenkekse und insgesamt 40 Kekse gibt, berechnet sich die Wahrscheinlichkeit, einen Schokoladenkeks zu wählen, zu

$$P(A) = \frac{1}{2} \cdot \frac{x}{20} + \frac{1}{2} \cdot \frac{16-x}{20} = \frac{x}{40} + \frac{16-x}{40} = \frac{16}{40} = 0{,}4.$$

Die berechnete Wahrscheinlichkeit ist unabhängig von x.

153. Es gilt $P(Z=3) = 100\,\% - 10\,\% - 20\,\% - 15\,\% - 10\,\% - 15\,\% - 20\,\% = 10\,\%$.
Damit ist
$P(2 < Z \leq 5) = P(Z=3) + P(Z=4) + P(Z=5) = 10\,\% + 10\,\% + 15\,\% = 35\,\%$.

154. a) Für die sonstigen Parteien verbleiben:
$100\,\% - 40\,\% - 31\,\% - 20\,\% - 6\,\% = 3\,\%$

b) Aufgrund der Wahlbeteiligung von 70 % gilt $P(W) = 0{,}7$.
$P_W(A) = 0{,}4$ ist nach der Tabelle der relativen Häufigkeiten die Wahrscheinlichkeit, dass ein Bürger, der an der Wahl teilnimmt, Partei A wählt.

Weiter gilt:
$P(A) = P(W) \cdot P_W(A) = 0{,}7 \cdot 0{,}4 = 0{,}28$

Es gilt $P(\overline{W}) = 1 - 0{,}7 = 0{,}3$. Damit ist die Gruppe der Nichtwähler größer als die der Wähler der stärksten Partei A.

Ferner ist $P(A \cap W) = P(A) = 0{,}28$, da W immer eintritt, wenn A eintritt. (Wenn jemand Partei A wählt, übt er sein Wahlrecht aus.) Aus dem gleichen Grund ist $P_A(W) = 1$, das ist die Wahrscheinlichkeit, dass jemand an der Wahl teilgenommen hat, gegeben dass er Partei A gewählt hat.

c) Man kann willkürlich einen Stuhl als den ersten bezeichnen und die übrigen gegen den Uhrzeigersinn durchnummerieren. Dann wird klar, dass die Zahl aller möglichen Sitzordnungen der Anzahl der Permutationen von 8 entspricht: $8! = 40\,320$. Bei jeweils 8 dieser Sitzordnungen hat jeder rechts und links denselben Sitznachbarn, da es bei einem runden Tisch egal ist, auf welchem Stuhl man sitzt. Die gesuchte Anzahl beträgt daher $7! = 5\,040$.

Bei der Wahl des Präsidiums müssen zwei der fünf Männer und eine der drei Frauen bzw. einer der Männer und zwei der Frauen ausgewählt werden. Die Anzahl hierfür berechnet sich zu:

$$\binom{5}{2} \cdot \binom{3}{1} + \binom{5}{1} \cdot \binom{3}{2} = 10 \cdot 3 + 5 \cdot 3 = 45$$

d) Man kann die Befragung einer Person als Bernoulli-Experiment mit den beiden Ausgängen Treffer („Person bevorzugt Partei C“) und Niete („Person bevorzugt Partei C nicht“) auffassen. Dieses Experiment wird 100-mal wiederholt. Obwohl eine bereits befragte Person nicht ein weiteres Mal befragt wird, ist die Binomialverteilung ein angemessenes Modell für die Umfrage, da die Zahl der potenziellen Umfrageteilnehmer groß im Vergleich zu 100 ist. Somit ändert sich die Trefferwahrscheinlichkeit von einer Befragung zur nächsten fast gar nicht, die Umfrage kann somit als Bernoulli-Kette aufgefasst werden.

Für die Nullhypothese gilt H_0: $p = 0{,}2$. Unter der Voraussetzung „H_0 gilt“ beträgt die Wahrscheinlichkeit für 14 oder weniger Treffer:

$P_{H_0}(Z \leq 14) = B_{0{,}2}^{100}(Z \leq 14) \approx 0{,}0804$

Damit liegt die Wahrscheinlichkeit über 5 % und es kann aufgrund des Testergebnisses nicht auf das Absinken der Partei C in der Wählergunst geschlossen werden.

155. a) Es gilt $\mu = n \cdot p = 100 \cdot 0{,}25 = 25$, also sind 25 rote Bälle zu erwarten. Für die Standardabweichung gilt:

$\sigma(Z) = \sqrt{V(Z)} = \sqrt{n \cdot p \cdot (1-p)} = \sqrt{18{,}75} \approx 4{,}33$

Weiter gilt:

$P(Z > 30) = 1 - P(Z \leq 30) = 1 - B_{0,25}^{100}(Z \leq 30) \approx 10{,}38\ \%$

Mit der berechneten Standardabweichung ergibt sich:

$$P(25 - 4{,}33 < Z < 25 + 4{,}33) = P(21 \leq Z \leq 29)$$
$$= P(Z \leq 29) - P(Z \leq 20) \approx 0{,}7016$$

b) Es gilt: $P(X < 7) = \Phi\left(\frac{7 - 7{,}3}{0{,}2}\right) = \Phi(-1{,}5) \approx 0{,}0668$

c) Es gibt

$$\binom{40}{12}$$

Möglichkeiten, die 12 Bälle zu ziehen. Soll kein gelber Ball dabei sein, beträgt die Anzahl der Möglichkeiten

$$\binom{30}{12},$$

ebenso für die drei anderen Farben. Also gibt es

$$4 \cdot \binom{30}{12}$$

Möglichkeiten, 12 Bälle zu ziehen, bei denen nicht alle vier Farben vertreten sind. Die gesuchte Gegenwahrscheinlichkeit dieses Ereignisses beträgt somit:

$$1 - \frac{4 \cdot \binom{30}{12}}{\binom{40}{12}} \approx 0{,}9381$$

Um drei Bälle einer Farbe zu ziehen, hat man

$$\binom{10}{3}$$

Möglichkeiten. Somit ist die Wahrscheinlichkeit, drei Bälle von jeder der vier Farben zu ziehen:

$$\frac{\binom{10}{3} \cdot \binom{10}{3} \cdot \binom{10}{3} \cdot \binom{10}{3}}{\binom{40}{12}} \approx 0{,}0371$$

d) Wegen $n = 5\,000$ und $p = 0{,}1$ gilt für Erwartungswert und Standardabweichung:

$\mu = n \cdot p = 500$ und $\sigma(Z) = \sqrt{n \cdot p \cdot (1 - p)} = \sqrt{450}$

Es soll $P_{H_0}(X < g) < \alpha$ gelten. Die linke Seite berechnet sich zu:

$$P_{H_0}(X < g) = P_{0,1}(X \leq g - 1) \approx \Phi\left(\frac{g - 1 - 500 + 0{,}5}{\sqrt{450}}\right)$$

Weil $\Phi(z) = 0{,}05$ für $z \approx -1{,}6449$ erfüllt ist, folgt:

$g < \sqrt{450} \cdot z + 500{,}5 \approx 465{,}6$

Also beträgt die Entscheidungsgrenze $g = 465$, der Ablehnungsbereich ist $\overline{A} = \{0, 1, 2, \ldots, 464\}$.

156. a) Es bezeichne H das Ereignis „Ein zufällig ausgewählter Jugendlicher hat ein eigenes Handy“ und F das entsprechende Ereignis mit dem eigenen Fernseher. Dann ist laut Aufgabentext:
$P(F)=0{,}4$, $P(H\cap F)=0{,}34$ und $P_{\overline{F}}(H)=0{,}55$

Nach der Definition der bedingten Wahrscheinlichkeit gilt also:
$P_F(H)=\frac{P(H\cap F)}{P(F)}=\frac{0{,}34}{0{,}4}=0{,}85$

Die gesuchte Wahrscheinlichkeit ergibt sich nach der Formel von Bayes:
$P_H(F)=\frac{P(F)\cdot P_F(H)}{P(F)\cdot P_F(H)+P(\overline{F})\cdot P_{\overline{F}}(H)}=\frac{0{,}4\cdot 0{,}85}{0{,}4\cdot 0{,}85+0{,}6\cdot 0{,}55}\approx 0{,}5075$

b) Es gilt
$P(H)=P(F)\cdot P_F(H)+P(\overline{F})\cdot P_{\overline{F}}(H)=0{,}4\cdot 0{,}85+0{,}6\cdot 0{,}55=0{,}67$
und $P(H)\cdot P(F)=0{,}67\cdot 0{,}4=0{,}268$.
Davon verschieden ist $P(H\cap F)=0{,}34$, also sind die Ereignisse H und F stochastisch abhängig. Dies lässt sich auch daran ablesen, dass die Werte von $P_{\overline{F}}(H)$ und $P_F(H)$ voneinander abweichen.

Eine mögliche Begründung liegt darin, dass dem Besitz von Handys und Fernsehern ein Interesse an technischen Unterhaltungsgeräten zugrunde liegen könnte.

c) Wegen $P_{\overline{F}}(H)=0{,}55$ und $P(\overline{F})=0{,}6$ gilt $P(H\cap\overline{F})=0{,}33$.
Durch sukzessives Auffüllen der Vierfeldertafel ergibt sich:

	H	$\overline{H}$	
F	34	6	40
$\overline{F}$	33	27	60
	67	33	100

157. a) Alle Patienten vertragen Transfusionen, wenn das Spenderblut die Blutgruppe 0 hat. Der negative Rhesusfaktor stellt sicher, dass auch rhesusnegative Patienten das Blut vertragen. Wegen der umfassenden Einsetzbarkeit ist Blut der Gruppe 0– als Spenderblut besonders wertvoll, die Träger dieser Blutgruppe heißen daher Universalspender.

b) Es liegt eine Bernoulli-Kette mit der Trefferwahrscheinlichkeit $p=0{,}06$ vor. Bezeichnet n die gesuchte Anzahl, so ergibt sich mit der Gegenwahrscheinlichkeit der Ansatz $0{,}94^n<0{,}001$. Daraus folgt:
$n>\frac{\log 0{,}001}{\log 0{,}94}\approx 111{,}6$
Daher müssten 112 Personen getestet werden.

c) Der Patient verträgt Blut der Gruppe A+, wenn er selbst die Blutgruppe A+ oder AB+ hat. Die Wahrscheinlichkeit dafür beträgt
$37\,\% + 4\,\% = 41\,\%$.

Blut der Gruppe B– verträgt er, wenn er die Blutgruppe B oder AB hat, die Wahrscheinlichkeit dafür ist $9\,\% + 2\,\% + 4\,\% + 1\,\% = 16\,\%$.

d) Gesucht ist der Anteil, den die Blutgruppe AB+ an den beiden infrage kommenden Blutgruppen A+ und AB+ hat. Dieser beträgt:
$$\frac{4\,\%}{37\,\% + 4\,\%} \approx 9{,}76\,\%$$

e) Für eine „Zufallstransfusion“ kann man sich vorstellen, dass zunächst ein Spender aus der Bevölkerung ausgewählt wird, danach ein Empfänger. Es liegt ein zweistufiges Zufallsexperiment vor, das man am einfachsten mithilfe eines Baumdiagramms untersucht.
Unter Berücksichtigung der im einführenden Aufgabentext genannten Regeln für „erlaubte“ Bluttransfusionen ergibt sich folgendes Baumdiagramm, bei dem nur die zulässigen Äste eingezeichnet sind:

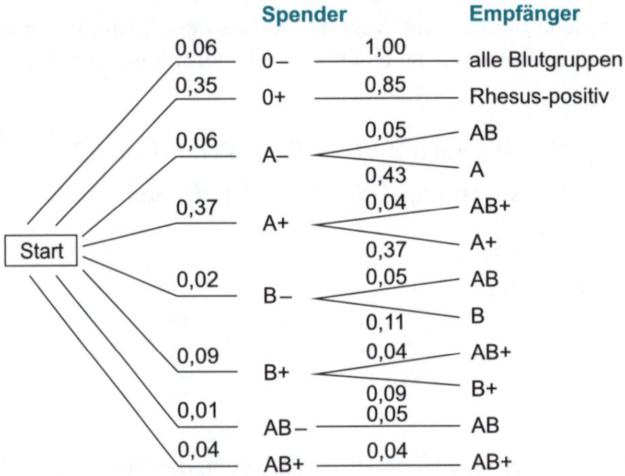

Die gesuchte Wahrscheinlichkeit ergibt sich mithilfe der Pfadregeln:
$$0{,}06 + 0{,}35 \cdot 0{,}85 + 0{,}06 \cdot 0{,}48 + 0{,}37 \cdot 0{,}41 + 0{,}02 \cdot 0{,}16 + 0{,}09 \cdot 0{,}13 + 0{,}01 \cdot 0{,}05 + 0{,}04 \cdot 0{,}04 = 0{,}555$$
Die Wahrscheinlichkeit liegt bei 55,5 %.

Alternative Lösungsmöglichkeit: Man kann genauso gut das Baumdiagramm mit dem Empfänger beginnen.

158. a) Die Wahrscheinlichkeit, drei Zahlen richtig (und damit auch drei Zahlen falsch) zu tippen, beträgt

$$P(Z=3)=\frac{\binom{6}{3}\cdot\binom{43}{3}}{\binom{49}{6}}\approx 0{,}01765$$

b) Die Wahrscheinlichkeit, vier Richtige anzukreuzen, ist:

$$P(Z=4)=\frac{\binom{6}{4}\cdot\binom{43}{2}}{\binom{49}{6}}$$

Nach der Ziehung von sechs Kugeln verbleiben 43 in der Urne, aus denen eine Zusatzzahl gezogen wird. Die Wahrscheinlichkeit, dass diese unter den beiden „falsch angekreuzten" Zahlen ist, beträgt $\frac{2}{43}$. Somit ist die Wahrscheinlichkeit für das Ereignis A: „Vier Richtige mit Zusatzzahl" gegeben durch:

$$P(A)=\frac{\binom{6}{4}\cdot\binom{43}{2}}{\binom{49}{6}}\cdot\frac{2}{43}\approx 4{,}5052\cdot 10^{-5}$$

Sei nun n die Zahl der abgegebenen Tippreihen. Dann ist die relative Gewinnhäufigkeit in der betreffenden Gewinnklasse $h_n(A)=\frac{k}{n}$ mit $k=3\,274$. Ersetzt man die relative Häufigkeit durch die Wahrscheinlichkeit P(A), erhält man:

$$n\approx\frac{k}{P(A)}\approx 72{,}7 \text{ Millionen}$$

c) Bezeichnet n die gesuchte Anzahl, so liefert die Betrachtung des Gegenereignisses den Ansatz $0{,}98^n<0{,}5$. Aus diesem folgt $n\cdot\log 0{,}98<\log 0{,}5$ und damit:

$$n>\frac{\log 0{,}5}{\log 0{,}98}\approx 34{,}3$$

Man muss mindestens 35-mal tippen.

Nach Aufgabenteil a ist die Gewinnwahrscheinlichkeit für die niedrigste Gewinnklasse ca. 0,01765. Der Anteil an der gesamten Gewinnwahrscheinlichkeit von 2 % beträgt somit $\frac{1{,}765\,\%}{2\,\%}\approx 0{,}8825$.

Mit fast 90 %iger Wahrscheinlichkeit ist Jans Gewinn der kleinstmögliche mit drei Richtigen.

d) Es liegt eine Bernoulli-Kette der Länge $n=4\,633$ vor, wobei die Trefferwahrscheinlichkeit $p=\frac{6}{49}$ beträgt. Damit gilt:

$\mu=n\cdot p\approx 567{,}306$ und $\sigma(Z)=\sqrt{n\cdot p\cdot(1-p)}\approx 22{,}312$

Mit der Näherungsformel von Moivre/Laplace folgt:

$$P(Z\leq 505)\approx\Phi\left(\frac{505+0{,}5-\mu}{\sigma}\right)=\Phi(-2{,}77004)\approx 0{,}0028$$

Mit dieser Wahrscheinlichkeit wird die Zahl 13 bei den kommenden 4 633 Ziehungen wieder so selten gezogen.
Die Wahrscheinlichkeit, dass dies bei irgendeiner der 49 Zahlen vorkommen wird, lässt sich bestimmen, indem man 0,0028 als Trefferwahrscheinlichkeit für eine Bernoulli-Kette der Länge 49 annimmt.
Die Wahrscheinlichkeit des Gegenereignisses, dass keine der 49 Zahlen höchstens 505-mal gezogen wird, berechnet sich damit zu:
$(1-P(Z \le 505))^{49} \approx 0{,}8715$
Also liegt die gesuchte Wahrscheinlichkeit fast bei beträchtlichen 13 %.

159. a) Die Gleichung der Gauß-Funktion lautet:

$$\varphi(x) = \frac{1}{\sqrt{2\pi}} e^{-\frac{1}{2}x^2}$$

Mit der Ketten- bzw. Produktregel folgt für die ersten drei Ableitungen:

$$\varphi'(x) = \frac{-x}{\sqrt{2\pi}} \cdot e^{-\frac{1}{2}x^2},$$

$$\varphi''(x) = -\frac{1}{\sqrt{2\pi}} \cdot e^{-\frac{1}{2}x^2} - \frac{x}{\sqrt{2\pi}} \cdot (-x) \cdot e^{-\frac{1}{2}x^2} = \frac{x^2-1}{\sqrt{2\pi}} \cdot e^{-\frac{1}{2}x^2},$$

$$\varphi'''(x) = \frac{1}{\sqrt{2\pi}} \cdot \left(2x + (x^2-1) \cdot (-x)\right) \cdot e^{-\frac{1}{2}x^2} = \frac{3x - x^3}{\sqrt{2\pi}} \cdot e^{-\frac{1}{2}x^2}$$

Wegen $\varphi'(x) = 0$ folgt für die Maximalstelle $x_h = 0$. Da die notwendige Bedingung mit $\varphi''(0) = -\frac{1}{\sqrt{2\pi}} < 0$ erfüllt ist, folgt aus $\varphi(0) = \frac{1}{\sqrt{2\pi}}$ für die Koordinaten des Hochpunkts: $H\left(0 \,\middle|\, \frac{1}{\sqrt{2\pi}}\right)$

Aus $\varphi''(x) = 0$ folgt für die Wendestellen $x_{W_1} = -1$ und $x_{W_2} = 1$. Die notwendige Bedingung ist wegen $\varphi'''(-1) < 0$ bzw. $\varphi'''(1) > 0$ jeweils erfüllt.
Die Wendepunkte sind:

$$W_1\left(-1 \,\middle|\, \frac{1}{\sqrt{2\pi}} \cdot e^{-\frac{1}{2}}\right) \text{ und } W_2\left(1 \,\middle|\, \frac{1}{\sqrt{2\pi}} \cdot e^{-\frac{1}{2}}\right)$$

b) Aus $\varphi(x) = \frac{1}{2}\varphi(0)$ folgt der Ansatz:

$$\frac{1}{\sqrt{2\pi}} e^{-\frac{1}{2}x^2} = \frac{1}{\sqrt{2\pi}} \cdot \frac{1}{2}$$

Hieraus ergibt sich $e^{\frac{1}{2}x^2} = 2$ und weiter $x_1 = -\sqrt{2 \cdot \ln 2}$ und $x_2 = \sqrt{2 \cdot \ln 2}$.
Also ist die gesuchte Halbwertsbreite $x_2 - x_1 = 2\sqrt{2 \cdot \ln 2} \approx 2{,}3548$.

c) Es gilt:

$$\begin{aligned} P(x_1 \le X \le x_2) &= \Phi(x_2) - \Phi(x_1) = \Phi(x_2) - (1 - \Phi(x_2)) = 2\Phi(x_2) - 1 \\ &= 2\Phi\left(\sqrt{2 \cdot \ln 2}\right) - 1 \approx 0{,}7610 \end{aligned}$$

Etwas mehr als drei Viertel der Fläche unter der Gauß'schen Glockenkurve liegen innerhalb der Halbwertsbreite, mit ca. 76 % Wahrscheinlichkeit nimmt die Zufallsvariable Werte aus diesem Bereich an.

160. a) Für den Ablehnungsbereich gilt: $\overline{A} = \{7; 8; 9\}$
Damit erhält man für die „Irrtumswahrscheinlichkeit":
$\alpha = P_{H_0}(Z \in \overline{A}) = B^9_{0,5}(Z > 6) = 1 - B^9_{0,5}(Z \leq 6) \approx 0{,}0898$

b) Das Signifikanzniveau ist eine vor dem Test festzulegende obere Schranke für die „Irrtumswahrscheinlichkeit" bei dem Test.
Die „Irrtumswahrscheinlichkeit" ist die Wahrscheinlichkeit, dass die Nullhypothese H_0 aufgrund des Testergebnisses abgelehnt wird, obwohl sie gültig ist.

c) Der Begriff „Irrtumswahrscheinlichkeit" legt nahe, α wäre die Wahrscheinlichkeit dafür, dass aufgrund des Signifikanztests eine falsche Entscheidung getroffen wird. Diese Wahrscheinlichkeit lässt sich aber in den meisten Fällen gar nicht angeben. Die Festlegung $\alpha = P_{H_0}(Z \in \overline{A})$ definiert α als Wahrscheinlichkeit dafür, dass **bei unterstellter Gültigkeit** der Nullhypothese aufgrund des Testergebnisses eine falsche Entscheidung getroffen wird.

d) Die Menge $\{1, 2, 3, 4, 5, 6\}$ ist die Komplementmenge des Ablehnungsbereichs. Trotzdem ist der Begriff „Annahmebereich" ungünstig gewählt, da er zu der Interpretation verleitet, dass die Nullhypothese angenommen (also bestätigt) wird, wenn Z in diesen Bereich fällt. Tatsächlich wird die Nullhypothese in einem solchen Fall aber nur beibehalten – aus Mangel an Gegenbeweisen. Die Begriffe „Nichtablehnungsbereich" oder „Beibehaltungsbereich" sind demnach treffender.

161. a) Da die Testgröße $B^{15}_{0,7}$-verteilt ist, lautet die Nullhypothese $p = 0{,}7$.
Das α-Risiko muss unter dem Signifikanzniveau von 10 % liegen, d. h., es muss gelten $P_{H_0}(Z \in \overline{A}) < 0{,}1$. Also muss die Grenze g folgende Gleichung erfüllen: $P_{H_0}(Z < g) < 0{,}1$.
Wegen $B^{15}_{0,7}(Z \leq 7) \approx 0{,}0500$ und $B^{15}_{0,7}(Z \leq 8) \approx 0{,}1311$ ist $g = 8$ und somit $\overline{A} = \{1, 2, 3, 4, 5, 6, 7\}$. Es liegt ein linksseitiger Test vor.

b) Es gilt: $P_{H_0}(Z \notin \overline{A}) = 1 - P(Z \in \overline{A}) = 1 - B^{15}_{0,7}(Z \leq 7) \approx 0{,}9500$
Diese Wahrscheinlichkeit ist die Gegenwahrscheinlichkeit zur „Irrtumswahrscheinlichkeit", beide ergänzen sich zu 100 %.

162. a) Es gilt: $P_{H_0}(Z \in \overline{A}) = P(Z > 5) = 1 - P(Z \leq 5) = 1 - B^8_{0,5}(Z \leq 5) \approx 0{,}1445$

b) Die gesuchte Wahrscheinlichkeit beträgt $0{,}5^8 \approx 0{,}0039$, also 0,39 %.

163. a) Als Nullhypothese muss $p = \frac{1}{6}$ gewählt werden, denn die Wahrscheinlichkeit, dass ein fairer Würfel nach einem Wurf sechs Augen zeigt, beträgt gerade $\frac{1}{6}$.

b) Die Festlegung des Signifikanzniveaus auf 5 % bedeutet, dass folgende Ungleichung erfüllt sein muss: $P_{H_0}(Z \in \overline{A}) < 0{,}05$. Für die zu bestimmende Grenze g bei diesem rechtsseitigen Test gilt daher:

$$P_{H_0}(Z > g) < 0{,}05 \quad \Leftrightarrow \quad 1 - P_{H_0}(Z \le g) < 0{,}05 \quad \Leftrightarrow \quad 0{,}95 < B^{60}_{\frac{1}{6}}(Z \le g)$$

Es folgt $g = 15$, also $\overline{A} = \{16, 17, \ldots, 59, 60\}$.

c) Die gesuchte Wahrscheinlichkeit ist das Risiko für einen Fehler zweiter Art. Es gilt: $\beta = P_{0,3}(Z \notin \overline{A}) = B^{60}_{0,3}(Z \le 15) \approx 0{,}2438$

164. a) Die Wahrscheinlichkeit für eine Eins beträgt $P(1) = \frac{1}{6} + 0{,}6 \cdot \frac{1}{6} = \frac{4}{15}$, die für eine Sechs ist $P(6) = \frac{1}{6} - 0{,}6 \cdot \frac{1}{6} = \frac{1}{15}$.

b) Nebenstehende Abbildung zeigt eine Skizze des Würfels. Eingezeichnet sind die vertikale Mittelebene und der in diesem Fall rechts davon (auf der horizontalen Mittelachse) liegende Schwerpunkt S sowie zur Verdeutlichung auch der Schnittpunkt M der Diagonalen. In diesem Fall fällt der Würfel mit höherer Wahrscheinlichkeit auf die rechte Seite, also muss die linke Seite ein Auge, die rechte Seite sechs Augen zeigen.

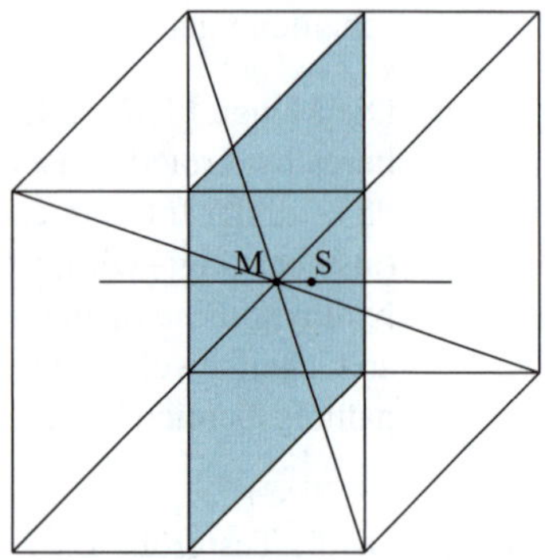

Ein solcher Würfel kann hergestellt werden, indem man zwei Würfelhälften aus Materialien unterschiedlicher Dichte zusammenfügt. Man könnte auch auf der Symmetrieachse in der Nähe des gewünschten Schwerpunkts ein Gewicht einarbeiten.

c) Für das beschriebene Spiel ist der Erwartungswert der Auszahlung
$1 \cdot \frac{4}{15} + (2+3+4+5) \cdot \frac{1}{6} + 6 \cdot \frac{1}{15} = 3.$

Mit dem Einsatz drei Euro ist das Spiel also im mathematischen Sinne fair. Trotzdem verhält sich die Firma nicht korrekt, wenn sie die Mitspieler in dem Glauben lässt, es würde ein normaler Würfel verwendet. Denn bei einem normalen Würfel beträgt die Auszahlungserwartung 3,50 Euro (vgl. Seite 96) und ist somit höher.

d) Der Vorwurf der Manipulation lässt sich durch einen Signifikanztest statistisch erhärten. Wenn die Irrtumswahrscheinlichkeit genügend klein ist, wird man dies als Nachweis der Manipulation ansehen, auch wenn keine absolute Sicherheit gegeben ist. Alternativ könnte man auch den Würfel in der Mitte teilen und beide Hälften wiegen.

165. a) Man berechnet den Quotienten zweier aufeinanderfolgenden Werte der Binomialverteilung. Mit der Abkürzung $q = 1 - p$ gilt:

$$\frac{B_p^n(k+1)}{B_p^n(k)} = \frac{\binom{n}{k+1} \cdot p^{k+1} \cdot q^{n-(k+1)}}{\binom{n}{k} \cdot p^k \cdot q^{n-k}} = \frac{\frac{n!}{(k+1)! \cdot (n-k-1)!} \cdot p \cdot p^k \cdot q^{n-k} \cdot \frac{1}{q}}{\frac{n!}{k! \cdot (n-k)!} \cdot p^k \cdot q^{n-k}}$$

$$= \frac{p}{q} \cdot \frac{n-k}{k+1} = \frac{p}{1-p} \cdot \frac{n-k}{k+1} = r$$

b) Wie in Aufgabenteil a bewiesen wurde, gilt für alle $k \in \{0, \ldots, n-1\}$:

$B_p^n(k+1) = r \cdot B_p^n(k)$, wobei $r = \frac{p}{1-p} \cdot \frac{n-k}{k+1}$

Demnach ist (für ein k mit $0 \le k \le n-1$)

$B_p^n(k+1) > B_p^n(k)$

genau dann, wenn $r > 1$. Daraus ergibt sich folgende Bedingung (∗) für k:

$$r > 1 \iff \frac{p}{1-p} \cdot \frac{n-k}{k+1} > 1 \iff pn - pk > k + 1 - pk - p$$

$$\iff k < p(n+1) - 1 \quad (*)$$

Also gilt für alle $k \in \{0, \ldots, n-1\}$:

$k < p(n+1) - 1 \iff B_p^n(k+1) > B_p^n(k)$

Durch analoges Vorgehen erhält man des Weiteren:

$k = p(n+1) - 1 \iff B_p^n(k+1) = B_p^n(k)$

$k > p(n+1) - 1 \iff B_p^n(k+1) < B_p^n(k)$

Erfüllt nun ein k die Bedingung (∗), so kann man über das Schaubild der Funktion B_p^n daraus zunächst nur ableiten, dass die Funktionswerte von 0 bis $k+1$ für jedes k wachsen. Denn mit

$k < p(n+1) - 1$

gilt auch:

$k-1 < p(n+1) - 1, \quad k-2 < p(n+1) - 1, \quad \ldots, \quad 0 = k-k < p(n+1) - 1$

Wie soeben gezeigt wurde, ist dies äquivalent zu:

$B_p^n(k) > B_p^n(k-1), \quad B_p^n(k-1) > B_p^n(k-2), \quad \ldots, \quad B_p^n(1) > B_p^n(0)$

Insgesamt erhält man also folgende Ungleichungskette:

$B_p^n(k+1) > B_p^n(k) > B_p^n(k-1) > B_p^n(k-2) > \ldots > B_p^n(1) > B_p^n(0)$

Um weitere Aussagen machen zu können, betrachtet man nun das größte $k \in \{0, \ldots, n-1\}$, welches die Bedingung (∗) erfüllt, und bezeichnet es mit $\tilde{k}$. Wie gerade erklärt, weiß man dann, dass die Funktionswerte von B_p^n von 0 bis $\tilde{k}+1$ für jedes k wachsen.
Da $\tilde{k}$ das größte k ist, das die Bedingung (∗) erfüllt, gibt es also nur zwei Möglichkeiten für $\tilde{k}+1$: Entweder $\tilde{k}+1$ ist gleich $p(n+1)-1$ oder größer als $p(n+1)-1$.

1. Fall: $\tilde{k}+1 = p(n+1)-1$
Zunächst einmal hält man fest, dass diese Bedingung nach obigem äquivalent ist zu

$$B_p^n(\tilde{k}+2) = B_p^n(\tilde{k}+1).$$

Zudem folgt aus

$$\tilde{k}+1 = p(n+1)-1$$

für alle weiteren Werte $k \in \{\tilde{k}+2, \ldots, n-1\}$:

$$\tilde{k}+2 = (\tilde{k}+1)+1 > p(n+1)-1, \quad \tilde{k}+3 > p(n+1)-1, \quad \ldots,$$
$$\tilde{k}+(n-1-\tilde{k}) = n-1 > p(n+1)-1$$

Wie oben hergeleitet ist dies äquivalent zu:

$$B_p^n(\tilde{k}+3) < B_p^n(\tilde{k}+2), \quad B_p^n(\tilde{k}+4) < B_p^n(\tilde{k}+3), \quad \ldots, \quad B_p^n(n) < B_p^n(n-1)$$

Dies entspricht einer weiteren Ungleichungskette:

$$B_p^n(\tilde{k}+2) > B_p^n(\tilde{k}+3) > B_p^n(\tilde{k}+4) > \ldots > B_p^n(n-1) > B_p^n(n)$$

Damit kommt man insgesamt zu folgender Aussage über das Schaubild von B_p^n: Von 0 bis $\tilde{k}+1$ wachsen die Funktionswerte für jedes k, an den Stellen $\tilde{k}+1$ und $\tilde{k}+2$ nimmt die Funktion B_p^n ihren maximalen Funktionswert an und von $\tilde{k}+2$ bis n fallen die Funktionswerte für jedes k.

2. Fall: $\tilde{k}+1 > p(n+1)-1$
Der einzige Unterschied zum ersten Fall liegt darin, dass die Funktionswerte von B_p^n an den Stellen $\tilde{k}+1$ und $\tilde{k}+2$ nicht gleich sind, sondern vielmehr der Funktionswert an der Stelle $\tilde{k}+2$ kleiner ist als der Funktionswert an der Stelle $\tilde{k}+1$, denn es gilt ja:

$$\tilde{k}+1 > p(n+1)-1 \quad \Leftrightarrow \quad B_p^n(\tilde{k}+2) < B_p^n(\tilde{k}+1)$$

Insgesamt kann man in diesem Fall folgende Aussage über das Schaubild der Funktion B_p^n machen: Von 0 bis $\tilde{k}+1$ wachsen die Funktionswerte für jedes k, an der Stelle $\tilde{k}+1$ nimmt B_p^n ihren maximalen Funktionswert an und von $\tilde{k}+1$ bis n fallen die Funktionswerte für jedes k.

c) Wie in Aufgabenteil b gesehen, bedeutet $k = p(n+1)-1$, dass die Funktion ihr Maximum an zwei benachbarten Stellen annimmt. Damit ist allerdings keine Aussage über die Symmetrie verbunden.

Die Vermutung kann durch ein einziges Gegenbeispiel widerlegt werden. Dazu genügt ein mit dem GTR erzeugtes Schaubild einer beliebigen Binomialverteilung, bei der zwei nebeneinanderliegende Funktionswerte gleich sind, ohne dass Symmetrie vorliegt. Dies gilt etwa für $B_{0,25}^{15}$. Symmetrie zur Geraden $x = np$ liegt nur im Spezialfall $p = 0,5$ vor.

d) Es soll gelten:
$0,25(n+1)-1 = z$ mit $z \in \mathbb{Z}$
Äquivalent dazu ist folgende Bedingung für n:
$n = 4z+3, \quad z \in \mathbb{Z}$
Die möglichen Werte für n sind demnach 3, 7, 11, 15, …, da $n > 0$ sein muss.

166. a) Die erste Ableitung von $\sigma(p)$ wird gleich null gesetzt:
$$\sigma'(p) = \frac{1}{2 \cdot \sqrt{36p\,(1-p)}} \cdot (36 - 2 \cdot 36 \cdot p) = 0 \quad \Leftrightarrow \quad p = 0,5$$
Mit $\sigma(0,5) = 3$ ergibt sich der Punkt $H(0,5\,|\,3)$, an dem die Tangente waagerecht verläuft.

b) Den Verlauf des Schaubildes zeigt nebenstehender GTR-Screenshot.

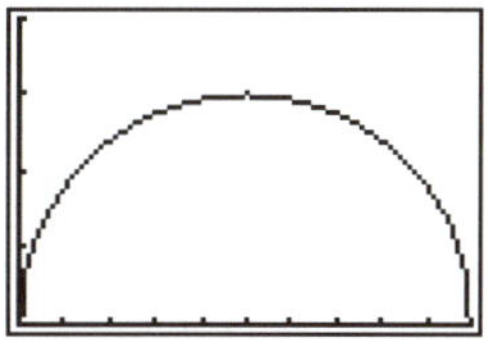

Für $p < 0,5$ ist der rechte Faktor von $\sigma'(p)$ positiv, $p = 0$ ist Nullstelle des Nenners im linken Faktor. Der Grenzwert für $p \to 0$ existiert nicht, die Steigung von $\sigma(p)$ geht gegen unendlich.
Für $p \to 1$ geht die Steigung analog gegen $-\infty$.
Geometrisch bedeutet dies, dass sich das Schaubild von σ nahe 0 an die y-Achse und nahe 1 an die Gerade $x = 1$ anschmiegt.

c) Mit $V_n(p) = (\sigma_n(p))^2$ gilt:
$$V_n(p) = np(1-p) = n(p-p^2) \quad \Rightarrow \quad V_n'(p) = n(1-2p)$$
Die notwendige Bedingung für Maxima liefert $p = 0,5$.
Wegen $V_n''(p) = -2n < 0$ ist auch die hinreichende Bedingung erfüllt und $p = 0,5$ ist somit Maximalstelle von $V_n(p)$. Laut Hinweis ist $p = 0,5$ daher auch Maximalstelle von $\sigma_n(p)$.
Für den y-Wert ergibt sich:
$$\sigma_n(0,5) = \sqrt{n \cdot 0,5 \cdot (1-0,5))} = \frac{\sqrt{n}}{2}$$
Also hat der Hochpunkt von $\sigma_n(p)$ die Koordinaten $H(0,5\,|\,0,5\sqrt{n})$.
Alle Hochpunkte liegen auf der Geraden $x = 0,5$, die nicht das Schaubild einer Funktion ist, da zu einem x-Wert verschiedene y-Werte gehören.

167. a) Der Erwartungswert für die zusätzlichen Einkünfte des Kapitäns ist 10x, da in jeder Minute mit einem weiteren Fahrgast gerechnet wird, der den Preis von 10 Euro bezahlt.
Der Erwartungswert für die Verluste des Kapitäns ist $(30+10x)\cdot 0{,}05x$, da nach x Minuten mit der Wahrscheinlichkeit 0,05x die Rückzahlung des gesamten Fahrkartenerlöses fällig wird.
Ein faires Spiel liegt vor, wenn beide Erwartungswerte gleich groß sind. Durch Gleichsetzen und Auflösen oder mit dem GTR findet man die Lösungen $x=0$ und $x=17$.
Der Kapitän kann sofort losfahren und macht so mit Sicherheit weder zusätzliche Gewinne noch Verluste. Wenn er länger als 17 Minuten wartet, ist der Erwartungswert seines Verlustes größer als der des zusätzlichen Gewinns und ein Minusgeschäft ist für den Kapitän wahrscheinlich.

b) Die für den Kapitän vernünftigste Entscheidungsregel ist, den Zeitpunkt der Abfahrt so zu legen, dass die Differenz zwischen Gewinnerwartungswert und Verlusterwartungswert am größten ist. Dies ist nach genau achteinhalb Minuten der Fall, wie man mit dem GTR bestimmen kann.

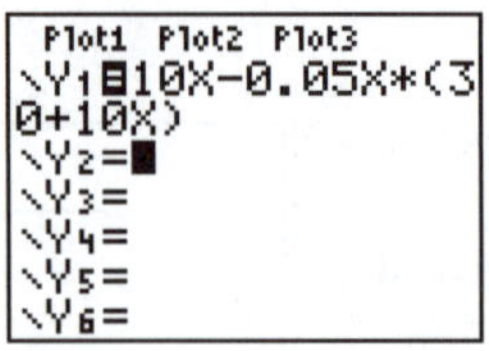

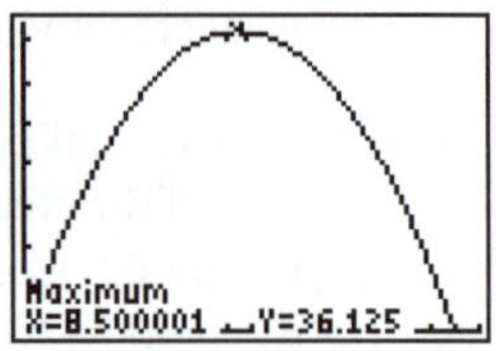

168. a) Die Wahrscheinlichkeit, ein Gewinnlos zu ziehen, ist gegeben durch:
$P(\text{Gewinnlos}) = \frac{1}{2}\cdot\frac{1}{3}+\frac{1}{2}\cdot\frac{12}{15} = \frac{1}{6}+\frac{2}{5} \approx 0{,}5667$

b) Die Gewinnwahrscheinlichkeit in Abhängigkeit der Anzahl x hinzugefügter Lose ergibt sich zu:
$P(x) = \frac{1}{2}\cdot\frac{1+x}{3+x}+\frac{1}{2}\cdot\frac{12}{15+x}$

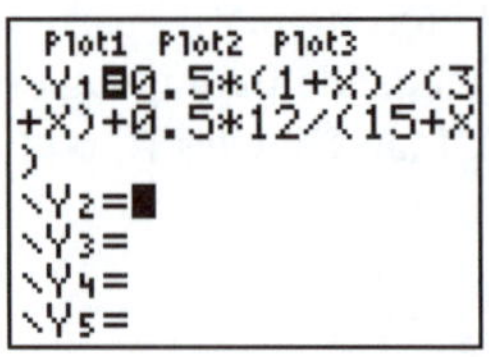

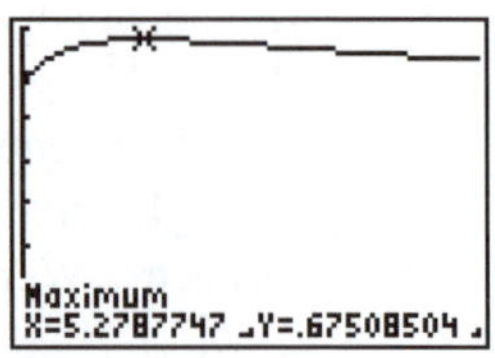

Mit dem GTR stellt man fest, dass die Funktion P(x) ihr Maximum an der Stelle $x \approx 5{,}2788$ annimmt. Es ist $x=5$ die natürliche Zahl mit maximaler Gewinnwahrscheinlichkeit ($=0{,}675$).

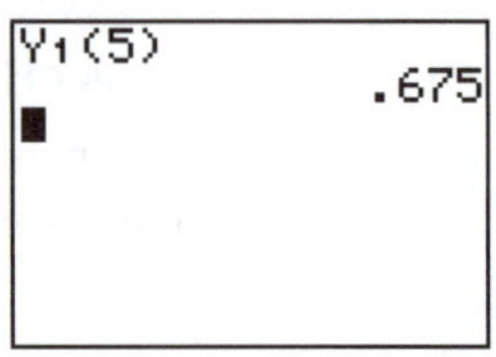

c) Wenn die Wahrscheinlichkeit, Lostopf A zu wählen, 25 % beträgt, so ändert sich die (bedingte) Wahrscheinlichkeit für einen Gewinn auf

$P(x) = \frac{1}{4} \cdot \frac{1+x}{3+x} + \frac{3}{4} \cdot \frac{12}{15+x}$.

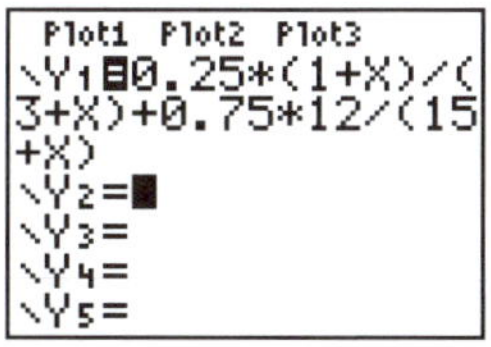

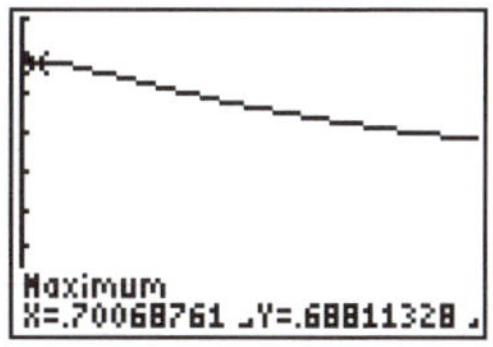

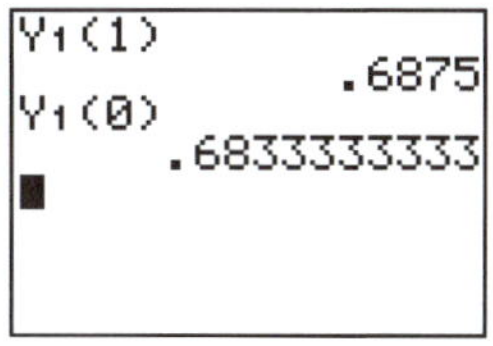

Das Maximum der Funktion P(x) liegt gemäß GTR bei $x \approx 0{,}7007$. Die natürliche Zahl mit der größten Gewinnwahrscheinlichkeit (= 0,6875) ist nun $x = 1$.

Die Wahrscheinlichkeit für einen Gewinn bei unverändertem Inhalt der Lostöpfe beträgt $P(0) \approx 0{,}6833$.

169. a) Die Wahrscheinlichkeit, dass Astrid sechs Partien hintereinander gewinnt, beträgt $0{,}6 \cdot 0{,}8 \cdot 0{,}6 \cdot 0{,}8 \cdot 0{,}6 \cdot 0{,}8 \approx 0{,}1106$.

b) Es gilt:

$$P(X \le 3) = P(X=1) + P(X=2) + P(X=3)$$
$$= 0{,}4 + 0{,}6 \cdot 0{,}2 + 0{,}6 \cdot 0{,}8 \cdot 0{,}4 = 0{,}712$$

c) Der Ansatz $P(B) = x$ führt auf $1 - x + x \cdot 0{,}2 + x \cdot 0{,}8 \cdot (1-x) = 0{,}95$.
Durch Auflösen erhält man $0{,}8 \cdot x^2 = 0{,}05$ und schließlich $x = 0{,}25$, da nur positive Lösungen infrage kommen.
Würde Astrid gegen Beate nur mit der Wahrscheinlichkeit 25 % gewinnen, wäre der Spieleabend mit 95 %iger Wahrscheinlichkeit nach spätestens drei Partien beendet.

d) Die Lösung von Aufgabenteil a ändert sich nicht, da drei Partien gegen jede der beiden Gegnerinnen stattfinden und konstante Gewinnwahrscheinlichkeit für Astrid vorausgesetzt ist.

Für Aufgabenteil b ergibt sich eine veränderte Lösung:

$$P(X \le 3) = P(X=1) + P(X=2) + P(X=3)$$
$$= 0{,}2 + 0{,}8 \cdot 0{,}4 + 0{,}8 \cdot 0{,}6 \cdot 0{,}2 = 0{,}616$$

Hier kommt es auf die Reihenfolge an, da nicht vorausgesetzt ist, dass Beate und Lea gleich oft spielen. Wenn Astrid zuerst gegen die schwächere Gegnerin antritt, ist die Wahrscheinlichkeit größer, dass der Spieleabend länger dauert.

Stichwortverzeichnis

Ablehnungsbereich 107, 109
absolute Häufigkeit 34
Additionssatz 37, 49
Additivität 37, 40
allgemeines Zählprinzip 54
α-Fehler 103
Alternativtest 103
A-posteriori-Wahrscheinlichkeit 80
A-priori-Wahrscheinlichkeit 80
Ausgang 18
Auswahlprozess 60

Baumdiagramm 23
– reduziertes 48
Bayes, Satz von 79, 80
bedingte Wahrscheinlichkeit 70
Bereichswahrscheinlichkeit 93
Bernoulli 66
Bernoulli-Experiment 84
Bernoulli-Formel 66
Bernoulli-Kette 84
β-Fehler 103
Binomialkoeffizient 58
Binomialverteilung 88
– kumulative 92

Chuck-a-luck 99

De Morgan'sche Gesetze 31
Dichtefunktion 122
disjunkt 26

Elementarereignis 27
Elementarwahrscheinlichkeit 40
empirisches Gesetz der großen Zahlen 39
Entscheidungsgrenze 105, 106
Ereignis 24
– sicheres 26
– unmögliches 26
Ereignisalgebra 30
Ereignisraum 24
Ergebnismenge, Ergebnisraum 19
Erwartungswert 96, 122

faires Spiel 96
Fakultät 55
Fehler erster und zweiter Art 103

Galton-Brett 88
Gauß'sche Glockenkurve 115, 116
Gegenereignis 27, 37, 49
Gleichverteilung 44
günstige Fälle 45, 54

Halbwertsbreite 132
Häufigkeit
– absolute 34
– relative 34
Häufigkeitsverteilung 35
Histogramm 90
Hypothese 102
Hypothesentest 103

inklusives Oder 26
Irrtumswahrscheinlichkeit 107

Kolmogorow, Axiomensystem von 40
Kombination 59, 60
Kommutativgesetze 31
Komplementmenge 27
Konsumentenrisiko 173
k-Permutation 57, 58, 59, 60
kumulative Verteilungsfunktion 92

Laplace-Experiment 44
Lotto 131

Mächtigkeit einer Menge 19
mehrstufiges Zufallsexperiment 21
Mengenbild 26
Mengenschreibweise 26
mögliche Fälle 45

Näherungsformel von Moivre/Laplace 116, 118
Negation, doppelte 31
Nichtnegativität 37, 40
Normalverteilung 121
Normiertheit 37, 40
Nullhypothese 107

Parameter
– einer Bernoulli-Kette 84, 102
– der Binomialverteilung 88
– der Normalverteilung 121
Pascal-Dreieck 61
Permutation 55
Pfad 23
Pfadregeln 47
Produzentenrisiko 112, 173

relative Häufigkeit 34
Risiko 103

Satz vom Gegenereignis 37, 49
Satz vom unmöglichen Ereignis 49
Satz von Bayes 79, 80
Satz von der totalen Wahrscheinlichkeit 79
Schätzung 102
Schnittmenge 25
sicheres Ereignis 26
Signifikanztest 107
– linksseitiger 109, 110
– rechtsseitiger 109, 110
– zweiseitiger 109, 110
Standardabweichung 98
standardisierte Zufallsgrößen 114
Statistik
– beschreibende 102
– beurteilende 102
Stetigkeitskorrektur 118
Stichprobe 40, 102
– repräsentative 102
stochastisch
– abhängig 73, 75
– unabhängig 73, 75, 77

Teilmenge 24
Test 102
Trefferwahrscheinlichkeit 84
Tupel 54

unmögliches Ereignis 26
unvereinbar 75
Urnenexperiment 21
Urneninhalt 22
Urnenmodell 64

Varianz 97, 122
Variation 57, 60
Vereinigungsmenge 26
Verknüpfen von Ereignissen 25
Vierfeldertafel 32, 49

Wahrscheinlichkeit 38
– bedingte 70
– geometrische 41
– klassische 40, 45
– statistische 40
Wahrscheinlichkeitsverteilung 40
– Eigenschaften 49

Zählprinzip, allgemeines 54
Ziehen
– mit Zurücklegen 21, 22, 64, 66
– ohne Zurücklegen 21, 22, 64
Zufallsexperiment 18
– einstufiges 19
– mehrstufiges 21
Zufallsgröße, Zufallsvariable 85
Zufallshypothese 107

Ihre Meinung ist uns wichtig!

Ihre Anregungen sind uns immer willkommen. Bitte informieren Sie uns mit diesem Schein über Ihre Verbesserungsvorschläge!

Titel-Nr.	Seite	Vorschlag

Lernen • Wissen • Zukunft
STARK

Bitte hier abtrennen

Zutreffendes bitte ankreuzen!

Die Absenderin/der Absender ist:

- ☐ Lehrer/in in den Klassenstufen: ______
- ☐ Fachbetreuer/in
  Fächer: ______
- ☐ Seminarlehrer/in
  Fächer: ______
- ☐ Regierungsfachberater/in
  Fächer: ______
- ☐ Oberstufenbetreuer/in
- ☐ Schulleiter/in
- ☐ Referendar/in, Termin 2. Staatsexamen: ______
- ☐ Leiter/in Lehrerbibliothek
- ☐ Leiter/in Schülerbibliothek
- ☐ Sekretariat
- ☐ Eltern
- ☐ Schüler/in, Klasse: ______
- ☐ Sonstiges: ______

Unterrichtsfächer: (Bei Lehrkräften!)

______

STARK Verlag
Postfach 1852
85318 Freising

21-V1T_NW
Bitte ausfüllen und im frankierten Umschlag an uns einsenden. Für Fensterkuverts geeignet.

Kennen Sie Ihre Kundennummer?
Bitte hier eintragen.

Absender (Bitte in Druckbuchstaben!)

Name/Vorname

Straße/Nr.

PLZ/Ort/Ortsteil

Telefon privat

Geburtsjahr

E-Mail

Schule/Schulstempel (Bitte immer angeben!)

Bitte hier abtrennen

Sicher durch das Abitur!

Effektive Abitur-Vorbereitung für Schülerinnen und Schüler:
Klare Fakten, systematische Methoden, prägnante Beispiele sowie Übungsaufgaben auf Abiturniveau <u>mit erklärenden Lösungen zur Selbstkontrolle</u>.

Mathematik

Analysis – LK	Best.-Nr. 940021
Analysis mit CAS	Best.-Nr. 540021
Analytische Geometrie	Best.-Nr. 940051
Analytische Geometrie und lineare Algebra 2	Best.-Nr. 54008
Analytische Geometrie – mit Hinweisen zu GTR-/CAS-Nutzung	Best.-Nr. 540038
Stochastik	Best.-Nr. 94009
Analysis – Bayern	Best.-Nr. 9400218
Analysis Pflichtteil Baden-Württemberg (Abitur 2012/13)	Best.-Nr. 840018
Analysis Wahlteil Baden-Württemberg (Abitur 2012/13)	Best.-Nr. 840028
Analytische Geometrie Pflicht- und Wahlteil Baden-Württemberg (Abitur 2012/13)	Best.-Nr. 840038
Stochastik Pflicht- und Wahlteil Baden-Württemberg (Abitur 2013)	Best.-Nr. 840091
Klausuren Mathematik Oberstufe	Best.-Nr. 900461
Kompakt-Wissen Abitur Analysis	Best.-Nr. 900151
Kompakt-Wissen Abitur Analytische Geometrie	Best.-Nr. 900251
Kompakt-Wissen Abitur Wahrscheinlichkeitsrechnung und Statistik	Best.-Nr. 900351
Kompakt-Wissen Abitur Kompendium Mathematik – Bayern	Best.-Nr. 900152

Chemie

Chemie 1 – Gleichgewichte · Energetik · Säuren und Basen · Elektrochemie	Best.-Nr. 84731
Chemie 2 – Naturstoffe · Aromatische Verbindungen · Kunststoffe	Best.-Nr. 84732
Chemie 1 – Bayern Aromatische Kohlenwasserstoffe · Farbstoffe · Kunststoffe · Biomoleküle · Reaktionskinetik	Best.-Nr. 947418
Methodentraining Chemie	Best.-Nr. 947308
Rechnen in der Chemie	Best.-Nr. 84735
Abitur-Wissen Protonen und Elektronen	Best.-Nr. 947301
Abitur-Wissen Struktur der Materie und Kernchemie	Best.-Nr. 947303
Abitur-Wissen Stoffklassen organischer Verbindungen	Best.-Nr. 947304
Abitur-Wissen Biomoleküle	Best.-Nr. 947305
Abitur-Wissen Biokatalyse und Stoffwechselwege	Best.-Nr. 947306
Abitur-Wissen Chemie am Menschen – Chemie im Menschen	Best.-Nr. 947307
Kompakt-Wissen Abitur Chemie Organische Stoffklassen Natur-, Kunst- und Farbstoffe	Best.-Nr. 947309
Kompakt-Wissen Abitur Chemie Anorganische Chemie, Energetik · Kinetik · Kernchemie	Best.-Nr. 947310

Biologie

Biologie 1 – Strukturelle und energetische Grundlagen des Lebens · Genetik und Gentechnik · Neuronale Informationsverarbeitung	Best.-Nr. 947018
Biologie 2 – Evolution · Der Mensch als Umweltfaktor – Populationsdynamik und Biodiversität · Verhaltensbiologie	Best.-Nr. 947028
Biologie 1 – Baden-Württemberg, Zell- und Molekularbiologie · Genetik · Neuro- und Immunbiologie	Best.-Nr. 847018
Biologie 2 – Baden-Württemberg, Evolution · Angewndte Biologie	Best.-Nr. 847028
Biologie 1 – NRW, Zellbiologie, Genetik, Informationsverarbeitung, Ökologie	Best.-Nr. 54701
Biologie 2 – NRW, Angewandte Genetik · Evolution	Best.-Nr. 54702
Chemie für den LK Biologie	Best.-Nr. 54705
Grundlagen, Arbeitstechniken und Methoden	Best.-Nr. 94710
Abitur-Wissen Genetik	Best.-Nr. 94703
Abitur-Wissen Neurobiologie	Best.-Nr. 94705
Abitur-Wissen Verhaltensbiologie	Best.-Nr. 94706
Abitur-Wissen Evolution	Best.-Nr. 94707
Abitur-Wissen Ökologie	Best.-Nr. 94708
Abitur-Wissen Zell- und Entwicklungsbiologie	Best.-Nr. 94709
Klausuren Biologie Oberstufe	Best.-Nr. 907011
Kompakt-Wissen Abitur Biologie Zellbiologie · Genetik · Neuro- und Immunbiologie Evolution – Baden-Württemberg	Best.-Nr. 84712
Kompakt-Wissen Abitur Biologie Zellen und Stoffwechsel Nerven · Sinne und Hormone · Ökologie	Best.-Nr. 94712
Kompakt-Wissen Abitur Biologie Genetik und Entwicklung Immunbiologie · Evolution · Verhalten	Best.-Nr. 94713
Kompakt-Wissen Abitur Biologie Fachbegriffe der Biologie	Best.-Nr. 94714

(Bitte blättern Sie um)

Sicher durch das Abitur!

Effektive Abitur-Vorbereitung für Schülerinnen und Schüler:
Klare Fakten, systematische Methoden, prägnante Beispiele sowie Übungsaufgaben auf Abiturniveau mit erklärenden Lösungen zur Selbstkontrolle.

Physik

Elektromagnetisches Feld und Relativitätstheorie	Best.-Nr. 943028
Mechanik	Best.-Nr. 94307
Abitur-Wissen Elektrodynamik	Best.-Nr. 94331
Kompakt-Wissen Abitur Physik 1 – Mechanik, Thermodynamik, Relativitätstheorie	Best.-Nr. 943012
Kompakt-Wissen Abitur Physik 2 – Elektrizitätslehre, Magnetismus, Elektrodynamik, Wellenoptik	Best.-Nr. 943013
Kompakt-Wissen Abitur Physik 3 Atom-, Kern- und Teilchenphysik	Best.-Nr. 943011

Erdkunde/Geographie

Erdkunde – Atmosphäre · Relief- und Hydrosphäre · Wirtschaftsprozesse und -strukturen · Verstädterung	Best.-Nr. 94909
Geographie 1 – Bayern	Best.-Nr. 94911
Geographie 2 – Bayern	Best.-Nr. 94912
Geographie – Baden-Württemberg	Best.-Nr. 84904
Erdkunde – NRW	Best.-Nr. 54902
Abitur-Wissen Entwicklungsländer	Best.-Nr. 94902
Abitur-Wissen Die USA	Best.-Nr. 94903
Abitur-Wissen Europa	Best.-Nr. 94905
Abitur-Wissen Der asiatisch-pazifische Raum	Best.-Nr. 94906
Abitur-Wissen GUS-Staaten/Russland	Best.-Nr. 94908
Kompakt-Wissen Abitur Erdkunde Allgemeine Geografie · Regionale Geografie	Best.-Nr. 949010
Kompakt-Wissen Abitur – Bayern Geographie Q11/Q12	Best.-Nr. 9490108
Lexikon Erdkunde	Best.-Nr. 94904

Englisch

Übersetzung	Best.-Nr. 82454
Grammatikübungen	Best.-Nr. 82452
Themenwortschatz	Best.-Nr. 82451
Grundlagen, Arbeitstechniken und Methoden mit Audio-CD	Best.-Nr. 944601
Sprachmittlung Deutsch – Englisch Englisch – Deutsch	Best.-Nr. 94469
Sprechfertigkeit mit Audio-CD	Best.-Nr. 94467
Klausuren Englisch Oberstufe	Best.-Nr. 905113
Abitur-Wissen Landeskunde Großbritannien	Best.-Nr. 94461
Abitur-Wissen Landeskunde USA	Best.-Nr. 94463
Abitur-Wissen Englische Literaturgeschichte	Best.-Nr. 94465
Kompakt-Wissen Abitur Themenwortschatz	Best.-Nr. 90462
Kompakt-Wissen Abitur Landeskunde/Literatur	Best.-Nr. 90463
Kompakt-Wissen Kurzgrammatik	Best.-Nr. 90461
Kompakt-Wissen Grundwortschatz	Best.-Nr. 90464

Deutsch

Dramen analysieren und interpretieren	Best.-Nr. 944092
Erörtern und Sachtexte analysieren	Best.-Nr. 944094
Gedichte analysieren und interpretieren	Best.-Nr. 944091
Epische Texte analysieren und interpretieren	Best.-Nr. 944093
Abitur-Wissen Erörtern und Sachtexte analysieren	Best.-Nr. 944064
Abitur-Wissen Textinterpretation Lyrik · Drama · Epik	Best.-Nr. 944061
Abitur-Wissen Deutsche Literaturgeschichte	Best.-Nr. 94405
Abitur-Wissen Prüfungswissen Oberstufe	Best.-Nr. 94400
Kompakt-Wissen Rechtschreibung	Best.-Nr. 944065

Natürlich führen wir noch mehr Titel für alle Fächer und Stufen: Alle Informationen unter www.stark-verlag.de

Bestellungen bitte direkt an:

STARK Verlagsgesellschaft mbH & Co. KG · Postfach 1852 · 85318 Freising
Tel. 0180 3 179000* · Fax 0180 3 179001* · www.stark-verlag.de · info@stark-verlag.de
*9 Cent pro Min. aus dem deutschen Festnetz, Mobilfunk bis 42 Cent pro Min.
Aus dem Mobilfunknetz wählen Sie die Festnetznummer: 08167 9573-0

Lernen • Wissen • Zukunft
STARK

21-V1T_NW